www.ingramcontent.com/pod-product-compliance
Lightning Source LLC
Chambersburg PA
CBHW071601210326
41597CB00019B/3355

مایکل. دنتون

معجزه‌ی سلول

ترجمه‌ی
اعظم خرام

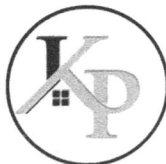

سریال کتاب: P2215340121

عنوان: معجزه سلول

نویسنده: مایکل دنتون

مترجم: اعظم خرام

زبان اوریجینال کتاب: English

انتشارات اوریجینال اولیه: Discovery Institute

نام اوریجینال کتاب: The Miracle of the Cell

شابک: ISBN: 978-1-990760-73-0

موضوع: علوم، بیولوژی

مشخصات کتاب: Paperback, A5

تعداد صفحات: ۲۰۴

تاریخ نشر در کانادا: دسامبر ۲۰۲۲

Kidsocado Publishing House

خانه انتشارات کیدزوکادو

ونکوور، کانادا

تلفن: +1 (833) 633 8654

واتس آپ: +1 (236) 333 7248

ایمیل: INFO@KIDSOCADO.COM

وبسایت انتشارات: HTTPS://KIDSOCADOPUBLISHINGHOUSE.COM

وبسایت فروشگاه: HTTPS://KPHCLUB.COM

سلام هم زبان

دستیابی ایرانیان مقیم خارج از کشور به کتاب‌های بسیار متنوع و جدیدی که به تازگی در ایران نگاشته و چاپ می‌شوند، محدود است. ما قصد داریم این خدمت را به فارسی زبانان دنیا هدیه دهیم تا آنها بتوانند مانند شما با یک کلیک کتاب‌هایی در زمینه‌های مختلف را خریداری کنند و درب منزل تحویل بگیرند.

ما در گروه KPH و یا خانه انتشارات کیدزوکادو این افتخار را داریم تا برای اولین بار در جهان کتاب‌های با ارزش تألیفی با زبانهای فارسی، انگلیسی، فرانسه و چند زبان دیگر را در خارج از ایران منتشر کنیم و در دسترس جهانیان قرار دهیم، باشد که گوشه‌ای از توانایی ایرانیان را به دنیا نشان دهیم.

از اینکه توانستیم کتابهای جدید و با ارزشی که به قلم عالی نویسندگان و نخبه‌گان خوب ایرانی نگاشته شده است را در اختیار شما قرار دهیم و در هر چه بیشتر معرفی‌کردن ایران، ایرانیان و فارسی زبانان قدم برداریم، بسیار احساس رضایتمندی داریم.

این کتاب‌ها تحت اجازه مستقیم نویسنده و یا انتشارات کتاب صورت گرفته و سود حاصله بعد از کسر هزینه‌ها، به نویسنده پرداخته می‌شود.

خانه انتشارات کیدزوکادو در قبال مطالب داخل کتاب هیچگونه مسئولیتی ندارد و صرفاً به عنوان یک انتشار دهنده می‌باشد. شما خواننده عزیز می‌توانید ما را با به اشتراک گذاشتن نظرات خود در مورد کتاب در وبسایتی که آن را تهیه کرده‌اید، ما را به این کار فرهنگی دلگرم‌تر کنید. از کامنتی که در برگیرنده نظرتان نسبت به کتاب است عکس بگیرید و برای ما به این ایمیل بفرستید. از هر ۴ نفری که برایمان کامنت می‌فرستند، یک نفر یک کتاب رایگان از انتشارات هدیه می‌گیرد.

ایمیل :   info@kidsocado.com

درباره‌ی نویسنده ۷

مقدمه ۸

فصل نخست/ سلول شگفت‌انگیز ۱۲

فصل دوم/ اتم برگزیده ۲۰

فصل سوم/ مارپیچ دوتایی ۴۱

فصل چهارم/ همکاران کربن ۵۹

فصل پنجم/ تامین انرژی سلول ۷۸

فصل ششم/ زیست‌شناسی بدون فلزات وجود نداشت ۹۸

فصل هفتم/ ماتریس ۱۲۴

فصل هشتم/ طرح اصلی آغازین ۱۴۴

یادداشت‌ها ۱۶۵

نمایه ۱۹۷

درباره‌ی نویسنده

پروفسور مایکل دنتون، متولد ۲۵ اوت ۱۹۴۳، عضو ارشد مرکز علوم و فرهنگ موسسه‌ی دیسکاوری[1] است. او سال ۱۹۶۹ مدرک پزشکی خود را از دانشگاه بریستول[2] دریافت کرد، سال ۱۹۷۴ از کالج کینگ[3] لندن دکترای بیوشیمی گرفت و از سال ۱۹۹۰ تا ۲۰۰۵ عضو ارشد مرکز تحقیقاتی دانشگاه اوتاگو[4] و محقق علمی در زمینه‌ی بیماری‌های ژنتیکی چشم بود. مایکل دنتون سال ۲۰۱۶ کتاب تکامل: نظریه‌ای همچنان در بحران[5] را منتشر و در آن نقد روش‌مندی بر داروینیسم و نوداروینیسم ارایه کرد. او از لحاظ اعتقادی آگنوستیک[6] (لاادری) است اما در عین حال با نظریه‌پردازان طراحی هوشمند[7] همکاری نزدیکی دارد و همواره از نظرات غیرتکاملی استقبال می‌کند. از دیگر کتاب‌های او می‌توان سرنوشت طبیعت[8]، شگفتی آب[9]، آتش‌ساز[10] و فرزندان نور[11] را نام برد. کتابی که در دست دارید اثر دیگری از دکتر دنتون است که سال ۲۰۲۰ منتشر شده است.

---

1. Center for Science and Culture :Discovery Institute
2. University of Bristol
3. King College
4. University of Otago

۵- *Evolution: Still a Theory in Crisis*، این کتاب را نیز نشر پارسیک منتشر کرده است.

۶- ندانم‌انگار.

۷- نظریه‌ای است که بر اساس آن موجودات زنده و ویژگی‌های خاصی از جهان تنها به وسیله‌ی یک طراح هوشمند قابل توضیح‌اند. گرچه طرف‌داران این نظریه تکامل را به عنوان تغییرات تدریجی موجودات زنده در طول زمان قبول دارند، با انتخاب طبیعی که این تغییرات را غیرهوشمند و ناخواسته می‌داند مخالف‌اند. آن‌ها استدلال می‌کنند که شواهد علمی و برهان‌های ریاضی موید این ادعا است که عاملی هوشمند جهان را ساخته است. از طرف‌داران این نظریه می‌توان به ویلیام دمبسکی، استیون میر و مایکل بیهی اشاره کرد.

8. *Nature's destiny*
9. *The Wonder of water*
10. *Fire maker*
11. *Children of the light*

مقدمه

هـدف اصلـی مـن از نگارش مجموعـه‌ی گونه‌هـای ممتاز[1] ارایه‌ی شـواهد و مدارکـی مبنی بر اثبات این حقیقت اسـت که طبیعـت به‌طرزِ منحصربه‌فردی برای حیات، به‌گونه‌ای که در حال حاضر وجود دارد، متناسب و تنظیم شده است و این تناسب نه تنها مختص سلول‌هایی است که بر پایه‌ی کربن‌اند بلکه برای تداوم بقای زیستی ما هم است و در نتیجه نشان می‌دهد نه تنها کیهان زیست‌محور[2] است بلکه حتی صرف نظر از این‌که چه‌قدر ممکن اسـت این نظر از مد افتاده به نظر برسـد، می‌توان گفت انسان‌محور[3] نیز است.

این کتاب به‌ویژه بر تناسـب طبیعت با سـلول‌هایی که برای ما آشـنا هسـتند و بر پایه‌ی کربن بنا شـده‌اند متمرکز شـده اسـت. سـلول‌هایی که واحدهای اساسی کل حیات روی زمین به شـمار می‌آیند. من در این کتاب ویژگی‌های بسـیاری از اتم‌های جدول تناوبی از جمله کربن، هیدروژن، اکسیژن، نیتروژن و همچنین فسفر و چندین فلز را بررسـی کرده‌ام تا تناسـب بی‌نظیر آن‌ها برای خدمت به هدف‌های گوناگون بیوشـیمیایی در سـلول را به‌گونه‌ی برجسته‌ای نشـان دهم. همان‌طور که در فصل‌های بعد نشـان داده شده، تناسب منحصربه‌فرد بسیاری از اتم‌های جدول تناوبی در طراحی سـلول‌ها شـگفت‌انگیز است. هر طور به آن‌ها نگاه کنیم، شواهد موجـود به‌طرز غیرقابل انکاری حاکی از آن هسـتند که خواص و ویژگی‌های این اتم‌ها با دقتی باورنکردنی برای انجام عملکردهای کاملا مشخصی که حیات سلول بـه آن‌ها بسـتگی دارد، ماهرانه سـاخته و پرداخته شـده‌اند. در مجمـوع باید گفت تناسـب کلی خواص این اتم‌ها برای سـلول، چیزی را شـکل می‌دهد که من آن را «طرح اصلی آغازین»[4] برای طراحی سلول مبتنی بر کربن می‌نامم. طرح اولیه‌ای که از همان ابتدای جهان در نظم اشیا نهادینه شده است.

---

1. *The Privileged Species Series*
2. biocentric
3. anthropocentric
4. primal blueprint

البته تناسب موجود در طبیعت برای سلول شبیه تناسب آن برای بیولوژی انسانی نیست. بخش‌ها و اجزای اضافی دیگری از تناسب در طبیعت وجود دارند که به نظر می‌رسد به‌طور ویژه‌ای برای طراحی فیزیولوژیکی و بیوشیمیایی ما بریده و دوخته شده‌اند. در مورد برخی از این عناصر اضافی در کتاب شگفتی آب و فرزندان نور بحث کرده‌ام. اما بدون توانایی‌های شگفت‌انگیز سلول برای جابه‌جایی از طریق جنین در حال رشد در شیب‌های غلظت (گرادینت) شیمیایی، برای تغییر شکل و تبدیل به انواع گوناگون سلول‌ها، اعم از گلبول‌های قرمز، گیرنده‌های نوری، سلول‌های اپیتلیال، لوکوسیت‌ها و مانند آن‌ها، پیدایش هیچ موجود پیچیده‌ی چندسلولی‌ای امکان‌پذیر نبود. در واقع، تناسب طبیعت برای انسان، تناسب پیش از آن، یعنی تناسب طبیعت برای سلول را ایجاب می‌کند. سلول‌ها جای پاهای مطمئنی در جاده‌ای هستند که ما را به نوع بشر می‌رساند.

برای این‌که تمرکزم را بر زیست‌شناسی خودمان حفظ کرده باشم، در سراسر این کتاب بر ارکان تناسب سلول که به‌ویژه برای تناسب سلول‌های بزرگ و پیچیده‌ی موجودات رده‌بالاتر به کار گرفته شده‌اند بیش‌تر تاکید کرده‌ام. مثلا برای سلول‌های بزرگ بدن پستان‌داران که بیش از ده میکرون هستند، نرخ انتشار مولکول‌ها، از جمله اکسیژن، در آب باید بسیار نزدیک به چیزی باشد که در حال حاضر است. اگر خیلی کم‌تر بود، سیستم گردش خون در جان‌داران پر سلولی غیرممکن می‌شد و سلول‌هایی که میزان متابولیسم بالایی مانند سلول‌های ما دارند، در حد کیسه‌های ریزی متشکل از مولکول‌هایی به اندازه‌ی باکتری محدود می‌شدند که بسیار کوچک‌تر از آن بودند که دربردارنده‌ی سیستم‌های مولکولی‌ای باشند که سلول‌های موجودات رده‌بالاتر حاوی آن‌ها هستند. منظور سامانه‌هایی همچون میکروتوبول‌ها، موتورهای مولکولی و دیگر اجزای اسکلت سلولی هستند. این مولفه‌ها برای توانایی‌هایی که لازمه‌ی رشد جنینی موجودات پیشرفته‌ی چندسلولی است، همچون توانایی خزیدن[1]، پیروی از شیب‌های شیمیایی، تغییر شکل و چسبندگی انتخابی به سلول‌های دیگر حیاتی هستند.

کارل ساگان[2] در جایی اظهار کرده است که: «برای اثبات ادعاهای خارق‌العاده

---

1. crawling
2. Carl Sagan

باید مدارک خارق‌العاده‌ای در اختیار داشت»[۱]. ادعای اصلی در این کتاب، این‌که خـواص اتم‌هـای بررسی‌شـده در این کتاب بـا دقت خیره‌کننده‌ای برای هسـتی و موجودیت تنظیم شده‌اند، واقعا ادعای خارق‌العاده‌ای است. اما همان‌طور که در این کتاب خواهیم دید، مدارک موجود برای اثبات این ادعا نیز خارق‌العاده‌اند.

آیا ممکن است تنظیم دقیق[۱] موجود در طبیعت منحصر به هستی و حیات سلول نباشد و در مورد منشا و پیدایش آن نیز صدق کند؟ یعنی برای گذار از سوپ مواد شیمیایی فاقد حیات به سلول‌های زنده یا آن‌طور که بسیاری از طرف‌داران نظریه‌ی طراحی هوشـمند[۲] مطرح می‌کنند، نخسـتین سـلول را عاملی هوشـمند طراحی و مهندسـی کرده اسـت؟ من در فصل هشتم به این موضوع پرداخته‌ام اما باید بگویم در هر صورت پیدایش حیات اولیه از طریق طراحی انجام شـده اسـت. خواه این طراحی در منشا حیات آغازین بر طبیعت تحمیل شده باشد، خواه از همان آغاز در بافت و تار و پود طبیعت ساخته و پرداخته شده باشد.

در مورد محتوای این کتاب باید چند نکته خاطرنشـان شـود؛ در فصل نخست و در فصل دوم عقب‌نشـینی تاریخی از دیدگاه منسـوخ «اصالت حیات»[۳] بررسـی می‌شود. نه تنها به این دلیل که این عقب‌نشینی از منظر تاریخی مورد توجه است بلکه چون این امر از الگوی تکرارشونده‌ای در توسعه‌ی دانش زیست‌شناسی پرده برمـی‌دارد. الگویـی که در آن پدیـده‌ای که پیش‌تر غیرقابل توضیح بود، با کشـف تناسب خاصی در طبیعت که پدیده‌ی مورد بحث را بدون توسل به نیرویی حیاتی[۴] توضیح می‌دهد جای‌گزین می‌شـود. اگر بخواهم دقیق‌تر بگویم، ممکن اسـت این درس تاریخـی با گمانه‌زنی‌های کنونی در حوزه‌ی خاسـتگاه حیات بسـیار مرتبط باشد.

بخش‌هایی از این کتاب نسبتا تخصصی هستند؛ به‌ویژه فصل ششم که تناسب اتم‌های گوناگون فلزی برای عملکردهای خاص سلولی توضیح داده شده است و نیز فصل‌های نخسـت و فصل دوم که ماهیت و اهمیت زیست‌شـناختی پیوندهای

---

1. Fine tuning

2. Intelligent design

۳- Vitalism، زیست‌گرایی، حیات‌گرایی یا اصالت حیات تفاوت اساسی موجودات زنده و غیر زنده را در برخی عناصر غیرمادی که آن را جرقه‌ی حیات، انرژی یا روح می‌داند در نظر می‌گیرد.

4. Vital force

کووالانسی قوی و پیوندهای ضعیف شیمیایی توصیف شده است. اما هدف من این بوده که طوری بنویسم تا برای خواننده‌ای که چندان با شیمی یا بیوشیمی آشنایی ندارد نیز مفید باشد و بتواند موضوع اصلی این بحث‌ها را دنبال کند. در این کتاب جامع‌ترین پژوهش‌های کنونی در مورد قوانینی از طبیعت که برای سلول‌ها به‌دقت تنظیم شده‌اند ارایه شده است. با این شواهد و مدارک می‌توان به‌گونه‌ی مقاومت‌ناپذیری وجود طراحی را در این حوزه نیز همچون بسیاری از دیگر حوزه‌ها درک و برداشت کرد.

سعی شده تمام استدلال‌های مربوط به تناسب یک‌جا جمع شوند؛ مثلا در فصل دوم تناسب اتم کربن بررسی شده، در فصل سوم به تناسب پیوندهای شیمیایی پرداخته شده، در فصل چهارم به تناسب اتم‌های غیرفلزی که با کربن در ارتباط هستند، مانند هیدروژن، اکسیژن و ازت و نیروی آب‌گریزی (که غشای سلولی را شکل می‌دهد) بررسی شده، در فصل پنجم به تناسب طبیعت برای بیوانرژتیک[1] و در فصل ششم به تناسب بی‌نظیر بسیاری از اتم‌های فلزی برای عملکردهای بیوشیمیایی بسیار خاص پرداخته شده است. در فصل هفتم هم تناسب منحصربه‌فرد مایع شگفت‌انگیز موجود در طبیعت، یعنی آب، را خواهیم دید.

امیدوارم هر خواننده‌ای با در نظر گرفتن شواهد جمع‌آوری‌شده در این کتاب، در پایان فصل هفتم متقاعد شود که طبیعت برای حیات مبتنی بر کربن کاملا و به‌دقت تنظیم شده است و چنین تنظیم دقیقی حاکی از وجود طراحی‌ای غیرقابل انکار است. در پایان، امیدوارم خواننده‌ی این کتاب ویدیویی را که نشان می‌دهد چه‌طور گلبول سفید روی لام میکروسکوپ در حال تعقیب باکتری است تماشا کند. تماشای این ویدیو ماهیت شگفت‌انگیز این اجزای کوچک و خارق‌العاده را که واحدهای اصلی حیات روی زمین هستند، آشکار می‌کند.

۱- Bioenergetics، تامین انرژی زیستی، زیست‌کارمایه‌شناسی، استفاده از قوانین انرژی در فعل و انفعالات زیستی.

فصل نخست

سلول شگفت‌انگیز

برای دیدن دنیایی در یک دانه‌ی شن و بهشتی در گلی وحشی
بی‌نهایت را در کف دستت بگیرو ابدیت را در یک ساعت.

ویلیام بلیک[1] (۱۸۰۳) ترانه‌های معصومانه[2]

سـلول‌ها حتی از نظر کسـی که زیست‌شناس هم نباشد شـگفت‌انگیزند. آن‌ها ایـن برداشـت را القا می‌کنند کـه پدیده‌هایی خاص با قابلیت‌هـای خارق‌العاده‌اند. هر کس یک لوکوسـیت (گلبول سـفید خون) را هدفمند یا حتی تنها با کمی دقت مشاهده کند که چه‌طور یک باکتری را در یک قطره خون تعقیب می‌کند، نمی‌تواند بـا ایـن نظر مخالفت کند. می‌توانید این تعقیب و گریز را در ویدیو کوتاه و آنلاین دیوید راجرز[3]، نوتروفیل در تعقیب باکتری[4] ببینید[۱]. به نظر می‌رسد آن‌چه در این ویدیو کوتاه شاهدش هستیم از کل بینش و شهود ما فراتر است. اتفاقی که می‌افتد این اسـت: ذره‌ی بسـیار کوچکی از ماده که با چشم غیرمسلح قابل دیدن نیست و به‌قدری کوچک اسـت که می‌توان یک‌صد عدد از آن‌ها را نوک یک سـنجاق جای داد، ظاهرا از موهبت تصمیم‌گیری و اختیار برخوردار است و درست مانند گربه‌ای که موشـی را تعقیب می‌کند یا یوزپلنگی که در دشـت‌های آفریقا در تعقیب غزال اسـت یا دقیقا همچون مردی که در صحرای کالاهاری به دنبال یک کودو[5] اسـت،

---

1. William Blake
2. *Auguties of innocence*
3. David Rogers

۴- *Neutrophil chasing Bavteria*، این ویدیو در دهه‌ی ۱۹۵۰ تهیه شده است.
۵- Kudu، حیوانی شبیه گوزن.

رفتـار می‌کنـد. اگر نتیجه بگیریم این توانایی باید به‌نوعی ناشـی از پیچیدگی اتمی نهفته در این ذره‌ی شگفت‌انگیز مادی باشد، باز هم چیزی از شگفت‌انگیزبودن آن کم نمی‌شـود؛ چون پیچیدگی شـرایطی که این رفتار در آن ارایه می‌شـود نیز فراتر از تجربه‌ی عادی اسـت. یک سـلول از تریلیون اتم تشـکیل شـده است و نمایشی از پیچیدگـیِ چیـزی شـبیه یک جامبوجت یـا چیزی پیچیده‌تر از آن اسـت که در فضایی کم‌تر از یک‌میلیونم حجم یک دانه‌ی شـن معمولی بسـته‌بندی شـده است. امـا برخـلاف هر نوع هواپیمای جامبوجت یا برخـلاف هر فناوری نانو یا در واقع حتی برخلاف پیشرفته‌ترین فناوری‌های بشری از هر نوعی، این ذره‌ی شگفت‌انگیز می‌توانـد خـود را همانندسـازی کند. در این‌جا ما با یک ماشـین ابدیت[1] که ظاهرا قدرتـی جادویی دارد روبه‌رو هسـتیم. سـلول‌ها از نظر پیچیدگی‌هـای متراکم، در دنیـای مـادی، چـه در واقعیت و چه آن‌چـه در خیال می‌گنجد، بی‌همتا هسـتند و احتمالا پیچیدگی‌های بسـیار بیش‌تری در مورد آن‌ها وجود دارد که هنوز کشـف نشـده اسـت[۲]. حتی تا همین اواخر، یعنی تا سـال ۱۹۱۳ که لارنس هندرسـون[2] کتاب خود با عنوان تناسـب محیط زیسـت[3] را منتشر کرد، سلول در واقع جعبه‌ی سیاهی بود که پیچیدگی مولکولی آن واقعا موضوع ناشناخته و مرموزی به حساب می‌آمد. این وضع ادامه داشـت تا این‌که با انقلاب زیست‌شناسـی مولکولی کم‌کم پرده‌هـا کنـار رفت و علم بررسـی اجمالی در مـورد پیچیدگـی خارق‌العاده‌ی این اجزای مادی را آغاز کرد. متعاقبا، با گذشـت هر دهه از پژوهش‌های علمی، عمق بیش‌تری از این پیچیدگی‌ها آشـکار شد. کشف ساختارها و سامانه‌های پیچیده‌تر، از جمله معماری بسـیار پیچیده‌ی DNA و فهرست فزاینده‌ی اجزای مولکول‌های تنظیم‌گر RNAهای خرد[4]، به ما می‌گویند که احتمالا موارد بسـیار بیش‌تری هنوز هـم ناشـناخته مانده‌اند و ممکن اسـت آن‌چـه در حال حاضـر می‌بینیم تنها بخش کوچکی از مواردی باشد که باید کشف شوند.

همان‌طور که اریکا هیدن[5] در مجله‌ی نیچر[6] اذعان می‌کند:

---

1. Infinity machine
2. Lawrence Henderson
3. *The Fitness of the Environment*
4. Mini - RNA
5. Erica Hayden
6. *Nature*

به نظر می‌رسد هم‌زمان با تعیین توالی‌ها و دیگر فناوری‌های جدیدی که داده‌های علمی را پیش روی ما می‌گذارند، میزان پیچیدگی‌هایی که زیست‌شناسی سلولی کشف کرده است ده‌ها برابر می‌شود. کاوش در این حوزه مانند زوم‌کردن در مجموعه‌ی مندلبرو[1] است که هرچه با دقت بیش‌تری به مرزهای آن خیره می‌شویم الگوهای پیچیده‌تری را پیدا می‌کنیم[۳].

در مورد سلول چیزهای بسیار بیش‌تری برای کشف‌شدن وجود دارد اما حتی با توجه به دانش محدود کنونی ما از عمق و ژرفای آن، روشن است که این واحد بسیار کوچک از پیچیدگی سازشی و متراکم در واقع چیزی مانند یک بی‌نهایت سوم[2] را شکل می‌دهد. به این معنا که کیهان بی‌نهایتی بسیار بزرگ و قلمرو اتم‌ها بی‌نهایتی بسیار کوچک است و ظاهرا می‌توان گفت پیچیدگی موجود در طبیعت، از جمله پیچیدگی موجود در سلول‌ها، نیز بی‌نهایت سوم را تشکیل می‌دهند.

اما موضوع همین‌جا پایان نمی‌یابد و پیچیدگی سلول‌ها تنها پدیده‌ای فراتر از توان درک یا فراتر از هر شکل مادی قابل تصور دیگری نیست. آن‌ها از بسیاری جهات برای انجام نقش خود به عنوان واحد اساسی حیات زیستی کاملا مناسب به نظر می‌رسند. یکی از ارکان این تناسب در تنوع بی‌نظیر شکل آن‌ها به نمایش درآمده است. برای مثال، نورون را با گلبول قرمز، سلول پوست را با سلول کبدی و لوکوسیت آمیب‌شکل[3] را با سلول عضلانی مقایسه کنید. هم این اشکال گوناگون و هم موارد بسیار دیگری در بدن انسان یافت می‌شوند. یا مثلا تک‌یاخته‌های[4] مژک‌دار را در نظر بگیرید. از استنتور[5] شیپورمانند گرفته تا پارامسی[6] پرجنب‌وجوش، متوجه می‌شویم که دنیای شکل‌های مژک‌دار به‌طرز شگفت‌انگیزی متنوع است. یا مثلا شعاعیان[7] را در نظر بگیرید (شکل ۱-۱)؛ حتی در این گروه کوچک از موجودات مرتبط نیز تنوع شکل‌های سلولی شگفت‌آور است اما با وجود این، هر یک از

۱- Mondelbrot، مجموعه‌ی مندلبرو. مجموعه‌ای از نقطه‌ها روی صفحه‌ی مختلط است که یک فراکتال را تشکیل می‌دهند. این مجموعه به خاطر زیبایی‌اش و نیز به خاطر ساختار پیچیده‌ای که تنها از چند تعریف ساده‌ی ریاضی به دست آمده، بیرون از دنیای ریاضیات هم شناخته‌شده است.

2. Third infinity
3. Amoebied
4. ProtozoansStentor
5. Stentor
6. Paramecium
7. radiolarian

اعضای این مجموعه‌ی بی‌نظیر و متنوع دقیقا بر اساس طراحی‌ای استاندارد ساخته شده است.

شکل ۱-۱- صدف‌های شعاعیان، لوح ۳۱ ارنست هکل از کتاب اشکال هنری طبیعت[1]، ۱۹۰۴.

تناسب منحصربه‌فرد سلول برای خدمت‌رسانی به عنوان واحد زیربنایی و اساسی حیات در توانایی‌های شگفت‌انگیز و تنوع عملکردهایی که انجام می‌دهد آشکار است. حتی باکتری اشریشیا کولی (E.coli)[2]، که باکتری میله‌ای‌شکلی در روده‌ی انسان است، قابلیت‌های چشم‌گیری دارد. هوارد برگ[3] که از همه‌کاره‌بودن یا تطبیق‌پذیری و قابلیت‌های این ارگانیسم بسیار کوچک شگفت‌زده شده بود، استعدادهای این باکتری را «لژیون»[4] نامید.

او خاطرنشان کرد که این جاندار کوچک، که با قطری کم‌تر از یک‌میلیونم متر و طول دومیلیونم متر، آن‌قدر کوچک است که اگر بیست عدد از آن‌ها را به‌خط کنیم، در یک سلول میله‌ای شبکیه (rod) انسان جای می‌گیرند، می‌تواند تعداد مولکول قندهای خاص، اسیدهای آمینه یا دی‌پپتیدها را محاسبه کند، ورودی‌های حسی[5] مشابه یا غیرمشابه در زمان و مکان را بفهمد، محاسبات اخیر و نه‌چندان

---

1. *Kunstformen der natur*

۲- نوعی باسیل گرم منفی از خانواده‌ی انتروباکتریاسه است.

3. Howard Berg

۴- سپاه رومی.

5. Sensory inputs

اخیر را مقایسه کند، واکنش‌های همه یا هیچ راه بیندازد، در محیط‌های چسبناک شنا کند . . .. و حتی الگوهایی را پدید آورد[۴].

همچنین سلول‌ها به‌روش‌های گوناگونی حرکت می‌کنند. باکتری اشریشیا کولی با حرکت پروانه‌مانند تاژک خود حرکت می‌کند. دیگر سلول‌ها با حرکات ضربه‌ای مژک‌ها این کار را انجام می‌دهند. برخی از آن‌ها می‌خزند و برخی دیگر پاهای کاذبی دارند که با آن‌ها ذرات کوچکی را که حول‌وحوش‌شان است می‌گیرند و حرکت می‌کنند.

برخی سلول‌ها می‌توانند پس از خشک‌شدن[1] صدها سال زنده بمانند. سلول‌ها ساعت درونی دارند و می‌توانند گذشت زمان را اندازه‌گیری کنند[۵].

آن‌ها می‌توانند میدان‌های الکتریکی و مغناطیسی را حس کرده و از طریق سیگنال‌های شیمیایی و الکتریکی ارتباط برقرار کنند. برخی از آن‌ها می‌توانند خود را در پوسته‌های زره‌مانند محصور کنند. ممکن است حتی برخی از آن‌ها قادر به دیدن باشند. گونه‌ای از مژک‌داران عدسی‌ای[2] دارد که می‌تواند تصویری را روی ناحیه‌ی دیگری از سیتوپلاسم متمرکز کند که عملاً مانند یک چشم است. همه‌ی آن‌ها ظاهرا می‌توانند به‌سهولت همانندسازی کنند، عملی که بسیار فراتر از عملکرد پیچیده‌ترین مصنوعات بشری است. برخی از آن‌ها حتی می‌توانند خود را از بخش بسیار کوچکی که با برش از سلول برداشته شده است بازسازی کنند![۶]

این ذرات مادی چشم‌گیر و سازمان‌یافته تمام موجودات روی زمین، از جمله بدن انسان، را شکل داده‌اند که به‌خودی‌خود از مجموعه‌های عظیمی از صدها میلیون میلیون سلول تشکیل شده است. سلول‌ها مغز انسان را ساخته‌اند و طی نه ماه حاملگی در هر دقیقه یک‌میلیون اتصال ایجاد کرده‌اند. نهنگ‌ها، پروانه‌ها، پرندگان و درخت سکویای غول‌پیکر پارک ملی یوسمیت[3] از سلول تشکیل شده‌اند. همچنین، سلول‌ها دایناسورها و تمام حیات کهنی را که تا به امروز روی زمین متولد شده است شکل داده‌اند. سلول‌ها با فعالیت‌هایی که در نوع خود ساده‌ترین فعالیت‌ها به حساب می‌آیند، طی سه‌میلیارد سال گذشته به‌تدریج سیاره‌ی ما را تغییر دادند

---

1. Desiccation
2. Lens
3. Yosemite

تـا اکسـیژن را از طریق فتوسـنتز تولید کرده و قدرت‌هـای انرژی‌بخش آن را برای تمام اشکال بالاتر حیات آزاد کنند. آن‌ها مجموعه‌های سازنده‌ی حیات روی زمین هسـتند. به‌طـور خلاصه می‌تـوان گفت آن‌ها می‌توانند تقریبـا از عهده‌ی هر کاری برآینـد. هـر شـکلی را به خـود می‌پذیرند و از هـر نظمی تبعیت می‌کننـد. به نظر می‌رسد آن‌ها از هر نظر به‌طرز بی‌عیب و نقصی برای انجام وظیفه‌ی تعیین‌شده‌ی خود در ایجاد یک زیسـت‌کره‌ی مملو از جان‌داران چندسـلولی، از جمله خود ما، سازگار شده‌اند.

وقتی رویدادهای جاری در آغازیان[1] را در یک قطره آب استخر مشاهده می‌کنیم یا وقتی در جریان گردش خون انسـان صحنه‌های عجیبی مانند تعقیب باکتری به وسیله‌ی لوکوسیت (گلبول سفید) را می‌بینیم، به‌سختی می‌توان در برابر این حس که این اشکال حیات میکروسکوپی موجوداتی هستند که ادراک دارند و مستقل‌اند، مقاومت کرد. حتی بیش از صد سال پیش نیز که میکروسکوپ‌هایی نسبتا ابتدایی داشتیم چنین بود[۷]، حال که از این لحاظ امکانات بیش‌تری داریم.

در ویدیو کوتاهی که گلبول سـفید را در حال تعقیب طعمه‌اش نشـان می‌دهد، تنها استراتژی‌های شکار آن‌ها نیست که شبیه رفتارهای جانورانی از رده‌های بالاتر است؛ مثال قابل توجه دیگر، مراسم ابراز عشق مژک‌داران است؛ آیین‌هایی که شامل رقص‌های پیش از جفت‌گیری، یادگیری متقابل، لمس مکرر جفت‌های احتمالی و حتی فریب و تقلب به هنگام ارتباط تولید مثلی با جفت‌های بالقوه است[۸].

هربـرت اسپنسـر جنینگز[2]، یکی از بنیان‌گـذاران رفتارگرایی، قویـا به این باور رسیده بود که پروتوزوآها درک و احساس دارند و چنین اظهار نظر کرده است:

> اگـر آمیـب حیوان بزرگی بود که مـا هر روز با آن به عنوان یک تجربه‌ی روزمره سروکار داشتیم، رفتارهایی را که از او می‌دیدیم به حالت‌های گوناگونی مانند لذت، درد، گرسنگی یا تمایل برای انجام کاری نسبت می‌دادیم. دقیقا همانند وقتی که چنین مواردی را به سگی نسبت می‌دهیم[۹].

به‌تازگی زیست‌شـناس دیگری به نام برایان فـورد[3] دیدگاه جنینگز را این‌گونه تکرار کرده است:

---

1. Protozoan

۲- Herbert Spencer Jennings (1868 -1947)، جانورشناس و ژنتیک‌شناس آمریکایی.

3. Brian Ford

دنیای میکروسکوپی تک‌سلولی‌های زنده از بسیاری جهات بازتابی از دنیای ما است. اساسا سلول‌ها خودمختار و مبتکرند و حس و ادراک دارند. می‌توانیم در زندگی تک‌سلولی‌ها ریشه‌های هوش خود را ببینیم[۱۰].

فورد در ادامه می‌گوید:

ما آمیب‌ها را ابتدایی و ساده می‌پنداریم، در حالی که بسیاری از انواع آمیب‌ها با برداشتن دانه‌های ماسه از گلی که در آن زندگی می‌کنند، پوسته‌های شیشه‌ای می‌سازند. برای مثال، پوسته‌ی دیفلوجیا[1] که شبیه گلدان است و تقارن چشم‌گیری دارد... فقط نمی‌دانیم این ارگانیسم تک‌سلولی چه‌طور چنین پوسته‌ای را برای خود می‌سازد[۱۱].

حتی اگر سلول‌ها موجودات هوشمندی نباشند، دستاوردهای آن‌ها، پیچیدگی‌شان و تنوع ساختار و عملکرد آن‌ها باز هم ما را شگفت‌زده می‌کند. قدرت‌های منحصربه‌فرد سلول‌ها، همان‌که ژاک مونو[2] آن‌ها را قدرت‌های کاتالیزوری اهریمنی[3] می‌نامید[۱۲]، و تناسب[4] فوق‌العاده‌ی آن‌ها برای ایفای نقش منحصربه‌فردشان به عنوان عنصر سازنده‌ی حیات روی زمین، برای کسی که حتی بررسی سرسری و بی‌دقتی هم داشته باشد شگفت‌آور است.

همان‌طور که در فصل‌های آینده خواهیم دید، موردی که بسیار شگفت‌انگیزتر است تناسب از قبل تعیین‌شده و خیره‌کننده‌ی موجود در طبیعت است که امکان تحقق مادی سلول مبتنی بر کربن را فراهم می‌کند. چنان‌که خواهیم دید، این تناسب قبلی در کاربردپذیری و سودمندی منحصربه‌فرد خواص تعداد قابل توجهی از اتم‌های موجود در نیمه‌ی اول جدول تناوبی برای خدمت به اهداف بسیار خاص که برای مونتاژ ترکیبات اصلی بزرگ‌مولکولی[5] و عملکرد فیزیولوژیکی سلول ضروری هستند، آشکار می‌شود. من این امر را پارادایم تناسب منحصربه‌فرد[6] می‌نامم.

همان‌طور که باز هم در فصل‌های بعد خواهیم دید، این تناسب از پیش تعیین‌شده همچنین در کاربردپذیری و سودمندی فوق‌العاده‌ی آب برای خدمت‌کردن به عنوان

1. Difflugia
2. Jacques Monod
3. demonic catalytic powers
4. fitness
5. Macromolecule
6. Unique fitness paradigm

ماتریس[۱] سلول و نیز به وسیله‌ی فرایندهای شیمیایی در پهنه‌ی تاریک فضای بین
ستاره‌ای آشکار می‌شود که به سنتز زیستی[۲] بسیاری از مونومرهای مولکولی که
نخستین سلول‌ها برای ساخت اجزای سازنده‌ی بزرگ‌مولکولی‌شان استفاده می‌کنند،
منجر می‌شود. به عبارت دیگر، تناسب «اهریمنی» سلول به تناسب ژرف‌تری بستگی
دارد که از پیش در تار و پودی از واقعیت مجسم شده است. این تناسب ژرف‌تر
از آغاز زمان در قوانین طبیعت حک شده است. تناسبی که نشان می‌دهد جهان
هستی، همان‌طور که هندرسون اعلام کرده، کلیتی عمیقا زیست‌محور[۳] است[۱۳].

۱- Matrix، زمینه، محمل، قالب، ماده‌ی بین سلولی، ماده‌ای که چیزی را احاطه می‌کند یا دربرمی‌گیرد.
2. Biotic
۳- Biocentric، زیست‌محوری یا زیست‌مرکزی که زیست‌شناسی و به‌خصوص حیات بیولوژیکی را پایه و اساس
جهان هستی می‌داند و باور دارد حیات و زندگانی است که جهان هستی را می‌آفریند و نه برعکس.

فصل دوم

اتم برگزیده

درست است که در بدن‌ها سازمان یافتند تا برای تداوم بقا خود را تکثیر کنند.اما حیات از طریق چه نیروهایی قادر به انجام چنین کاری است؟ نیروهای طبیعی یا ماورای طبیعی؟ با خواص ذاتی نهادینه‌شده در مولکول‌هایی که همه چیز از آن‌ها ساخته شده است؟ یا با یک نیروی تحمیل‌شده و بیرونی؟ امداد غیبی ایزدی بیرون از آن ورای قوانین طبیعت...؟ قطعا پرسش اصلی همین است.

آرتور نیدهام[1]، منحصربه‌فردبودن مواد زیستی[2][1]

در اوایـل دوران مـدرن، یعنی دقیقا تا دهه‌های نخسـت قرن نوزدهم، بسـیاری از زیست‌شناسـان حیات‌گرا[3] و بر این باور بودند که آن دسـته از رفتار، ویژگی‌ها و توانایی‌هـای منحصربه‌فـرد موجودات زنـده که با موجودات غیر زنده مشـترک نیستند، از جمله احساسات، اختیار و توانایی خودتکثیری، حاصل روح غیرمادی‌ای وابسـته بـه حیـات اسـت که در آن‌ها سـکنی گزیده اسـت. گفته می‌شـود در قرن هفدهم، کریستینا[4]، ملکه‌ی سوئد، پس از شنیدن اصرار رنه دکارت[5] مبنی بر این‌که موجودات زنده قابل قیاس با ماشین‌ها هستند، ساعت مکانیکی‌ای را به او نشان داد و گفت: «پس کاری کن این ساعت یک بچه به دنیا بیاورد»[۲]. چالشی که کریستینا مطرح کرد هنوز هم پابرجا است و علی‌رغم پیشرفت‌های خارق‌العاده در حوزه‌ی فناوری نانو و شیمی ابرمولکول‌ها، هیچ‌کس نتوانسته موجود مادی‌ای را مونتاژ کند که بتواند از توانایی سلول برای تکثیر خود تقلید کند.

---

1. Arthure Needham
2. *The uniqueness of biological material*
۳- Vitalist، زیست‌باور، حیات‌گرا: موافق و مدافع نظریه‌ی زیست‌باوری و معتقد به اصالت حیات.
4. Christina
5. Rene Descartes

با تامل در پیچیدگی‌های شگفت‌انگیز و توانایی‌های متنوع سلول‌ها، به‌سختی می‌توان در برابر استنباط حیات‌گرایان مبنی بر این‌که سلول‌ها چیزی فراتر از خواص معمولی ماده دارند، مقاومت کرد. مخصوصا با مشاهده‌ی فعالیت‌هایی مانند رفتارهای جفت‌گیری تک‌سلولی‌های مژک‌دار که از بسیاری جنبه‌ها شبیه به رفتارهای بسیاری پرندگان و پستان‌داران است یا با تماشای گلبول سفیدی که در حال تعقیب باکتری در یک قطره خون است، قطعا می‌توان وجود روح یا عامل اختیار را که در توانایی‌های منحصربه‌فرد آن‌ها به ودیعه گذاشته شده، در ذهن تصور کرد. چنین توانایی‌هایی در تمام موجودات شناخته‌شده در قلمرو پدیده‌های بی‌جان، از جمله در حوزه‌ی مصنوعات ماشینی، بی‌همتا است.

اما علی‌رغم جذابیت‌های این امر، استنباط این‌که عملا چیزی در موجودات زنده وجود داشته باشد که فراتر از قوانین موجود در جهان بی‌جان تاثیرگذار باشد، پیشینه‌ی ضعیفی دارد. تاریخچه‌ی زیست‌شناسی گواهی می‌دهد که از طلوع شیمی آلی در اوایل قرن نوزدهم تا کشف مارپیچ دوتایی[۱] و انقلاب زیست‌شناسی مولکولی در اواسط قرن بیستم، هر پیشرفت عمده‌ای در دانش منجر به عقب‌نشینی از دیدگاه‌های حیات‌گرا شده است. هر کشف جدیدی پرده از برخی تناسب‌های متقدم و خارق‌العاده در خواص ماده برمی‌دارد و نه از یک عامل حیاتی که به سلول‌ها این یا آن رفتار و ویژگی منحصربه‌فرد را هدیه می‌کند. مخصوصا این‌که خواص بسیاری از اتم‌های نیمه‌ی نخست جدول تناوبی به‌طرز قابل ملاحظه‌ای برای مونتاژ مواد شیمیایی تشکیل‌دهنده‌ی سلول و عملکرد فیزیولوژیکی آن متناسب است.

عقب‌نشینی حیات‌گرایی

همان‌طور که در بالا ذکر شد، در اوایل قرن نوزدهم بسیاری از شیمی‌دانان بر این باور بودند که ویژگی‌های منحصربه‌فرد ترکیبات آلی ناشی از برخی نیروها یا عوامل حیاتی موجود در موجود زنده است. همان‌طور که یک قرن بعد لارنس هندرسون در کتاب تناسب محیط زیست اظهار کرده است:

۱- Double Helix، دو رشته‌ی پلی‌نوکلئوتید تشکیل‌دهنده‌ی DNA از طریق جفت‌شدن بازها و تشکیل پیوندهای هیدروژنی بین A ، T و G ، C.

> بسیاری از مواد آلی از موجود زنده (ارگانیسم) جدا شده، تخلیص شده و تحت آزمایشات معمول آزمایشگاه قرار گرفته‌اند. . . اما همان‌طور که برسلیوس[1]، یکی از برجسته‌ترین شیمی‌دانان آن دوران، باور داشت، نیروی حیاتی ویژه‌ای شکل‌گیری آن‌ها را هدایت کرده است، بنابراین او تصور می‌کرد این امر تحت هر شرایط دیگری غیرممکن است[۳].

برخی شیمی‌دان‌های آن دوران به یک عامل یا واسطه‌ی حیاتی، دقیقا در معنای تحت‌اللفظی‌اش، باور داشتند و آن را موجود کوتوله‌ی[2] بسیار کوچکی در سلول تصور می‌کردند که از توانایی منحصربه‌فردی برای مونتاژ و کنار هم گذاشتن اتم‌های موجود در ترکیبات گوناگون آلی و پیچیده‌ی حاصل از سیستم‌های زنده برخوردار است[۴].

برای مثال، ویلیام پروت[3]، پزشک و شیمی‌دان برجسته‌ی اوایل قرن نوزدهم، نویسنده‌ی رساله‌ی هشتم بریج واتر[4] (شیمی، هواشناسی و عملکرد گوارش و هضم) نوشته است:

> عامل آلی دستگاه فوق‌العاده ریزی دارد که قادر است با آن روی هر مولکولی جداگانه کار کند. بنابراین، مطابق با هدف طراحی‌شده، برخی مولکول‌ها را حذف و با برخی دیگر از آن‌ها تماس برقرار می‌کند[۵].

گرچه امروزه چنین دیدگاه‌هایی کهنه و منسوخ به نظر می‌رسند، اعتقاد اوایل قرن نوزدهم به این شکل از حیات‌گرایی کاملا قابل درک است. هیچ‌کس یک ترکیب آلی را در آزمایشگاه سنتز نکرده بود. ترکیبات آلی در مقایسه با ترکیبات غیرآلی به‌طور ویژه‌ای شکننده و ناپایدار بودند. وقتی از بدن خارج می‌شدند به‌سرعت تجزیه می‌شدند[۶]. تفاوت‌های شناخته‌شده‌ی دیگر آن‌ها از جمله تنوع و گوناگونی[۷] و پیچیدگی بسیار زیادشان بود[۸]. آیزاک آسیموف[5] برخی تفاوت‌های اساسی بین حوزه‌های غیرآلی و آلی را این‌گونه خلاصه کرده است:

> مواد آلی نسبت به مواد غیرآلی بسیار شکننده‌تر هستند و به‌راحتی آسیب می‌بینند.

۱- Jacob Berzelius (1779-1848) یونس یاکوب برسلیوس، شیمی‌دان سوئدی.

2. human culus

۳- William Prout (1785-1850-)، شیمی‌دان بریتانیایی

۴- *Eighth Bridgewater Treatise: chemistry, meteorology, and function of digestion*، هشت رساله‌ی بریج واتر بین سال‌های ۱۸۳۳ تا ۱۸۴۰ منتشر شد و روشی برای توضیح الهیات طبیعی عرضه کرد. فردی به نام ایرل، اهل بریج واتر انگلستان سال ۱۸۲۹ برای نوشتن این رساله‌ها هشت‌هزار پوند وصیت کرده بود.

5. Isaac asimov

آب کـه یـک مـاده‌ی غیرآلی اسـت می‌توانـد جوش بیایـد و بخار حاصـل از آن بدون آسیب‌دیدن تا هزار درجه داغ شود و دوباره اگر بخار سرد شود، باز هم آب تشکیل می‌شـود. حالا اگر روغن زیتون که یک ماده‌ی آلی[۱] اسـت گـرم شـود، دود می‌کنـد و می‌سوزد و پس از آن دیگر روغن زیتون نخواهد بود.

می‌توانیـد نمک[۲] را که یک ماده‌ی غیرآلی است گـرم کنید تا ذوب و گداخته شود، سـپس دوبـاره آن را خنک کنید. هنوز هم نمک اسـت. اما اگر به شـکر کـه یـک مـاده‌ی آلی اسـت حـرارت داده شـود، بخارهایی تولیـد و شکر به زغال تبدیل می‌شود و سیاه می‌شود و با خنک کردن آن ماهیت اصلی‌اش بازیابی نخواهد شد. . . می‌تـوان مـواد آلـی را بـا حـرارت یا بـا روش‌های دیگری بـه مـواد غیرآلی تبدیل کرد [بـه نظر شیمی‌دانان اوایل قرن نوزدهم]. در حالی که ظاهرا راهی وجود ندارد که بتوان یک ماده‌ی غیرآلی را به یک ماده‌ی آلی تبدیل کرد[۹].

بنابرایـن شیمی‌دانان اوایـل قـرن نوزدهـم بـرای باور بـه یـک نیـروی زیسـتی منحصربه‌فرد توجیهاتی در اختیار داشتند. شـواهد و قرایـن موجود در آن زمان با احتمـال وجود هویتی مرموز در سـلول که اتم‌هـا را به ترکیبات آلی تبدیل می‌کنـد سـازگار بود. حیات‌گرایانی همچون پروت[۱۰] پذیرفته بودند که اتم‌ها اساسـا در مـواد آلـی و غیرآلی بـا روش یکسـان و مطابق با قوانین یکسـانی با هم ترکیب می‌شـوند امـا بر ایـن باور بودنـد که تنها سیسـتم‌های زنده می‌تواننـد آن‌ها را به‌شکل مولکول‌هـای آلی مونتاژ کرده و خواص چشم‌گیر مواد حوزه‌ی آلی را محقق کنند.

امـا یکـی از پایه‌هـای اصلی تفکر حیات‌گرایی سـال ۱۸۲۸ فـرو ریخت؛ وقتی شیمی‌دان جوان آلمانی، فریدریش وهلر[۳]، به یکی از موفقیت‌های بی‌نظیر قرن نوزدهم دسـت یافت و توانسـت در آزمایشـگاهش اوره، کـه مـاده‌ی اصلی تشکیل‌دهنده‌ی ادرار پستان‌داران است، را بسازد. این نخستین‌باری بود که شیمی‌دانی توانسته بود ترکیبات شیمیایی متعلق به موجود زنده را از ترکیبات سـاده و آلی سـنتز کند. سنتز این ماده نیازی به نیروی حیاتی نداشـت و ترکیبات اتمی آن دقیقا به همان شـکلی که در یک ترکیب غیرآلی معمولی وجود دارد، با هم ترکیب می‌شدند.

وهلر با بررسـی و کار روی سیانات نقره (AgoCN) و ترکیب غیرآلی دیگری به نام کلرید آمونیوم، (NH$_4$Cl) موفق شـد به اوره ($CO(NH_2)_2$) دسـت پیدا کند.

۱- Organic، آلی یا ارگانیک ماده‌ای از ترکیبات کربن ناشی از گیاهان یا جانوران زنده، ترکیبی محتوی کربن.
2. salt
3. Friedrich Wohler (1800-1882)

او پیروزمندانه به استاد خود برسلیوس، که از حیات‌گرایان برجسته‌ی آن دوران بود، این‌گونه نوشت: «باید به شما بگویم که می‌توانم بدون استفاده از کلیه‌های هیچ حیوانی، اعم از انسان یا سگ، اوره درست کنم. اوره همان سیانات آمونیوم است»[۱۱].

فرانسیس پرستون ونیبل[1] در این باره این‌گونه می‌نویسد:

> اوره یا همان ترکیب درخشانی که وهلر تولید کرد سرانجام موانع را فرو ریخت، طلایه‌دار ترکیبات بسیار دیگری شد و شماری از دانشمندان را ترغیب کرد در این حوزه‌ی پر منفعت فعالیت کنند. درست است اوره‌ای که وهلر ساخت کاملا از عناصر غیرآلی ساخته نشده بود اما باز هم می‌توان گفت یکی از جالب‌ترین و شناخته‌شده‌ترین محصولات حیوانی به دست آمده از مواد غیرآلی است. مسلما کنار گذاشتن باوری قدیمی به کندی اتفاق می‌افتد اما معمولا کشف وهلر را نقطه‌ی آغاز شیمی آلی به عنوان علم به حساب می‌آورند[۱۲].

سال ۱۸۵۴، هرمان کولبه[2] با سنتز ماده‌ی آلی اسید استیک از دی‌سولفیدکربن در آزمایشگاه، میخ دیگری بر تابوت حیات‌گرایی کوبید[۱۳]. پس از ترکیبی که کولبه تولید کرد، سد شکسته شد و دانشمندان ترکیبات آلی بیش‌تر و بیش‌تری را در آزمایشگاه‌ها سنتز کردند و روشن شد که دست‌کم می‌توان ترکیبات اساسی موجودات زنده را بدون نیاز به وجود برخی عوامل حیاتی در سلول ایجاد کرد.

پیشرفت در حوزه‌ی شیمیایی حیات طی قرن نوزدهم، بیش از پیش روشن کرد که اجزای تشکیل‌دهنده و شیمیایی موجودات زنده نه تنها ترکیبات کاملا طبیعی هستند بلکه همچنین اتم کربن در ترکیب با هیدروژن، اکسیژن و نیتروژن (که بخش عمده‌ی ترکیبات آلی را تشکیل می‌دهند) برای گردآوری و مونتاژ فهرست عظیمی از ترکیبات آلی متنوع و پیچیده، اعم از قندها، اسیدها، اترها، استرها و الکل‌ها که برای ساخت سیستم‌های پیچیده‌ی بیوشیمیایی ضروری‌اند، از تناسب شیمیایی ویژه‌ای برخوردار است. همان‌طور که هندرسون اظهار کرده است:

> ترکیبات شیمیایی آلی صرفا در خواص ویژه‌ی عناصر کربن، هیدروژن و اکسیژن در ترکیب شیمیایی با یک‌دیگر، تدریجا به عنوان ترکیباتی متفاوت با مواد غیرآلی و مستقل از آن‌ها شناخته شدند. درست همان‌طور که ترکیبات دیگر عناصر، ویژگی‌های خاص خودشان را دارند[۱۴].

۱- Frances Preston Venable (1856 -1934)، شیمی‌دان آمریکایی.

2. Hermann Kolbe

امروزه، یک قرن پس از دوران هندرسون، هنوز هم شیمی دیگری را نمی‌شناسیم که بتواند این‌گونه منبع سرشاری از ترکیبات شیمیایی را برای انتخاب مجموعه‌ای از عناصر سازنده‌ی سیستم‌های زنده فراهم و تمام متابولیت‌های لازم آن را تامین کند. جالب است که این دیدگاه حیات‌گرایانه، که بر اساس آن بین مواد شیمیایی مربوط به حیات و آن‌هایی که به قلمرو بی‌جان مربوط می‌شوند تفاوت‌های اساسی وجود دارد، هنوز هم حفظ شده و حتی بر آن تاکید شده است. اما این تفاوت‌ها دیگر به یک کوتوله‌ی هنرمند و ماوراالطبیعه‌ی وابسته به حیات که در داخل سلول باشد نسبت داده نمی‌شود بلکه به خواص شیمیایی و فیزیکی منحصربه‌فرد نوپدید[1] و طبیعی اتم کربن در ترکیب با هیدروژن (H)، اکسیژن (O) و نیتروژن (N) نسبت داده می‌شود و در حال حاضر به جای آن‌که عامل معجزه‌گری در درون سلول مولفه‌های حیات و ویژگی‌های منحصربه‌فردی را به آن‌ها اعطا کند، یک معجزه‌گر واقعی یا همان تناسب منحصربه‌فرد شیمیایی اتم‌های تثبیت‌شده در جدول تناوبی را برای حیات در نظر می‌گیریم. اکنون تناسب شیمیایی جای‌گزین همان عامل یا واسطه شده یا در واقع، شگفتی درونی و ماندگاری در خواص ماده جای‌گزین شگفتی‌ای خارج از هویت ماده شده است یا به عبارتی، تناسب جای‌گزین حیات‌گرایی، طراحی نهایی (غایی) جای‌گزین طراحی فوری[2] و عامل نهایی (غایی) جای‌گزین عامل آنی شده است.

توجه به این نکته مهم است که گرچه شکل کلاسیک حیات‌گرایی، که یک عامل مربوط به حیات را در داخل سلول فرض می‌کرد تا از این طریق بتواند شیمی حیات را توضیح دهد، در قرن نوزدهم کنار گذاشته شد چون شگفتی شیمی کربن به‌طور فزاینده‌ای آشکار شد، هنوز هم پدیده‌های زیستی‌ای وجود دارند که بر حسب قوانین کنونی فیزیک یا شیمی فراتر از هر گونه توضیحی‌اند. مثال واضحی از این پدیده‌ها قلمرو احساس، ادراک، ذهن و آگاهی است[۱۵]. این‌که آیا قوانینی از طبیعت وجود دارند که بتوان آن‌ها را به‌طور منحصربه‌فردی در قلمرو آلی به کار گرفت یا خیر، هنوز هم پرسشی است که تنها می‌توانیم امیدوار باشیم با پیشرفت‌های آینده‌ی علم به پاسخی برای آن دست پیدا کنیم.

---

1. emergent
2. timmediate

اما صرف نظر از هر آنچه ممکن است پیشرفت‌های آینده‌ی علم در مورد عوامل گوناگون علیتی موجود در سامانه‌های زنده برای‌مان آشکار کند، ادعای اصلی و دفاع‌شده در فصول بعدی این کتاب بر اساس ارزیابی خواص علمی و اثبات‌شده‌ی ماده و قوانین طبیعی است که امروزه همه‌ی زیست‌شناسان آن را پذیرفته‌اند. این‌که بگوییم تناسب متقدم و ژرفی در طبیعت وجود دارد که تحقق‌یافتن سلول‌های متعارف را به‌گونه‌ای که در حال حاضر روی زمین وجود دارد امکان‌پذیر می‌کند، ادعایی مستقل از عوامل اصلی و تاثیرگذار در مونتاژ نخستین سلول زنده‌ی روی زمین یا مراحل فیزیکی و شیمیایی دقیقی است که باعث وقوع چنین معجزه‌ای شدند. این‌که آیا این عوامل داروینی، لامارکی، حیات‌گرا یا عقایدی دیگر بوده‌اند، بحث بسیار قابل توجهی است اما عمدتا موضوعی است که نسبت به آنچه در این کتاب بر آن تمرکز شده، موضوعی جانبی به حساب می‌آید.

فهرست نامحدود

پیشرفت شیمی آلی فصل مهمی در تاریخ علم است و هندرسون آن را یکی از باشکوه‌ترین دستاوردهای قرن نوزدهم توصیف کرده[۱۶] و دیگران هم او را تایید کرده‌اند. یان مولدر[۱] در این مورد مطلبی تحت عنوان با حیرت نگاهی به عقب می‌اندازیم[۲][۱۷] منتشر کرده است. بسیاری نویسندگان دیگر، از جمله آسیموف[۱۸] و همچنین آلفرد راسل والاس[۳]، که او نیز مشترکا با چارلز داروین[۴] از بنیان‌گذاران نظریه‌ی تکامل تدریجی از طریق انتخاب طبیعی است، در وصف جهان شگفت‌انگیز شیمی کربن سخن‌ها سر داده‌اند.

از آغاز قرن بیستم بیش از صدهزار ترکیب آلی ثبت شده است[۱۹] و تمام ترکیبات اساسی موجودات زنده، از جمله بیست اسید آمینه‌ی رایج مورد استفاده در پروتیین‌ها و چهار نوکلئوتید مورد استفاده در DNA و همچنین بسیاری قندها، چربی‌ها و اسیدهای چرب موجودات زنده، در آزمایشگاه سنتز شده‌اند.

---

1. Jan Mulder
2. *Looking Back in Wonder*
3. Alfred Russell Wallace
4. Charles Darwin

از بین همه‌ی عناصر، کربن به‌تنهایی این توانایی را دارد که مجموعه‌ی گسترده‌ای از ترکیبات آلی پیچیده با خواص فیزیکی و شیمیایی متنوعی را تشکیل دهد. در واقع، شمار ترکیبات شناخته‌شده‌ی کربن در حال حاضر نزدیک به ده‌میلیون می‌شود که این میزان بیش از کل ترکیبات غیرکربنی دیگر و بسیار بیش‌تر از ارزیابی هندرسون در یک قرن پیش است.

به غیر از مولکول‌هایی که کربن دارند، مولکول‌های بسیاری وجود دارد که تنها از کربن تشکیل شده‌اند. کربن مواد گوناگونی مانند ذغال سنگ، الماس (سخت‌ترین ماده‌ی معدنی شناخته‌شده)، گرافیت (یکی از نرم‌ترین مواد معدنی) و همچنین ساختارهای پیچیده‌ای مانند فولرن‌ها[1] و نانو لوله‌های کربنی[2] را شکل می‌دهد. دانشمندان در دهه‌های اخیر از کشف یک ترکیب کربنی دیگر به نام گرافن[3]، که متشکل از یک لایه‌ی مسطح از اتم‌های کربن است و کاملا محکم در آرایش لانه‌زنبوری دوبعدی قرار دارد، خبر داده‌اند. قابل توجه‌ترین ویژگی این ماده استحکام آن است. گرافن صد برابر قوی‌تر از یک لایه‌ی مسطح از فولاد است، درست مانند مس رسانای الکتریسیته است و بهتر از هر ماده‌ی شناخته‌شده‌ای رسانای گرما است.

با این حال، تنوع شکل‌های شیمیایی‌ای که تنها با استفاده از کربن پدید می‌آیند، در مقابل تنوع خارق‌العاده‌ی اشکالی که با ترکیب کربن و دیگر اتم‌ها به وجود می‌آیند، رنگ می‌بازد.

ترکیبات کربن و هیدروژن دنیای هیدروکربن‌ها را تشکیل می‌دهد. برخی هیدروکربن‌ها مولکول‌های دراز و زنجیرمانندی همچون پنتان[4] و بوتن[5] هستند. برخی دیگر نیز مانند بنزن[6] شکل‌های حلقوی یا چرخه‌ای[7] دارند. البته تنها شمار

۱- Fullerene، یکی از دیگر شکل‌های مصنوعی عنصر کربن است که از گرمادادن به گرافیت ساخته می‌شود.
۲- nanotube، نانو لوله‌های کربنی لوله‌هایی از کربن به قطر حدودا یک نانومتر هستند. سال ۱۹۹۳ ایجیما، ایچیهاشی و بتهونه آن‌ها را جداگانه ساختند.
۳- graphene، نام یکی از آلوتروپ‌های کربن است که با استفاده از یک ساختار بلوری لانه‌زنبوری دوبعدی تشکیل شده است.
4. pentane
5. butene
6. benzene
7. cyclic or ring-like

ساختارهای شیمیایی نیست که برای‌مان خیره‌کننده است بلکه تنوع و گوناگونی خواص آن‌ها هم شگفت‌آور است. بطری‌های پلاستیکی شیر، دیسک‌های فشرده[۱]، روغن‌ها، نفت خام، نفت سفید و نفتالین (گلوله‌های سمی کشنده‌ی حشره‌ی بید) همگی از ترکیبات اتم‌های کربن و هیدروژن هستند.

ترکیب کربن با هیدروژن و اکسیژن دنیای دیگری از ترکیبات، از جمله الکل‌هایی مانند اتانول و پروپانول، آلدهیدها، کتون‌ها و اسیدهای کربوکسیلیک، را به روی ما می‌گشاید. همچنین ترکیب کربن با این عناصر باعث ایجاد تنوع گسترده‌ای از اسیدهای چرب متشکل از زنجیره‌ی طویل هیدروکربنی می‌شود که از یک سر به یک گروه اسید کربوکسیلیک متصل‌اند. کربن، هیدروژن و اکسیژن در ساخت قندهایی چون گلوکز و فروکتوز هم دخیل هستند. فراتر از این‌ها، این عناصر سه‌گانه سلولز (ماده‌ی سخت چوب)، موم، سرکه و اسید فرمیک را به وجود می‌آورند. همه این مواردی که ذکر شد به این گروه از ترکیبات کربن تعلق دارند.

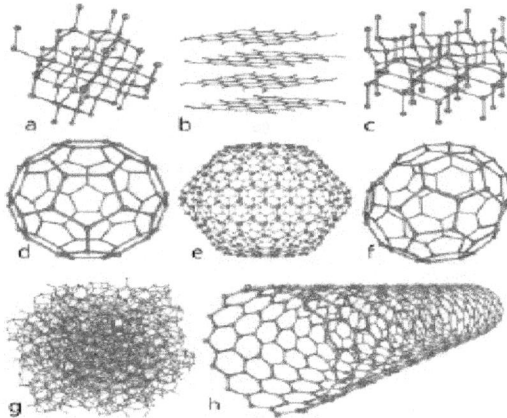

شکل ۱-۲- چند ساختار متشکل از اتم کربن: a) الماس b) گرافیت c) لونسدالیت d-f) فولرن g) کربن آمورف (بی‌شکل) h) نانو لوله‌ی کربنی

اضافه‌کردن نیتروژن به این ترکیب به تنوع بیش‌تر این ترکیبات منجر می‌شود و مواد جدیدی، از جمله عناصر سازنده‌ی پروتیین‌ها، یعنی اسیدهای آمینه، تولید

1. DVD

می‌شود. همچنین مجموعه‌ای از ترکیبات حلقوی ایجاد می‌شود که آن‌ها را به عنوان بازهای نوکلئوتیدی می‌شناسیم و برخی از آن‌ها از سازنده‌های اصلی DNA هستند. این ترکیب در موارد متنوعی مانند رنگ‌ها، آنتی‌بیوتیک‌ها، مواد منفجره، کافیین و ادرار یافت می‌شود.

در اواخر قرن نوزدهم و اوایل قرن بیستم که شگفتی‌ها و منحصربه‌فردبودن قابلیت‌های فراوان کربن به اثبات رسید، آلفرد راسل والاس تعداد و تنوع مواد شناخته‌شده در این حوزه‌ی منحصربه‌فرد را در هر دو کتاب خود، جایگاه بشر در جهان هستی[1] و دنیای حیات: جلوه‌ای از قدرت خلاق، ذهن جهت‌دار و هدف غایی[2] که در باب الهیات طبیعی‌اند، توصیف کرد. او در کتاب جایگاه بشر در جهان هستی این‌طور نوشته است:

> ترکیبات شیمیایی کربن به‌مراتب بسیار بیش‌تر از دیگر عناصر شیمیایی ترکیب‌شده است... و وقتی در نظر می‌گیریم که مواد متنوع و بی‌شماری که گیاهان و جانوران تولید می‌کنند همگی از همین سه یا چهار عنصر تشکیل شده‌اند، بیش از پیش شگفت‌زده می‌شویم. موادی از جمله انواع بی‌شماری از اسیدهای آلی، از اسید پروسیک[3] گرفته تا اسید میوه‌های گوناگون، انواع گوناگونی از قندها، صمغ‌ها[4] و نشاسته‌ها، تعدادی از انواع گوناگون روغن، موم و غیره. انواع اسانس‌ها[5] که اکثرا شکل‌هایی از تربانتین هستند با موادی مانند کافور، رزین، کائوچو (لاستیک طبیعی)، گوتاپرچا[6] و همچنین مجموعه‌ی گسترده‌ای از آلکالوئیدهای گیاهی، همانند نیکوتین توتون، مورفین تریاک، استریکنین[7]، کورارین[8] و دیگر سموم، کینین[9]، بلادونا[10] و آلکالوئیدهای دارویی مشابه... همه‌ی این‌ها به‌طور یک‌سان تنها از چهار عنصر تشکیل شده‌اند و تقریبا کل بدن ما از آن‌ها ساخته شده است. اگر این موضوع به‌طور مسلم اثبات نمی‌شد، اعتباری نداشت[۲۰].

تعداد و تنوع کل ساختارهای شیمیایی ممکن که می‌توانند از کربن، اکسیژن،

---

1 *Man's Place in the Univers*

2. *The world of life: Amani festation of creative power, Directive Mind and ultimate purpose*

۳- Prussic، اسیدی که از نیل فرنگی یا آبی پروس گرفته می‌شود.

4. Gums

5. Essential Oil

۶- gutta-percha، نوعی صمغ لاستیک‌مانند که از شیره‌ی درختان بومی آسیای جنوب شرقی، به‌ویژه از جنس‌های palaquium و payena گرفته می‌شود و در دندان‌سازی و عایق‌سازی لوازم برقی و غیره کاربرد دارد.

7. Strychnine

8. Curarine

9. Quinine

10. Belladonna

هیدروژن و نیتروژن ساخته شوند، ورای حد تصور است. این عناصر در کنار هم عملا جعبه‌ابزار سازنده‌ی جهان‌شمولی از مواد شیمیایی را تشکیل می‌دهند که به‌طور ایده‌آلی برای ساخت تعداد بی‌شماری از ترکیبات شیمیایی مورد استفاده قرار می‌گیرد. نمودارهای مسیر سوخت‌وساز[1] منتشرشده تا حدی نیاز به چنین فهرست بلندبالایی از ترکیبات آلی را نشان داده است. این نمودارها پیچ و خم مسیرهای شیمیایی و تعداد زیادی از ترکیبات گوناگون را که در مسیر متابولیسم در داخل یک سلول معمولی دست‌خوش تغییرات شیمیایی می‌شوند، نشان می‌دهند.

پادشاهی کربن

با در نظر گرفتن این نکته که دنیای کربن به‌طرز بی‌همتایی پر بار است، تا حدی عجیب و غیرعادی است که این ماده از بسیاری جهات ماده‌ی چندان جذابی نیست. به یک تکه ذغال‌سنگ یا یک قطعه گرافیت یا توده‌ای از دوده فکر کنید. درست است الماس برای ما جذاب و فریبنده است اما در کل کربن در بیش‌تر شکل‌های اصلی و عنصری آن ما را تحت تاثیر قرار نمی‌دهد. واکنش‌ناپذیری نسبی آن[۲۱] این حس را ایجاد می‌کند که کربن در مقایسه با دیگر اتم‌های واکنش‌پذیرتر و دیدنی‌تر، همچون سدیم یا اکسیژن، عادی و پیش‌پاافتاده است. همان‌طور که شیمی‌دانی به نام پیتر اتکینز[2] مطرح می‌کند، به نظر می‌رسد کربن از نظر واکنش‌پذیری در حد متوسط است و اتمی است که در روابطی که برقرار می‌کند چندان سخت نمی‌گیرد[۲۲].

اما کربن از لحاظ شیمیایی عنصر پر باری است، به‌طوری که می‌توان آن را به‌تنهایی در یک طبقه قرار داد. کربن به‌تنهایی می‌تواند مجموعه‌ی عظیمی از ترکیبات شیمیایی را که در بالا توضیح داده شد، ایجاد کند. به همین دلیل، اتکینز کربن را «پادشاه قلمرو تناوبی»[3] نامید[۲۳]. مطمئنا بدون فهرست بلندبالای مولکول‌های پیچیده با خواص شیمیایی کاملا متنوع که از طریق ویژگی‌های

۱- Metabolic Pathway، مسیر سوخت‌وساز به مجموعه‌ای از واکنش‌های آنزیمی درون‌یاخته‌ای گفته می‌شود که تغییرات ویژه‌ای را روی واکنشگراهای خود اعمال می‌کند و آن‌ها را به ترکیبات میانه و در نهایت به فراورده‌ی پایانی تبدیل می‌کند.

2. Peter Atkins

3. The king of the periodic kingdom

منحصربه‌فرد این پادشـاه اتم‌ها به ما هدیه داده می‌شـود، این‌همه فراوانی آلی برای رفع نیازهای پیچیده‌ی متابولیکی سلول هم وجود نداشت و به احتمال بسیار، هیچ حیات شیمیایی‌ای در جهان هستی به وجود نمی‌آمد. اتکینز تا آنجا پیش می‌رود که می‌گوید ویژگی‌ای که ما آن را «حیات» می‌نامیم تقریبا به‌تمامی ناشـی از حوزه‌ی قلمرو مواد حاوی کربن است[۲۴].

پیوندهای کربن-کربن

از بین تمام اتم‌های قلمرو تناوبی، از جمله سـه شـریک کربن، یعنی هیدروژن، اکسـیژن و نیتروژن، که ماده‌ی اصلی ترکیبات آلی را تشـکیل می‌دهند، تنها کربن می‌توانـد محکـم با خودش پیوند بخـورد و زنجیره‌هایی از اتم‌هایـی را تولید کند کـه تقریبـا طول نامحدودی دارند (مانند C-C-C-C). کربن در این توانایی عنصر منحصربه‌فردی است. اکسیژن، نیتروژن، هیدروژن، سیلیکون یا هیچ اتم دیگری در شـرایط محیطی[1] این توانایی را ندارد که رفتاری شـبیه کربن یا تقریبا در حد کربن نشان دهد.

بیش از هر چیز، این پایداری پیوند کربن-کربن است که ترکیبات آلی را قادر می‌سازد در سایز و پیچیدگی تقریبا نامحدودی رشد کنند. همان‌طور که آسیموف در مورد مولکول‌های حاوی کربن گفته است:

> اتم‌های کربن می‌توانند به یک‌دیگر متصل شـوند و زنجیره‌های طویل یا حلقه‌های متعـددی را شـکل دهند و سـپس با انـواع دیگـری از اتم‌ها نیز پیوند برقـرار کنند. مولکول‌های بسـیار درشـت بدون این‌که سسـت و ضعیف باشـند، می‌تواننـد از این طریق تشکیل شوند. ابدا غیرعادی نیست که یک مولکول آلی یک‌میلیون اتم داشته باشد[۲۵].

مولکول‌هـای درشـتی که ابدا به پیچیدگی پروتیین‌هـا یا دیگر بزرگ‌مولکول‌ها نیستند نیز در خارج از قلمرو شیمی آلی ناشناخته‌اند. بسیاری از دانشمندان بر این مسئله تاکید کرده‌اند. همان‌طور که پریمو لِوی[2] مطرح کرده است:

> در واقع کربن عنصری منفرد است و تنها عنصری است که می‌تواند با خودش پیوند برقـرار کنـد و بدون صرف انرژی زیاد زنجیره‌هـای پایدار و طولانی را برای حیات روی زمین (تنها حیاتی که ما تاکنون می‌شناسیم)، که دقیقا به این زنجیره‌های طویل نیازمند است، ایجاد کند. بنابراین، کربن عنصر کلیدی ماده‌ی زنده است[۲۶].

---

1. ambient

۲- Primo Levi (1919-1987)، شیمی‌دان ایتالیایی.

ویژگی چهارظرفیتی‌بودن[1]

کربـن از رکـن دیگـری از تناسب نیـز برخـوردار است و آن ایـن است که چهارظرفیتی است. یعنی می‌تواند چهار الکترون را برای تشکیل پیوندهای شیمیایی بـه اشتـراک بگذارد و در نتیجه چهار پیوند شـیمیایی با دیگر اتم‌ها و همچنین با خودش ایجاد کند. در مقایسه با کربن، نیتروژن تنها می‌تواند سه پیوند از این قبیل را شکل دهد، اکسیژن دو پیوند و هیدروژن یک پیوند. همان‌طور که آرتور نیدهام اظهار نظر کرده است:

> چهار پیوند هر اتم کربن به سمت گوشه‌های یک چهارضلعی خیالی هدایت می‌شود
> و مرکز آن اتم کربن است. بنابراین، از طریق پیوند با دیگر اتم‌های کربن دست‌یابی
> به بافت سه‌بعدی گسترده و نامحدودی امکان‌پذیر می‌شود، مشابه آنچه در آب
> وجود دارد. اساس بیوپلاسم[2] ضرورتا بافتی از این نوع است[۲۷].

چهارظرفیتی‌بودن کربن به تناسـب بی‌نظیر آن در تشکیل فهرست بالابلندی از مولکول‌های آلی کمک شایانی می‌کند.

پیوندهای چندگانه

سومین رکن تناسب کربن که به پر باربودن بی‌حد و مرز آن در دنیای آلی کمک می‌کند، توانایی کربن در ایجاد پیوندهای چندگانه و پایدار با خود و با دیگر اتم‌ها است. این در نتیجه‌ی شعاع اتمی نسبتا کوچک کربن است و به این معنا است که فواصل پیوندها کوتاه و در نتیجه نسبتا قوی هستند[۲۸]. دیگر اتم‌های کوچک و غیرفلـزی دوره‌ی دوم جدول تناوبی، از جمله دو شـریک کربن، یعنی اکسیژن و نیتروژن، نیز از این قابلیت برخوردارند.

کربـن می‌تواند پیوندهای یک، دو و سه‌گانه با دیگـر اتم‌ها و با خودش ایجاد کند. نیتروژن می‌تواند پیوندهای یک، دو و سه‌گانه و اکسیژن می‌تواند پیوندهای یک و دوتایی تشکیل دهد. غیرفلزاتی که درسـت در زیر آن‌ها در جدول تناوبی قرار دارند (سیلیسیوم، فسفر و گوگرد) برای تشکیل چنین پیوندهایی تمایل کم‌تری دارند چون شعاع اتمی آن‌ها بزرگ‌تر است و همین باعث پایداری کم‌تر پیوندهای چندگانه می‌شود[۲۹].

---

1. Tetravalency
2. Bioplasm

استحکام مناسب

دوام پیوندهایـی کـه اتمهـای کربن را بـا دیگر اتمهای کربن یـا دیگر اتمهای شیمیایی آلـی مرتبـط میکند (عمدتـا با هیـدروژن، اکسیـژن و نیتـروژن) باید با دستکاری شیمیایی[۱] آنها به وسیلهی دستگاه مولکولی[۲] سلول متناسب باشد. در غیر اینصورت کل تناسبات فوق بیفایده خواهد بود. خوشبختانه دوام و استحکام این پیوندهای شیمیایی و سطوح انرژی آنها که در تعیین استحکام پیوندها نقش اساسی دارند همان چیزی است که باید باشد.

برای درک اینکه چرا سطوح انرژی پیوندهای شیمیایی موجود در ترکیبات آلی واقعا برای دستکاری بیوشیمیایی در حد مناسبی است، باید بهطور خلاصه این را در نظر بگیریم که دستگاههای مولکولی سلول چهگونه واکنشهای شیمیایی را انجام میدهند. اصولا ترکیبی از دو عامل در این امر دخیل است؛ یکی شامل استفاده از انرژی برخوردهای مولکولی برای تضعیف پیوندهای شیمیایی است و دیگری حرکات فضایی[۳] خاص در یک مولکول آنزیم که باعث تغییر شکل نسبی[۴] پیوندی خاص در یک مولکول بستر[۵] خاص میشود، سطح انرژی پیوند را کاهش میدهد، به اصطلاح فنی مانع فعالسازی[۶] را کاهش میدهد، پیوند را ضعیفتر و همچنین شکستن آن را آسانتر میکند[۳۰].

نیـاز بـه خوابانـدن مانع فعالسازی نیازی واقعـی اسـت زیـرا در حرارتهای محیطی انرژی منتقلشده از برخوردهای مولکولی برای غلبه بر موانع انرژی بیشتر پیوندهای آلی کافی نیست[۳۱]. به همین دلیل ترکیبات آلی، که مواد تشکیلدهندهی بدن را میسـازند، از نظر شـیمیایی برای مدت زمان نسبتا زیادی پایدار میمانند. با کاهش موانع فعالسـازی، برخوردهای مولکولی بسیار بیشتری انرژی کافی برای شکسـتن پیوندها را خواهند داشت. اگرچه تغییرات سـاختاری پروتیین به میزان

۱- Manipulation، تغییردادن ساختار موجود زنده به دست انسان که معمولا برای مقاصد خاصی انجام میشود.
۲- Molecular Machine، ماشین یا دستگاه مولکولی، دستهای از مواد بیولوژیکی با اندازههای مولکولی و نانومتری هستند که در اثر خودآرایی و کنار هم قرارگیری ذره به ذرهی مواد به وجود میآیند و دو دستهی مصنوعی و بیولوژیکی هستند.
3. Conformational Movements
۴- strain، کرنش یا تنش در ساختار شیمیایی مولکول که باعث افزایش انرژی درونی آن میشود.
5. Substrate Molecule
6. Activation barrier

قابل توجهی از سطوح انرژی کم‌تری نسبت به انرژی پیوند کووالانسی برخوردار است[۳۲] (در حدود یک‌دهم)، خوش‌بختانه آن‌ها باز هم در محدوده‌ی دمای محیطی برای این‌که پیوندهای خاص را به‌طور قابل توجهی دچار تغییر شکل کنند[۱] تا انرژی فعال‌سازی‌شان به سطوحی کاهش یابد که بتواند در اثر برخوردهای مولکولی مکررتر اما کم‌انرژی‌تر شکسته شود، کافی‌اند.

اگر پیوندهای آلی در دامنه‌ی دمای محیط قوی‌تر بودند، مانند آن‌چه در بسیاری از ترکیبات غیرآلی (معدنی) وجود دارد و دو تا سه برابر قوی‌تر هستند[۳۳] (و تنها با حرارت‌دادن در دماهای بسیار بالا شکسته می‌شوند)، حرکات پروتیین نمی‌توانست به‌طور قابل توجهی پیوندهای خاص را ضعیف کند یا در واقع مانع فعال‌سازی را برای واکنش‌های خاصی کاهش دهد. در نتیجه، انواعی از واکنش‌های شیمیایی کنترل‌شده در سلول‌های زنده تا حد زیادی محدود می‌شد. به علاوه، نه تنها پروتیین‌ها قادر نبودند تنش ساختاری کافی را برای تضعیف چشم‌گیر پیوندهای خاص به کار بگیرند، برخوردهای مولکولی در محدوده‌ی دمای محیطی نیز به‌ندرت انرژی کافی برای غلبه بر موانع انرژی و شکستن پیوندها را ایجاد می‌کردند. از طرف دیگر، اگر پیوندهای آلی در دامنه‌ی دمای محیطی بسیار ضعیف‌تر بودند، اختلال حاصل از برخوردهای مولکولی حکم‌فرما می‌شد و هیچ شیمی کنترل‌شده‌ای وجود نداشت.

ظواهر امر حاکی از آن است که استحکام واقعی پیوندهای آلی، مانند نمونه‌های بسیار دیگری که مبتنی بر تناسب طبیعت برای حیات‌اند، در کمربند حیاتی گلدی‌لاکس[۲] واقع شده است زیرا نه خیلی قوی و نه خیلی ضعیف است و دقیقا به اندازه‌ی مناسب است. اگر پیوندها یک مرتبه[۳] قوی‌تر یا ضعیف‌تر بودند، به احتمال بسیار شیمی کنترل‌شده‌ی سلولی غیرممکن می‌شد. مطمئنا این امر واقعیت جذابی است و بر تناسب متقدم طبیعت برای حیات مبتنی بر کربن گواهی می‌دهد

---

1. strain

۲- Goldilocks zone، منظور از گلدی‌لاکس مقدار دقیق و درست است. این مفهوم به‌راحتی در طیف گسترده‌ای از رشته‌ها، از جمله روان‌شناسی رشد، زیست‌شناسی، ستاره‌شناسی، علم و مهندسی و اقتصاد و مهندسی اعمال می‌شود.

۳- مرتبه‌ی بزرگی: بر حسب توان‌های پایه‌ی ۱۰ شناخته و سنجیده می‌شوند و در واقع روشی برای نمایش سنجش مراتب مقدار است. برای مثال، مرتبه‌ی بزرگی عدد ۱۵۰۰ را عدد ۳ می‌دانیم و می‌نویسیم: $۱/۵ \times ۱۰^{۳}$

و حاکی از آن است که این منطقه‌ی گلدی‌لاکس کمربند به‌غایت کوچکی در گستره‌ی عظیم سطوح انرژی کیهانی است. برای مثال، نیروی گرانش دست کم 10^{36} بار ضعیف‌تر از نیروی قوی هسته‌ای است[۳۴].

به‌طور خلاصه می‌توان گفت بیوشیمی تنها به این دلیل امکان‌پذیر شده که ترکیبات کربن در محدوده‌ی دمای محیطی، همان‌طور که نیدهام توصیف کرده است، شبه‌پایدار[1] هستند[۳۵].

همان‌طور که او خاطرنشان کرده است، گرچه ترکیبات کربن در محدوده‌ی دمای محیط نسبتا پایدار هستند و می‌توانند بدون این‌که دست‌خوش تغییر شیمیایی شوند برای دوره‌های طولانی در سلول باقی بمانند، آن‌چه آن‌ها را قابل توجه کرده این است که به همان اندازه که پایدار هستند، تغییرپذیر هم هستند. تعداد کمی از آن‌ها در دمای بالای ۳۰۰ درجه‌ی سانتیگراد بدون تغییر باقی می‌مانند و بیش‌ترشان در این دما اگر پیش‌تر تجزیه نشده باشند، گازی‌شکل هستند. همانند بسیاری از جنبه‌های دیگر، به نظر می‌رسد کربن از هر دو طرف سود برده است. در واقع، ترکیبی از ثبات و تغییرپذیری، حرکت و اینرسی است[۳۶]. همان‌طور که هندرسون در کتاب تناسب می‌گوید:

> ارزش تنوع زیاد تغییرات شیمیایی‌ای که آن‌ها می‌توانند متحمل شوند و ناپایداری نهادینه‌ای که باعث می‌شود پیچیدگی زیادی از رفتار شیمیایی به‌راحتی دست‌یافتنی شود، از تعدد مواد آلی و تنوع خواص آن‌ها کم‌تر نیست. به‌طور خلاصه می‌توان گفت مواد آلی نه تنها برای ایجاد پیچیدگی ساختار موجود زنده بلکه همچنین به واسطه‌ی ناپایداری و تغییر شکل‌های متعدد به منظور اعطای فعالیت‌های شیمیایی متنوع و پیچیدگی عملکرد فیزیولوژیکی به آن، به‌طرز منحصربه‌فردی متناسب شده‌اند[۳۷].

میل ترکیبی مشابه[2]

بسیاری کارشناسان بر ویژگی دیگری از پیوندهای کربن نیز تاکید کرده‌اند و آن این است که سطوح انرژی پیوندهای کربن از یک عنصر به عنصر دیگر تفاوت زیادی ندارد. همان‌طور که نویل سیگویک[3] در کتاب کلاسیکش با عنوان عناصر

1. metastable
2. affinity

۳- Nevil Sidgwick (1873-1952)، شیمی‌دان بریتانیایی.

شیمیایی و ترکیب‌های آن‌ها[1] خاطرنشان کرده است:

> میل ترکیبی کربن برای متفاوت‌ترین عناصر و به‌خصوص برای خودش، همچنین برای هیدروژن، نیتروژن، اکسیژن و هالوژن‌ها نیز تفاوت زیادی ندارد؛ به‌طوری که حتی متنوع‌ترین مشتقات نیز چندان به تغییر در محتوای انرژی نیاز ندارند و این یعنی ثبات ترمودینامیکی[۳۸].

رابرت ای. دی. کلارک[2] در همین زمینه این‌طور نوشته است: «کربن با همه دوست است. انرژی‌های پیوندی آن با هیدروژن، کلر، نیتروژن، اکسیژن و حتی با یک کربن دیگر، تفاوت کمی دارد. هیچ اتمی شبیه کربن نیست»[۳۹].

کوین پلاکسکو[3] و مایکل گروس[4] هم در این زمینه توافق دارند و در کتاب اخترزیست‌شناسی[5] مشهورشان این‌طور گفته‌اند:

> کربن زمین بازی کاملا منصفانه‌ای را فراهم کرده که طبیعت در آن می‌تواند هر نوع بازی‌ای را که خواست اجرا کند و پیوندهای یگانه و دوتایی کربن-کربن، کربن-نیتروژن و کربن-اکسیژن را بدون این‌که هزینه‌ی زیادی برای تبدیل هر یک از این موارد به دیگری بپردازد، ایجاد کند... با توجه به همه‌ی این‌ها، جای تعجب نیست که شیمی‌دان‌ها چیزی حدود ده‌میلیون ترکیب منحصربه‌فرد کربن را معرفی کرده‌اند. این تعداد با تمام ترکیبات غیرکربنی برابری می‌کند[۴۰].

دامنه‌ی دمای مناسب

ضرورت وجود ترکیبات آلی شبه‌پایدار برای توانمندسازی شیمی کنترل‌شده در سلول از دیگر دستاوردهای جذاب کربن است. این امر محدوده‌ی دمای سازگار با محیط را به باند فوق‌العاده باریکی بین محدوده‌ی عظیمی از دماهای موجود در کیهان محدود می‌کند.

حداکثر درجه‌ی حرارت برای حیات چیزی حدود ۱۰۰ درجه‌ی سانتیگراد است[۴۱]. دلیل این امر که دما نباید از این حد بالاتر باشد ناپایداری ذاتی بیش‌تر مواد آلی است. استنلی میلر[6] و لزلی ای. اورگل[7] این موضوع را در کتاب‌شان،

---

1. *The Chemical Elements and their compounds*
2. Robert E.D. Clark
3. Kevin W. Plaxco
4. Michael Gross
5. *Astrobiology*
6. Stanley Miller
7. Leslie E. Orgel

خاستگاه‌های حیـات روی زمیـن[1]، متذکر شـده‌اند[۴۲]. برای مثال، نیمه‌ی عمر اسـید آمینه‌ی اصلی آلانین[2] در دمای صفر درجه‌ی سـانتی‌گراد بیست‌میلیارد سال و در دمای ۲۵ درجه‌ی سـانتی‌گراد سـه‌میلیارد سـال است اما در دمای ۱۵۰ درجه‌ی سـانتیگراد تنها ده سـال خواهد شـد. چنین تفاوت میلیاردی‌ای اصلا قابل مقایسه نیسـت. آلانیـن موردی استثنایی نیسـت[۴۳]. همان‌طـور که در کتاب سرنوشـت طبیعت[3] اشاره کرده‌ام، بسـیاری ویتامین‌هـا، از جمله ویتامین C، فولیک اسـید و برخـی دیگر از ویتامین‌هـای گروه B، ماننـد B_1 و B_6، در دمای بالای ۱۰۰ درجه‌ی سـانتیگراد به‌سرعت تجزیه می‌شوند[۴۴]. بر اساس گزارشی در مجله‌ی نیچر[۴۵]، نیمه‌عمر بسـیاری از ترکیبات اصلی آلی کـه مورد استفاده‌ی موجودات زنده است، از جملـه اسـیدهای آمینـه‌ی مـورد اسـتفاده در پروتیین‌ها، بازهای بـه کار رفته در DNA و آدنوزین تری‌فسـفات (ATP) مورد اسـتفاده برای سـوخت‌وساز انرژی در سلول‌ها، در دمای ۲۵۰ درجه‌ی سانتیگراد با سرعت بسیار زیادی تجزیه می‌شوند یا نیمه‌عمرشان به چند دقیقه یا ثانیه می‌رسد[۴۶].

سـطح پاییـن‌تر دما برای بیوشیمی کنترل‌شده مشخص نشده است. با این حال، معلوم شـده اسـت برخی جان‌داران زنده می‌توانند حتـی در دماهایی در حد ۲۰- درجه‌ی سانتیگراد عملکرد داشته باشند. در دمای پایین‌تر، شیشه‌ای‌شدن سلول‌ها[4] باعث توقف متابولیسم می‌شود[۴۷]. این‌که آیا حیات می‌توانـد در دماهای پایین‌تر از این هم وجود داشته باشد یا خیر مشخص نیست زیرا در مورد بیوشیمی سلول در دماهای زیر ۲۰- درجه‌ی سانتیگراد روی سیالاتی که در دماهای بسیار پایین‌تر از صفر نیز مایع هسـتند هیچ مطالعه‌ی دقیقـی انجام نگرفته اسـت. اما حتی اگر بسـیار سـخاوتمندانه عمل کنیم و دمای ۵۰- درجه‌ی سـانتیگراد را برای کندترین عملکردهای بیوشیمی در برخی مایعات، غیر از آب، و بالاترین حد دما را نیز عدد ۱۳۰ درجه‌ی سانتیگراد در نظر بگیریم، باز هم دامنه‌ی دمای مناسب برای بیوشیمی کسـر بی‌نهایـت کوچکی از محـدوده‌ی عظیم دماهای موجود در کیهان را اشـغال می‌کند[۴۸].

---

1. *The Origins of life on the Earth*
2. *Alanine*
3. *Nature's Destiny*
۴- Vitrification. آبگینه‌سازی یا مومی‌شدن: اصطلاحی برای ناهنجاری‌های فیزیولوژیک گیاهان که طی آن برگ‌ها شیشه‌ای می‌شوند و پس از پاره‌شدگی‌ها و گاهی نکروزشدن از بین می‌روند.

گرچه این موضوع به‌خودی‌خود موضوع شگفت‌انگیزی است، حقیقت دیگری نیـز در ایـن بیـن وجود دارد و آن این اسـت که اتفاقا این محـدوده‌ی دما تقریبا با دامنه‌ی دمایی که آب در شرایط محیطی روی زمین به حالت مایع است نیز یکسان است[۴۹] و این امر مطمئنا یکی از خارق‌العاده‌ترین و به‌تبع از مهم‌ترین رویدادهای سازگار زیستی[1] در طبیعت است؛ زیرا اگر این دو محدوده‌ی مستقل از هم بر هم منطبق نبودند، به احتمال زیاد هیچ حیات مبتنی بر کربنی روی زمین یا مسلما در هیچ کجای جهان هستی وجود نداشت.

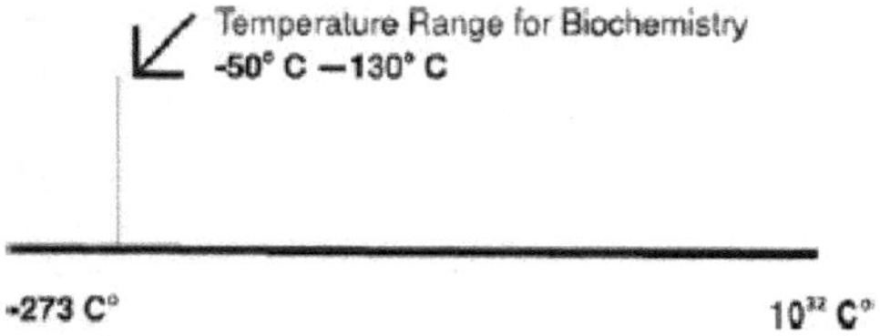

Temperature Range for Biochemistry
-50° C —130° C

-273 C° 10^{32} C°

شکل ۲-۲- دمای کیهانی، از دمای صفر مطلق تا دمای مه‌بانگ (انفجار بزرگ)

تناسب چندگانه

در مجمـوع می‌تـوان گفـت کربـن به‌روش‌هـای گونـاگـون بـرای گـردآوری مولکول‌های پیچیده‌ی حیات متناسب شده است:

۱- پیوندهای پایداری با خودش ایجاد می‌کند.

۲- می‌تواند چهار پیوند ایجاد کند چون چهارظرفیتی است.

۳- می‌تواند با خودش و با دیگر اتم‌ها پیوند برقرار کند.

۴- سـطوح انرژی پیوندهای کربن بـرای دسـتکاری بیوشیمیایی در محدوده‌ی دمای محیط متناسـب اسـت (نه خیلی قوی و نه خیلی ضعیف) و این وضعیت را «شبه‌پایدار» می‌نامیم.

۵- سطوح انرژی پیوندهای کووالانسی که کربن با دیگر شرکای غیرفلزی‌اش در ترکیبات آلی ایجاد می‌کند، مشابه هستند.

۶- شبه‌پایداری ترکیبـات کربـن در همـان محـدوده‌ی دمایی اسـت که آب به حالت مایع است.

---

1. Bio-friendly

هنوز یک رکن دیگر از تناسبات کربن باقی مانده که در فصل بعدی مورد بحث قرار خواهد گرفت و آن ماهیت جهت‌دار و منحصربه‌فرد پیوندهایی است که کربن بـا دیگـر اتم‌های موجود در ترکیبات آلی تشـکیل می‌دهد و همان‌طور که خواهیم دید، این امر نقش مهمی در مونتاژ بزرگ‌مولکول‌های پیچیده، که آن‌ها را به عنوان اشکال سه‌بعدی می‌شناسیم، بازی می‌کند.

این‌که اتم کربن به‌طرز منحصربه‌فردی برای شـیمی حیات کاملا مناسـب شده اسـت، دیـدگاه اقلیـت خاصـی از پژوهشـگران یا ادعایی خاص نیسـت. تناسـب بی‌همتای اتم کربن برای ساختن دنیایی از مواد شیمیایی متنوع و بزرگ‌مولکول‌های فوق‌العاده پیچیده شـبیه پروتیین‌ها و DNA حقیقتی اسـت که بیش‌تر دانشمندان و پژوهشگرانی که از حقایق آگاهی دارند آن را تایید کرده‌اند و بیش از یک قرن است این موضوع اثبات شده است[۵۰].

تـا پایان قـرن نوزدهم، تمام تلاش‌ها برای توضیح خواص شـیمیایی و بسـیار چشم‌گیر قلمرو آلی بر حسب یک «نیروی حیاتی»[1] مرموز کنار گذاشته شد. حتی مدافعان طراحی، همچون آلفرد راسل والاس، نیز طراحی شیمیایی را به عنوان امر ذاتی و نهادینه‌شده در طبیعت بدون توسل به برخی عوامل حیات‌گرایانه و مرموز، در نظر می‌گرفت.

گرچه ممکن اسـت اشـکال دیگری از حیات شـیمیایی نیز وجود داشته باشد، برای مثال، شاید حیات بر پایه‌ی بور[2] یا سیلیکون (البته در حال حاضر هیچ مدرک تجربی‌ای از این موضوع در دست نیست) هم باشد، آن‌چه بی‌تردید به نظر می‌رسد تناسـب بی‌عیب و نقص کربن برای هر نوع حیات شـیمیایی مشابه با چیزی است که روی زمین وجود دارد.

همان‌طور که گروس و پلاکسکو در کتاب اخترزیست‌شناسی مطرح کرده‌اند:

> ممکن است در پایان تنها یک عنصر وجود داشته باشد، کربن . . . اساس کل حیات روی زمین، که قادر به پشتیبانی از شیمی پیچیده‌ای است که احتمالا برای ایجاد یک سیستم شیمیایی خودتکثیرشونده[3] لازم بوده است[۵۱].

نهایتا باید گفت آن‌چه درباره‌ی خواص اتم کربن شگفت‌انگیز است این است

---

1. Vital force
2. boron
3. Self- replicating

که به نظر می‌رسد این خواص برای تولید تعداد بی‌شماری از ترکیباتی که به‌طرز بی‌نظیری برای حیات سودمندند، به‌روش‌های گوناگون اما مکمل یک‌دیگر دقیق تنظیم شده‌اند. ظاهرا چنین مجموعه‌ای از خواص که همگی برای ایجاد فهرست بالابلندی از مولکول‌هایی که برای حیات بیوشیمیایی سلول‌های زنده ایده‌آل هستند تنظیم شده‌اند، برداشت قدرتمندی از وجود تمهید و تدبیر را منتقل می‌کند. بیش از یک قرن پیش، والاس در کتاب دنیای حیات این‌طور اظهار کرده است:

بنابراین، می‌بینیم که کربن بین تمام عناصر از نظر خواص فیزیکی و شیمیایی‌اش منحصربه‌فردترین عنصر است. تا آن‌جا که شواهد موجود نشان می‌دهد، به نظر می‌رسد کربن برای انجام هدفی به وجود آمده باشد و آن هم فراهم‌آوردن امکان توسعه‌ی حیاتی سازمان‌یافته است. به علاوه، به نظر می‌رسد خواص شیمیایی و منحصربه‌فرد آن در ترکیب با دیگر عناصری که پروتوپلاسم را تشکیل می‌دهند، به اشکال گوناگون حیات این امکان را می‌دهد که انواع تقریبا بی‌نهایتی از مواد سازگار را برای استفاده و لذت‌بردن انسان فراهم کنند و مخصوصا در خدمت به اهداف پژوهشی و پیش‌گامانه‌ی بشر برای کشف اسرار جهان هستی باشند[۵۲].

به نظر می‌رسد والاس با نگاه دقیق به مبانی حیات بیوشیمیایی آن‌چه را اکنون بسیار واضح‌تر شده است دیده بود. بسیاری از افراد باور کرده‌اند و هنوز هم بر این باورند که داروین برای همیشه الهیات را از زیست‌شناسی جدا کرد. اما اکنون با سپری‌شدن بیش از یک قرن و نیم، پژوهش‌های علمی پس از داروین نشان داده است تناسب طبیعت برای حیات روی زمین در این اتم برگزیده بسیار مثال‌زدنی و خارق‌العاده است و به‌طرز غیرقابل مقاومتی اشاره به هدف و طراحی دارد.

فصل سوم

مارپیچ دوتایی

به قطر بیست انگستروم[1]، هفتاد و نه میلیاردم اینچ، دو زنجیره‌ی دوقلوی هم‌محور، در جهت عقربه‌های ساعت (راست گرد)، یکی رو به بالا و یکی رو به پایین، چرخش کامل یک پیچ در سی و چهار انگستروم. بازها به‌صورت جفت در وسط، هر ۳/۴ انگستروم و یک‌دهم دور، یک جفت باز را از بالا یا پایین جدا می کند. جفت‌هایی که در این مسیر مدور از یک سو به هم نزدیک‌تر هستند زنجیره‌ها را نگه داشته‌اند. در هر یک‌هشتم چرخش، یک شیار باریک به سمت خارج محور و یک شیار پهن دیده می‌شود. این ترانه‌ای است برای چشم عقل که در آن حتی یک نت نیز بیهوده سروده نشده است.

هوراس جادسون[2]، هشتمین روز آفرینش[3][۱]

شیمی منحصربه‌فرد کربن که فراوانی تعداد و تنوع ترکیباتش کاملا مشهود است، به‌طرز ایده‌آلی متناسب شده تا فهرست خارق‌العاده‌ای از بلوک‌های ساختاری و مولکولی کوچک، قندها، اسیدهای آمینه، بازهای نوکلئوتیدی، چربی‌ها، استروییدها و غیره را در اختیار سلول قرار دهد. اما باز هم این‌همه فراوانی به‌تنهایی نمی‌تواند همه‌ی توانایی‌های به‌ظاهر معجزه‌آسای سلول‌ها را توضیح دهد، از جمله این‌که واکنش آنزیمی چه‌گونه انجام می‌شود یا این‌که چه‌گونه سلول‌ها در تقسیم سلولی اطلاعات ژنتیکی را به دو سلول دختری[4] خود منتقل می‌کنند. در اوایل قرن بیستم این پدیده‌ها هنوز هم کاملا اسرارآمیز بودند. در آن زمان برای بسیاری از پژوهشگران این‌طور به نظر می‌رسید که این توانایی‌ها با قوانین شیمی و فیزیک که

۱- واحد اندازه‌گیری طول موج (نور و رادیو).

2. Horace Judson
3. *The Eight of Creation*
4. Daughter Cells

در دنیای غیرآلی یا در آزمایشگاه به کار برده می‌شوند غیرقابل توضیح‌اند. در نتیجه، دیدگاه‌های حیات‌گرایانه هنوز هم بین بسیاری از زیست‌شناسان وجود داشت. جیمز واتسون[1] در کتاب زیست‌شناسی مولکولی ژن[2] این‌طور اظهار کرده است:

> در ربع اول این قرن در بسیاری از آزمایشگاه‌های شیمی و زیست‌شناسی حس و باور قدرتمندی وجود داشت مبنی بر این‌که برخی نیروهای وابسته به حیات و خارج از قوانین شیمی باعث می‌شوند بین موجودات جان‌دار و بی‌جان تفکیک قایل شویم. بخشی از دلیل ماندگاری چنین باور حیات‌گرایانه‌ای این بود که موفقیت‌هایی که از لحاظ زیست‌شناختی به شیمی‌دان‌ها، که امروزه غالبا آن‌ها را بیوشیمی‌دان می‌نامیم، جهت می‌داد، محدود بودند. گرچه تکنیک‌های مورد استفاده‌ی شیمی‌دان‌های آلی برای فهم ساختار مولکول‌های نسبتا کوچکی مانند گلوکز کافی بود... . آگاهی فزاینده‌ای نیز وجود داشت مبنی بر این‌که بسیاری از مهم‌ترین مولکول‌های موجود در سلول، یعنی بزرگ‌مولکول‌ها، بسیار بزرگ هستند؛ آن‌قدر بزرگ که حتی بهترین شیمی‌دان‌های آلی نیز نمی‌توانند آن‌ها را پیگیری کنند[۲].

همان‌طور که واتسون در ادامه مطرح کرده است، با این‌که جیمز بی. سامنر[3] سال ۱۹۲۶ به‌طور تجربی اثبات کرد آنزیم اوره‌آز[4] پروتیین است و می‌تواند در آزمایشگاه متبلور شود، باز هم هاله‌ی کلی رمز و رازهای مربوط به پروتیین‌ها را از بین نبرد[۳]. این موارد هنوز با تکنیک‌های موجود در آن زمان قابل رمزگشایی نبودند. بنابراین، ممکن است حتی تا اواخر سال ۱۹۴۰ برخی شیمی‌دان‌ها بر این باور بوده باشند که این مولکول‌ها نهایتا ویژگی‌هایی را نشان می‌دهند که منحصر به سیستم‌های زنده‌اند[۴].

در بسیاری از موارد این‌طور در نظر گرفته می‌شد که ماده‌ی ژنتیکی گریزپا و دست‌نیافتنی از پروتیین‌هایی ساخته شده است (نه از DNA) که مشخص شده بود با کروموزوم‌های موجود در هسته‌ی سلول در ارتباط هستند. همچنین معلوم شده بود مولکول‌های DNA از اجزای تشکیل‌دهنده‌ی کروموزوم‌ها هستند اما تصور می‌شد این‌ها نسبتا کوچک‌اند و برای حمل اطلاعات ژنتیکی توانایی کافی ندارند[۵]. همان‌طور که واتسون نتیجه‌گیری کرده است:

> این حس غالبا بیان می‌شد که چیزی منحصربه‌فرد در مورد سازمان سه‌بعدی سلول وجود دارد که به آن ویژگی زنده‌بودن را اعطا کرده است... و این‌که برخی

---

1. James Watson
2. *Molecular Biology of the Gene*

۳- James B. Sumner (1955-1887) شیمی‌دان آمریکایی.

4. Urease

قوانین طبیعی جدید به اندازه‌ی نظریه‌ی سلولی[1] یا نظریه‌ی تکامل از اهمیت بالایی برخوردارند و باید پیش از درک ماهیت و جوهره‌ی حیات کشف شوند[۶].

ماکس دلبروک[2]، که از بنیان‌گذاران زیست‌شناسی مولکولی و رهبر گروه مشهور فاژ بود و پژوهش‌هایش به کشف این موضوع منجر شد که DNA باکتریوفاژ اطلاعات ژنتیکی را حمل می‌کند[۷] و مونتاژ پوشش پروتیینی فاژ در سلول باکتری را تعیین می‌کند، طی گفت‌وگویی با هوراس جادسون[3] مطلبی را مطرح کرده که جادسون آن را در کتاب هشتمین روز آفرینش این‌گونه آورده است:

در آن ایام، پروتیین‌ها و اسیدهای نوکلئیک به اندازه‌ی کافی شناخته‌شده نبودند. پروتیین‌ها را کمی بیش‌تر می‌شناختیم چون می‌دانستیم بیست اسید آمینه‌ی ضروری وجود دارد یا بهتر است بگوییم بیست و چند اسید آمینه؛ زیرا در کل کسی واقعا نمی‌دانست تعدادشان دقیقا چندتا است. اما این‌که آیا پروتیین‌ها به‌روشی منظم و تکراری ساخته شده‌اند یا به‌روشی کاملا خاص، در دهه‌ی چهل هنوز هم کاملا ناشناخته بود. DNA هم همین وضعیت را داشت؛ می‌دانستند مولکولی رشته‌ای است اما واقعا نمی‌دانستند نوکلئوتیدها در آن چه‌گونه با هم در ارتباط هستند یا حتی انشعاباتی در آن وجود دارد یا خیر[۸].

ایده‌هایی درباره‌ی ساختار سه‌بعدی پروتیین‌ها وجود داشت اما مبهم و نامشخص بودند. دانشمندان روی این موضوع به توافق رسیده بودند که پروتیین‌ها مولکول‌های بزرگ یا در واقع بزرگ‌مولکول هستند و احتمالا از زنجیره‌های خطی اسیدهای آمینه تشکیل شده‌اند اما نمی‌دانستند توالی اولیه‌ی آن‌ها چه‌گونه تعیین می‌شود، چه‌گونه سنتز می‌شوند یا چه‌گونه به ساختار سه‌بعدی و طبیعی خود می‌رسند[۹]. بنابراین، همان‌طور که در بالا ذکر شد، اطلاعات کمی در مورد پروتیین‌ها یا DNA در دهه‌های ۱۹۳۰ یا ۴۰ به دست آمده بود. بیش‌تر بیوشیمی‌دان‌ها تصور می‌کردند پروتیین‌ها به جای اسیدهای آمینه نقش اصلی را در وراثت بازی می‌کنند و آن‌ها هستند که ساختار مادی ژن‌ها را تشکیل می‌دهند[۱۰].

خلاصه این‌که مانند اوایل قرن نوزدهم همه نوع دلیلی برای گمانه‌زنی درباره‌ی حیات‌گرایی وجود داشت. همان‌طور که دلبروک در دهه‌ی ۱۹۳۰ عنوان کرده:

۱- یکی از مفاهیم بنیادین زیست‌شناسی که بر اساس آن تمام موجودات زنده از یاخته و فرآورده‌های فعالیت یاخته پدید آمده‌اند.

2. Max Delbruck

3. Horace Judson

ژن‌هـا در آن زمـان واحدهـای جبری[1] علـم ترکیبی ژنتیک بودنـد و واضح بود که این واحدها از نظر شـیمی سـاختاری مولکول‌های قابل تجزیه‌ای هسـتند اما ممکن بود مشخص شود که آن‌ها سامانه‌های حالت پایدار[2] بسیار ریز زیرمیکروسکوپی[3] هستند یا ممکن بود معلوم شود آن‌ها به زبان شیمی قابل تحلیل نیستند[۱۱].

فرانسیس کریک[4] نیز سال‌هایی را که به انقلاب زیست‌شناسی مولکولی منتهی شد، این‌طور یادآوری می‌کند:

با نگاهی به گذشته می‌توان گفت آن‌چه در آن دوره واقعا چشم‌گیر بود، این بود که شیمی، شیمی فیزیکی و فیزیک مرتبط با آن موضوعات را به‌گونه‌ای که امروزه کاملا واضح می‌شماریم، برای درک زیست‌شناسی در سطوح مولکولی ضروری نمی‌دانستند. البته همه چنین دیدگاهی نداشتند. مخصوصا ماکس دلبروک که فیزیک‌دان بود اما به پژوهش‌های زیست‌شناسی می‌پرداخت. . . او وقتی به فرایندهای زیستی فوق‌العاده اسرارآمیز در مورد چه‌گونگی همانندسازی که در آن ایام کاملا گیج‌کننده به نظر می‌رسید نگاه می‌کرد، امیدوار بود بتواند قوانین جدید فیزیک را کشف کند[۱۲].

اروین شرودینگر[5] نیز به امید شبه‌حیات‌گرایانه‌ی دلبروک مبنی بر وجود قوانین خاصی از فیزیک برای توضیح وراثت اشاره کرده است. او می‌گوید:

از تصویر کلی دلبروک در مورد ماده‌ی وراثتی این‌طور فهمیده می‌شـود که در عین حـال کـه ماده‌ی زنـده از قوانیـن فیزیکی‌ای که تاکنـون وضع شـده دوری نمی‌کند، احتمالا درگیر قوانین فیزیکی دیگری هم هست که هنوز ناشناخته مانده‌اند. قوانینی که به‌محض آشکارشـدن درسـت مانند همان قوانین پیشین، بخش جدایی‌ناپذیری از این علم خواهند شد[۱۳].

در مجموع، علی‌رغم این‌که سلول به تناسب اتم کربن برای مواد آلی متنوع نیاز داشت، این آگاهی چگونگی انجام پدیده‌های مرتبه‌بالاتری، مانند کاتالیز آنزیمی و وراثت در سـلول، را حل‌نشـده باقی می‌گذاشت. در این بین شکافی وجود داشت که معلوم نبود چه‌گونه ممکن است بسته شود.

پس از واتسون و کریک

امـا امیـد دلبروک به این‌که قوانین جدیدی کشـف شـود عملی نشـد. انقلاب

---

1. Algebriac units

2. Steady-state systems

۳- آن‌قدر کوچک که حتی با میکروسکوپ هم دیده نمی‌شوند.

4. Francis Crick

۵- Erwin Schrodinger (1887-1961)، فیزیک‌دان اتریشی.

زیست‌شناسـی مولکولـی در اواسـط قرن بیسـتم نشـان داد هیچ قانونی که منحصر به زیست‌شناسـی و لازمه‌ی توضیح کاتالیز آنزیمی یا پدیده‌ی وراثت باشـد وجود ندارد.

سرانجام معلوم شد می‌توان آن‌چه را بیوشیمی‌دانی به نام ژاک مونو عملکردهای اهریمنـی[۱۴]¹ آنزیم‌هـا و ذخیره و تکثیر اطلاعات ژنتیکی نامیده، تا حد زیادی با همان قوانین فیزیک و شیمی که در قلمرو مواد بی‌جان اعمال می‌شوند توضیح داد و نیز می‌توان با چیزی عادی و پیش‌پاافتاده در حد شکل مولکول و موقعیت دقیق اتم‌ها در فضا، به آن‌چه پیش‌تر به امری خارق‌العاده و فراتر از شیمی معمولی نسبت داده می‌شد، دست پیدا کرد.

طی دهه‌های ۱۹۴۰ و ۱۹۵۰، دانش مربوط به ساختار مولکولی بزرگ‌مولکول‌های اصلی حیات به دلیل پیشـرفت‌های بنیادینی که با اسـتفاده از فناوری‌های قدرتمند و جدیـدی ماننـد بلورنگاری² اشـعه‌ی ایکـس و میکروسـکوپ الکترونـی حاصل شـده بود، به‌طرز چشم‌گیری افزایش یافت. این پیشرفت‌ها نهایتا ساختار اساسی و عملکرد زیربنایی بزرگ‌مولکول‌های اصلی سلول را مشخص کرد.

این پیشـرفت‌ها موضوع کاملا شگفت‌انگیزی را آشکار کردند و آن این بود که می‌توان ترکیبات اتمی بزرگ‌مولکول‌های پیچیـده‌ی سـلول را در سـاختار سه‌بعدی منحصربه‌فرد و بسـیار خاصی مرتب کرد و همین باعث شـده بزرگ‌مولکول‌هایی ماننـد پروتیین‌ها و DNA بتواننـد عملکردهای ژنتیکی، آنزیمی و بیوشـیمیایی بسیار خاصی را که پیش‌تر به نیروهای حیاتی و مرموز نسبت داده می‌شد، عملی کنند.

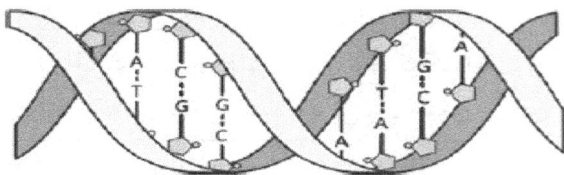

شکل ۱-۳- مارپیچ دوتایی DNA. نوارهایی که پیچیده شده‌اند زنجیره‌های فسفات هستند. حروفی که می‌بینید جفت‌بازهای نوکلئوتیدی آدنین (A)، تیمین (T)، گوانین (G) و سیتوزین (C) هستند. پنج‌ضلعی‌های متصل به حروف هم قندها هستند.

1. Demoniacal Functions

۲- بلورنگاری، بلورشناسی.

ساختارهای پروتیینی‌ای که با بلورنگاری اشعه‌ی ایکس به معرض دید درآمدند شبیه چیزهایی بودند که در داستان‌های علمی تخیلی خوانده‌ایم. آن‌ها اجزایی بودند که از هزاران اتم تشکیل شده و در آرایش‌های سه‌بعدی به‌شکل بسیار مشخصی تنظیم شده بودند و عجیب‌تر، زیباتر و به‌طرز دلهره‌آوری پیچیده‌تر از هر نوع توده‌ای از ماده بودند که پیش‌تر تصور می‌شد. ماکس پروتس[۱] به نقل از مقاله‌ای از جی. سی. کندرو[۲] در مورد صورت‌بندی سه‌بعدی اتم‌های موجود در میوگلوبین[۳] (نخستین پروتیینی که ساختار آن با جزییات اتمی تعیین شده است) این‌طور اظهار کرده است:

> شاید قابل توجه‌ترین ویژگی‌های این مولکول پیچیدگی و عدم تقارن آن باشد. به نظر می‌رسد ترتیب قرارگرفتن اتم‌ها در آن تقریبا به‌طور کامل فاقد هر نوع قاعده‌ای است که بتوان به‌طور غریزی پیش‌بینی کرد و پیچیده‌تر از آن است که هر نظریه‌ی ساختار پروتیینی‌ای بتواند آن را پیش‌بینی کند[۱۵].

پژوهش‌های روزالیند فرانکلین[۴] روی پراش اشعه‌ی ایکس[۵] در کالج کینگ[۶] لندن، یعنی همان‌جایی که من تحصیل کرده‌ام، منجر به کشف این موضوع شد که اتم‌های DNA به‌صورت مارپیچ دوتایی صف‌آرایی شده‌اند. گرچه مارپیچ دوتایی از ساختار بسیار منظم‌تری نسبت به جنگل سردرگمی از اتم‌های موجود در پروتیین‌هایی مانند میوگلوبین یا سیتوکروم برخوردار است، باز هم این ساختار نشان نمی‌دهد چه‌گونه مولکول‌های پیکربندی‌شده در یک ساختار سه‌بعدی خاص می‌توانند عملکردهای بسیار خاصی انجام دهند. در این مورد می‌توان انتقال اطلاعات ژنتیکی را مطرح کرد.

در دهه‌ی ۱۹۶۰، اندکی پس از روزهای باشکوه کشف مارپیچ دوتایی، هنری ارنشتاین[۷]، استاد راهنمای رساله‌ی دکتری‌ام در کالج کینگ، اغلب به شوکی اشاره می‌کرد که پس از این‌که مشخص شده بود می‌توان همه‌ی اتم‌های یک پروتیین

۱- Max Perutz (1914-2002)، شیمی‌دان انگلیسی.

2. J.C.Kendrew

۳- نوعی هموگلوبین است که در رشته‌های ماهیچه‌ای یافت می‌شود.

۴- Rosalind Franklin (1920-1958)، شیمی‌دان انگلیسی.

۵- XRD، روشی برای مطالعه‌ی ساختار مواد کریستالی است. در اثر برخورد اشعه‌ی ایکس به کریستال‌ها، پدیده‌ی تفرق حاصل می‌شود.

6. King's College

7. Henry Arnstein

پیچیده را در ساختارهای فضایی دقیقی حفظ کرد، به او و بسیاری دیگر از بیوشیمی‌دان‌ها وارد شده بود. آن‌ها از این شوکه شده بودند که می‌دیدند همین اختصاصی‌بودن آرایش اتمی برای توانمندکردن ماده در انجام فعالیت‌های شیمیایی و ظاهرا معجزه‌آسای درون سلول نقشی کلیدی ایفا می‌کند. حالا حجابی کنار زده شده و راز مولکولی حیات برملا شده بود.

جادسون در پیش‌گفتار روشنگرانه‌ای برای چاپ نخست کتاب هشتمین روز آفرینش، تاکید کرده است که درک عمیق‌تر چنین ویژگی عظیمی کلید آغاز یک انقلاب بود.

> در تحول زیست‌شناسی، تغییر بنیادین و مهمی که در دیدگاه‌ها اتفاق افتاد ایجاد مفهوم اختصاصی‌بودن زیستی[1] بود. در اواسط دهه‌ی سی نیز مسلما زیست‌شناسان و بیوشیمی‌دان‌ها درباره‌ی اختصاصی‌بودن حرف می‌زدند. آن‌ها چاره‌ای جز این نداشتند چون بسیاری از پدیده‌هایی که با آن روبه‌رو بودند مانند ژن‌ها (یا هرچه که در ماده بوده)، آنزیم‌ها و آنتی‌بادی‌ها (که آن‌ها را به عنوان پروتیین می‌شناختند) بسیار اختصاصی عمل می‌کردند. با این حال ویژگی اختصاصی‌بودن در واقع اصطلاحی تقریبا تهی از معنا بود... اما چهل سال بعد، اختصاصی‌بودن زیستی غنی از معنا شد[۱۶].

گرچه کشف ساختار DNA یکی از کشفیات بنیادین علوم در قرن بیستم بود، مسلما برخلاف آن‌چه کریک سال ۱۹۵۳ ادعا کرد، مارپیچ دوتایی راز حیات نیست. هیچ مولکول دیگری هم راز حیات نیست؛ زیرا در واقع می‌توان حیات مبتنی بر کربن را بدون DNA هم تصور کرد. حیاتی که از پلیمر ژنتیکیِ خودتکثیرشونده‌ی دیگری استفاده می‌کند که شاید ارتباط نزدیکی با DNA داشته باشد اما از نوکلئوتیدهای کاملا متفاوت یا شاید هم از انواع بسیار متفاوتی از پلیمرهایی که از واحدهای اساسی و کاملا متفاوتی درست شده‌اند، ساخته شده است. در حال حاضر گروهی از پژوهشگران دانشگاه فلوریدا[2] و گروه دیگری در دانشگاه آکسفورد[3] که در زمینه‌ی حیات مصنوعی[4] فعالیت می‌کنند، مشغول طراحی[۱۷] مجدد کد ژنتیکی و ساخت آنالوگ‌های[5] DNA هستند[۱۸]. ممکن

1. Biological Specificity
2. University of Florida
3. University of Oxford
4. Artificial life

۵- شبیه، نظیر.

است چنین جای‌گزین‌هایی از جهاتی در مرتبه‌ی پایین‌تری نسبت به DNA قرار بگیرند اما با این حال ممکن است نهایتا معلوم شود DNA تنها یکی از چندین پلیمر پیچیده‌ای است که قادر به انجام عملکردهای ژنتیکی در اشکال حیاتی مبتنی بر کربن است. آن‌چه قطعی و غیرقابل بحث است این است که عملکردهای تمام بزرگ‌مولکول‌های موجود در سیستم‌های زیستی کنونی روی زمین بسیار وابسته به توانایی آرایش اتم‌های چندگانه[۱] (گاهی اوقات هزاران) در ساختارهای فضایی بسیار خاص و نامنظم است و می‌توان تصور کرد که حتی حیات مصنوعی (اگر بتوانیم آن را ایجاد کنیم) و حیات بیگانه[۲] (اگر وجود داشته باشد) نیز به ساختارهای مولکولی سه‌بعدی و بسیار خاصی از اجزای شیمیایی تشکیل‌دهنده‌ی آن‌ها بستگی دارد.

هیچ حیات شیمیایی (منطبق بر بسیاری از تعاریفی که در نوشته‌های علمی ارایه شده است[۱۹]) قابل تصوری عملا بدون ماشین‌های مولکولی پیچیده‌ای که بتوانند وظایف تعریف‌شده‌ای را انجام دهند امکان‌پذیر نخواهد بود و هر نوع ماشین مولکولی‌ای که بتواند عملکردهای زیستی خاصی را انجام دهد، لزوما وابسته به آرایش‌های اتمی سه‌بعدی بسیار دقیق و پایدار است. برای مثال، آنزیم‌ها با متصل‌شدن به سوبستراهای[۳] خاصی، فرآیندهای اساسی حیات را پیش می‌برند و سرعت تبدیل به محصول نهایی را هزاران‌بار یا حتی میلیون‌هابار در ثانیه افزایش می‌دهند[۲۰]. هیچ آنزیمی نمی‌تواند چنین وظیفه‌ای را مدیریت کند مگر این‌که اتم‌های اطراف موضع فعال[۴] در چیدمان‌های بسیار دقیق فضایی برای اتصال به سوبسترا صف‌آرایی شده باشند.

پیوندهای قوی

آرایش اتم‌ها در بزرگ‌مولکول‌های زیستی پیچیده در ساختارهای سه‌بعدی بسیار خاص به دو نوع پیوند شیمیایی بستگی دارد. پیوندهای قوی یا کووالانسی (در فصل قبل به آن‌ها اشاره شد) و مجموعه‌ی دیگری از پیوندهای کاملا متفاوت که «پیوندهای ضعیف» نامیده می‌شوند.

---

1. Multiple Atoms
2. alien
3. Substrates

۴- Active site، مکان اختصاصی یک آنزیم که مستقیما در واکنش با زیر بستر عمل می‌کند.

پیوندهای کووالانسی هنگامی تشکیل می‌شوند که اتم‌ها برای تکمیل مدارهای الکترونی بیرونی‌شان الکترون‌ها را به اشتراک می‌گذارند. ترکیبات آشنایی که در آن‌ها اتم‌ها با پیوندهای کووالانسی به هم متصل شده‌اند عبارت‌اند از دی‌اکسیدکربن (CO_2)، آب (H_2O)، آمونیاک (NH_3) و متان (CH_4) یا گاز باتلاق که در شکل ۳-۲ نشان داده شده است. برای ساده‌ترکردن این مبحث من از «نظریه‌ی لوییس»[1] برای پیوندهای شیمیایی استفاده می‌کنم چون برای اهداف ما در این‌جا به اندازه‌ی کافی دقیق است. اما آخرین دیدگاه علمی که توضیحات مفصل‌تری درباره‌ی پیوندهای شیمیایی ارایه می‌کند «نظریه‌ی اوربیتال مولکولی»[2] است.

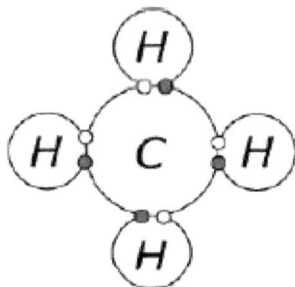

● Electron from hydrogen
○ Electron from carbon

شکل ۳-۲- پیوندهای کووالانسی در متان

از تمـام پیوندهای بین اتم‌های تشـکیل‌دهنده‌ی ترکیبـات آلی، مانند پیوندهای C–H، C–O، C–N و N–O، پیوندهـای کووالانسـی قـوی هسـتند کـه در آن‌هـا الکترون به اشـتراک گذاشـته شـده اسـت. ویژگی اساسی پیوندهای کووالانسی این اسـت کـه بـه دلیل وجـود دیگر پیوندها در مولکول، از نظر فضایی محـدود شـده‌اند. به عبارت دیگر، این پیوندها جهت‌دار[3] هستند. همان‌طور که پیتر اتکینز در مورد

۱- Lewis Theory، که به اسید و بازهای لوییس مشهور است و در این نظریه مولکولی که می‌تواند جفت الکترون غیرپیوندی از مولکول دیگری دریافت کند اسید است و مولکول دهنده‌ی جفت الکترون باز است.
۲- Molecular Orbital theory، روشی برای مشخص‌کردن ساختار مولکولی است که در آن الکترون وابسته به یک پیوند خاص در نظر گرفته نمی‌شود بلکه تمامی الکترون‌ها به‌صورت مجموعه‌ای در تمامی مولکول در نظر گرفته می‌شوند که در اثر کنش با هسته‌های اتم‌ها در سرتاسر مولکول در حرکت‌اند.
3. directional

پیوند کووالانسی توضیح می‌دهد:

> توانایی یک اتم در آزادکردن الکترون‌ها برای تشکیل پیوند کووالانسی در یک جهت، تا حدی بر توانایی آن در آزادکردن آن‌ها در جهتی دیگر تاثیر می‌گذارد. در نتیجه، آرایش اتم‌ها در یک مولکول هندسه‌ی مشخص و تثبیت‌شده‌ای دارد. .. ترکیبات کووالانسی ...، مجزا و اغلب گروه‌های کوچکی از اتم‌ها با اشکال مشخص هستند[۲۱].

این واقعیت که پیوندهای موجود در بلوک‌های سازنده‌ی مولکولیِ بزرگ‌مولکول‌های اصلیِ سلول جهت‌دار هستند و از نظر فضایی محدود شده‌اند پیامد بسیار مهمی دارد. چرا؟ چون یک بزرگ‌مولکول پیچیده که همه‌ی اتم‌ها باید در آن در آرایشات فضایی مشخص و ثابتی مستقر شوند تا عملکردهای زیستی خاصی را به انجام برسانند، دیگر نمی‌تواند از زیرواحدهایی که پیوندها در آن‌ها جهت‌دار نبوده و از نظر فضایی محدود نیستند ایجاد شود.

پیوندهای یونی که نوع دیگری از پیوندهای شیمیایی‌اند نیز پیوندهای قوی‌ای هستند اما جهت‌دار نیستند و محدودیت فضایی ندارند. در پیوندهای یونی اهدا یا پذیرش الکترون‌ها بین دو اتم اتفاق می‌افتد. یک اتم الکترون از دست می‌دهد و بار الکتریکی مثبت پیدا می‌کند و اتم دیگر که پذیرنده‌ی الکترون است، بار الکتریکی منفی پیدا می‌کند. بنابراین، برای مثال در تشکیل نمک (nacl)، اتم سدیم یک الکترون را به اتم کلر اهدا می‌کند و در نتیجه، سدیم یک بار الکتریکی مثبت (Na^+) و کلر یک بار الکتریکی منفی (Cl^-) می‌گیرد. پیوندهای یونی اتم‌های بیش‌تر ترکیبات غیرآلی موجود در دنیای مواد معدنی را به هم پیوند می‌دهند[۲۲]. گرچه پیوندهای یونی پیوندهای محکمی هستند و به‌طور کلی بیش از دو برابر انرژی پیوندهای کووالانسی هستند که کربن با هیدروژن، اکسیژن و نیتروژن ایجاد می‌کند، در عین حال پیوندهای غیرجهت‌داری هستند و این نقص بسیار مهمی برای مونتاژ مولکول‌های زیستی با شکل‌های تعریف‌شده است. همان‌طور که رابرت ای. دی. کلارک خاطرنشان کرده است، غیرجهت‌داربودن یکی از دلایل اساسی این امر است که چرا موجودات زنده (ارگانیسم‌ها) نمی‌توانند از پیوندهای یونی استفاده کنند:

> جاذبه‌ی بین اتم‌های باردار کاملا فاقد هر گونه ویژگی هدایتی است؛ یعنی اتم‌ها تنها نگران حفظ فاصله‌ی یک‌سان بین یک‌دیگر هستند و به غیر از این به چیز

دیگری اهمیت نمی‌دهند. برای روشن‌شدن این مطلب می‌توان قوری آلیس در سرزمین عجایب را در مقیاس اتمی تصور کرد. در این مثال ما قوری را «ترکیبی» از فضای اصلی قوری، لوله‌ی قوری، درب و دسته‌ی آن در نظر می‌گیریم. اما وقتی درب قوری، لوله و دسته‌ی آن را روی فضای اصلی قوری می‌گذارید، در کمال تعجب می‌بینیم که این قطعات در جایی که ما آن‌ها را قرار داده‌ایم باقی نمی‌مانند، می‌لغزند و به اطراف و زیر و بالای فضای اصلی قوری نقل مکان می‌کنند! . . . نهایتا این‌که قوری چای، که آن را به عنوان ساختاری سازمان‌یافته در نظر گرفته بودیم، نمی‌تواند عملکرد مفیدی را به انجام رساند، مگر این‌که رشته‌ای به‌خوبی قطعات آن را به هم متصل کند! خارق‌العاده به نظر می‌رسد. این مثال به ما تصویری قابل قبول از چه‌گونگی رفتار اتم‌هایی که بارهای الکتریکی (پیوندهای یونی) آن‌ها را نگه داشته است ارایه می‌دهد[۲۳].

همان‌طور که اتکینز اشاره می‌کند، تمایز بین این دو نوع پیوند قوی، یعنی پیوندهای یونی (غیرجهت‌دار) و پیوندهای کووالانسی (جهت‌دار) با تقسیمات بنیادین بین حوزه‌ی غیرآلی و حوزه‌ی آلی مطابقت دارد و دومی به معنای واقعی کلمه وابسته به اولی است.

به‌طور کلی، ترکیبات مولکولی (تشکیل‌شده از اتم‌های پیوندیافته با پیوندهای کووالانسی) چهره‌ی نرم طبیعت هستند و ترکیبات یونی (غیرآلی) چهره‌ی سخت آن.

تفاوت‌های اندکی این موضوع را در آن‌چه بین چهره‌ی نرم زمین، یعنی رودخانه‌ها، هوا، علف‌ها و جنگل‌هایش، که همگی مولکولی هستند، و زیرساخت‌های خشن چشم‌اندازش، که عمدتا یونی هستند، روشن‌تر می‌کند. به همین دلیل است که «مثلث بالایی مستطیل شرقی»[1] جدول تناوبی برای وجود حیات از اهمیت بسیار بالایی برخوردار است و به همین دلیل بقیه‌ی قلمرو جدول تناوبی در تشکیل پایه‌ای پایدار و مستحکم بسیار مهم است[۲۴].

این موضوع که باید در قسمتی از جدول تناوبی عناصر که اتکینز آن را مثلث بالایی مستطیل شرقی جدول می‌نامد مجموعه‌ای از اتم‌ها، از جمله کربن (C)، نیتروژن (N)، اکسیژن (O)، هیدروژن (H) و همچنین فسفر (P) و گوگرد (S) وجود داشته باشد که پیوندهایشان از قدرت مناسبی برای دستکاری شیمیایی[2]

---

1. upper triangle of the Eastern Rectangle
2. Chemical manipulation

در سـلول و همچنیـن از ویژگی مهم و اساسـی جهت‌داربـودن برخوردارند، قطعا نشان‌دهنده‌ی تناسب عمیق و ژرفی در طبیعت برای پیدایش حیات مبتنی بر کربن است.

شـایان ذکر اسـت که همین اتم‌ها نیز می‌توانند پیوندهای جهت‌دار کووالانسی (که بهتر است آن‌ها را پیوند کئوردینانس[۱] بنامیم) با گروه خاصی از فلزات، از جمله فلزات انتقالی (واسطه) مانند آهن و مس، تشکیل دهند. تشکیل پیوند جهت‌دار در اتم‌های فلزات انتقالی نیز اهمیت بسـیاری دارد؛ چون باعث می‌شـود اتم‌های فلز در هندسـه‌های مولکولی منحصربه‌فردی به پروتیین‌ها متصل شـوند که بسیاری از خواص شیمیایی منحصربه‌فرد را به کمپلکس فلز-پروتیین اعطا می‌کند که زمینه‌ساز فعالیت‌های آنزیمی یا دیگر فعالیت‌های خاص موجود در سلول است.

پیوندهای ضعیف

گرچـه آرایـش فضایـی اتم‌ها در تمـام بلوک‌های سـازنده‌ی اصلـی، از جمله اسیدهای آمینه، نوکلئوتیدها، قندها و غیره، از طریق پیوندهای کووالانسی قوی و جهت‌دار مشخص می‌شوند، نیروهای شیمیایی بسیار ضعیف‌تری بسط و گسترش فضایی مرتبه‌ی بالاتر خود بلوک‌های سـازنده و اتم‌های تشـکیل‌دهنده‌ی آن‌ها در انواع اصلی بزرگ‌مولکول‌ها را تعیین می‌کنند. نیروهایی مانند نیروهای واندروالس[۲] و همچنین پیوندهای ضعیفی که شامل فعل و انفعالات الکترواستاتیک بین اتم‌ها و مولکول‌ها است. فعل و انفعالاتی که شامل اشتراک الکترون‌ها نمی‌شود. پیوندهای ضعیف ده تا بیست برابر ضعیف‌تر از پیوندهای قوی کووالانسی هستند.

اگر انرژی پیوند کووالانسـی C–C حدود ۳۵۰ کیلو ژول بر مول باشـد، انرژی پیوندهای ضعیف ۴ تا ۴۰ کیلوژول بر مول است[۲۵].

پیوندهای ضعیف به دلیل نقشـی که در تعیین شکل سه‌بعدی بزرگ‌مولکول‌ها ایفـا می‌کننـد، همان‌طور که واتسـون آن‌هـا را در کتاب زیست‌شناسـی مولکولی ژن توصیـف می‌کنـد، بـرای وجود و هسـتی سـلول حتمـی و گریزناپذیرند[۲۶]. گریزناپذیربودن آن‌ها تنها با انقلاب زیست‌شناسـی مولکولی درک و فهمیده شـد.

۱- Coordinate bonds، پیوند داتیو، کئوردینانس یا هم‌پایه.

۲- van der Waals، نیروهای بین مولکولی بین مولکول‌های قطبی با نیروهای بین مولکولی بین مولکول‌های غیرقطبی با هم تفاوت دارند. معمولا نیروهای بین مولکولی به نیروهای واندروالسی معروف‌اند.

لینوس پائولینگ[1] هم گمان می‌کرد پیوندهای ضعیف باید نقش محوری داشته باشند. گمانه‌زنی‌های او با کشف اهمیت شکل بزرگ‌مولکول‌ها تایید شد. همان‌طور که کریک در سخنرانی بزرگداشت پائولینگ توضیح داد، شیمی‌دان‌های پیش از جنگ جهانی دوم بیش‌تر به پیوندهای قوی توجه داشتند و مدتی زمان برد تا به پیوندهای ضعیف نیز علاقه‌مند شدند. بعدها معلوم شد پیوندهای ضعیف پیوندهایی هستند که هر طور شده و البته با درجات گوناگونی از ویژگی‌های خاص، مولکول‌ها را به‌لحاظ فیزیکی با یک‌دیگر جفت‌وجور می‌کنند. پائولینگ بر این باور بود که به کارگیری نیروهای ضعیف و استفاده از آن برای جفت‌وجورکردن چیزها با هم، کلید حل بسیاری از مسایل خواهد بود[۲۷].

این پیوندهای ضعیف هستند که دو بخش گوناگون از یک بزرگ‌مولکول بزرگ، مانند پروتیین یا دو مولکول متفاوت (همان‌طور که در دو رشته‌ی موجود در مارپیچ دوتایی می‌توان دید)، را با هم جفت می‌کنند و معماری‌های فضایی منحصربه‌فردی را به کمپلکس‌های بزرگ‌مولکولی ایجادشده می‌بخشند[۲۸]. واتسون به‌خوبی ماهیت و عملکرد زیستی پیوندهای ضعیف را درک کرده بود؛ از این رو آن‌ها را اهداکننده‌ی «چسبندگی انتخابی»[2] به ماده‌ی زیستی لقب داد[۲۹]. همین چسبندگی است که چه‌گونگی جفت‌شدن ساختارهای مولکولی پیچیده را تعیین می‌کند.

ساختار مارپیچ دوتایی DNA چه‌گونگی همکاری پیوندهای قوی جهت‌دار و پیوندهای ضعیف برای تعیین ساختار و معماری کلی و اتمی ماکرمولکول‌های پیچیده را نشان می‌دهد. پیوندهای جهت‌دار و قوی هستند که در مارپیچ موقعیت فضایی اتم‌ها را در هر یک از نوکلئوتیدهای هر رشته تعیین می‌کنند، در حالی که وظیفه‌ی اصلی پیوندهای ضعیف این است که دو پایه‌ی DNA را در ساختار کلاسیک و رده‌بالاتر و سه‌بعدی مارپیچ دوتایی نگه دارند. در نتیجه، همکاری این دو نوع پیوند کاملا متفاوت موقعیت فضایی و مکانی اتم‌ها در مارپیچ دوتایی را تعیین می‌کند.

۱- Linus Pauling (1901 -1994)، دانشمند آمریکایی، فعال صلح و استاد دانشگاه که صلح نوبل، نوبل شیمی و جوایز دیگری دریافت کرد.

2. Selective Stickiness

برگشت‌پذیری[1]

مارپیچ دوتایی ویژگی اصلی و حیاتی دیگری از پیوندهای ضعیف را نیز نشان می‌دهد و آن این است که این پیوندها می‌توانند نسبتا راحت شکسته شوند و به‌آسانی برگشت‌پذیر هستند. این ویژگی سلول را قادر می‌سازد که طی همانندسازی و رونویسی DNA، دو رشته مارپیچ از هم جدا و بعدا دوباره به‌راحتی به هم متصل شوند. اگر پیوندهایی که دو رشته را به هم متصل می‌کنند از نوع پیوندهای کووالانسی قوی بودند، این دو رشته به‌طرز قابل برگشتی به هم متصل می‌شدند و همانندسازی و رونویسی عملا غیرممکن می‌شد.

اکثر عملکردهای زیست‌شناختی نه تنها به آرایش کلیشه‌ای و قالبی اتم‌ها در بزرگ‌مولکول‌ها نیاز دارند بلکه همان‌طور که در مورد DNA گفته شد، اتصال ضعیف و برگشت‌پذیر بین سطوح[2] گوناگون مولکولی نیز لازم است و همین ضعف نسبی پیوندهای ضعیف است که چنین امری را ممکن می‌کند.

پیوند انتخابی بین دو سطح مولکولی تنها با استفاده از تعدادی پیوند حاصل می‌شود و در مجموع الگوی قفل و کلید[3] منحصربه‌فرد و مکملی از فعل و انفعالات الکترواستاتیک را شکل می‌دهند که این دو سطح را به هم متصل می‌کند. اگرچه پیوند دو شکل یا دو سطح مولکولی مکمل با چندین پیوند کووالانسی قوی امکان‌پذیر است، به‌محض آن‌که پیوندهای محکم ایجاد شوند، جداکردن دو مولکول مشکل خواهد شد. یعنی برداشتن کلید از قفل کار دشواری خواهد بود و حتی اگر بتوان بر سد انرژی غلبه کرد، مشکل استریکی[4] دیگری وجود خواهد داشت و آن استفاده از برخی ابزارهای مولکولی[5] پیوندشکن بین قفل و کلید برای شکستن تک‌تک پیوندهای کووالانسی است.

اگر قرار باشد اتصال بین دو سطح مکمل مولکولی هم انتخابی باشد (شامل شماری از پیوندها که در الگوی منحصربه‌فردی چیده شده‌اند) و هم برگشت‌پذیر

---

1. Reversibility

2. Molecular Surface

۳- lock and hey pattern، امیل فیشر نظریه‌ی قفل و کلید را که تغییری منطقی برای مکانیسم عمل داروها بود ارایه کرد که در آن قفل به آنزیم و کلید به زیر بستر تشبیه شده و کلید و قفل باید هم‌اندازه باشند.

۴- Steric، وابسته به‌طرز استقرار اجزای اتم در فضا: اثرات فضایی.

5. Molecular device

(کـه برای اکثر عملکردهای سـلولی ضروری اسـت)، یا هیچ‌یـک از پیوندها نباید خیلی قوی باشـند یا به حالتی باشـند که عملکرد جمعی آن‌ها دو سـطح را در یک ساختار سفت و بی‌حرکت به هم متصل کند. از این رو پیوند انتخابی و برگشت‌پذیر با استفاده از پیوندهای کووالانسی قوی امکان‌پذیر نیست. تنها راه دستیابی به پیوند قفل و کلید بین دو مولکول بسـیار خاص و ضعیف اسـتفاده از ترکیب چند پیوند بسیار ضعیف‌تر است.

به‌طـور خلاصـه بایـد گفـت ضعف نسـبی پیوندهای ضعیـف (در مقایسـه با پیوندهای قوی) دقیقا همان چیزی است که برای به هم پیوستن یا از هم جداشدن سـریع و بسـیار انتخابیِ دو سطح مولکولی، برای مثال، بین دو رشته‌ی DNA، بین دو باله‌ی [1] زنجیره‌ی پلی‌پپتیدی پروتیین یا بین آنزیم و سوبسترای آن و غیره، مورد نیاز است.

اگـر پیوندهـای ضعیف برای مثال ده برابر قوی‌تـر بودند و به انرژی پیوندهای کووالانسی نزدیک می‌شدند، چسبندگی انتخابی باز هم ممکن بود اما دیگر غیرقابل برگشـت می‌شـدند[۳۰]، بیوشـیمی به شـکلی که در حال حاضر در سـلول‌ها رخ می‌دهد غیرممکن می‌شـد و پروتیین‌ها و تمام اجزای تشـکیل‌دهنده‌ی سـلول، از جمله دو رشته مارپیچ دوتایی، به ساختارهایی سخت و بی‌حرکت و محکم تبدیل می‌شدند[۳۱].

همان‌طور که واتسـون در کتاب زیست‌شناسـی مولکولی ژن خاطرنشـان کرده اسـت، قدرت پیوندهای ضعیف آن‌قدر زیاد نیست که آرایشات شبکه‌ای محکمی در سـلول ایجـاد شـود (اگر انـرژی پیوندهای ضعیـف چندین برابـر قوی‌تر بود، فضای داخلی سـلول هرگز به شـکلی که هسـت تشـکیل نمی‌شـد). این واقعیت برای ما توضیح می‌دهد چرا آنزیم‌ها می‌توانند عملکردهای سریعی داشته باشند و سرعت‌شان گاهی به $۱۰^۶$ بار در ثانیه می‌رسد. اگر آنزیم‌ها با پیوندهای قوی‌تری به زیر بسترهای‌شان متصل شده بودند، بسیار کندتر از این عمل می‌کردند[۳۲].

از طـرف دیگـر، اگـر قـدرت پیوندها از آن‌چه هسـت کم‌تر بـود، ممکن نبود تعـداد کافـی‌ای از آن‌ها روی سـطوح مکمل قرار گیرد و اتصالـی ایجاد کند که به اندازه‌ی کافی محکم باشد تا بتواند جنب‌وجوش‌ها و نوسانات دایمی دمای اجزای

1. stretches

تشـکیل‌دهنده‌ی بین سلول را تحمل کند و در نتیجه اتصال خاص و برگشت‌پذیر یک سوبسترا با جایگاه واکنشش[۱] هرگز اتفاق نمی‌افتاد و برای مثال، هرگز سر یک موتور مولکولی نمی‌توانسـت جدا شـود و مجددا به‌سـهولت به یک رشته‌ی اکتین متصل شود. راب فیلیپس[۲] خاطرنشان کرده است که نیروهای برهم‌زننده[۳] در سلول که از برخوردهای تصادفی بین ذرات ایجاد می‌شـوند، چیزی نزدیک به نیروهایی هسـتند کـه پیوندهای ضعیـف اعمال کرده‌اند و این بدان معنا اسـت که پیوندهای ضعیف نمی‌توانند از چیزی که هستند خیلی ضعیف‌تر شوند و باز هم قادر باشند به کار خود ادامه دهند[۳۳].

خلاصه این‌که، برای چسبیدن برگشت‌پذیر مولکول‌ها به هم در داخل سلول و در کمپلکس‌های فضاویژه‌ی[۴] بسیار خاص که واقعا پایه‌های اساسی و حیاتی تمام عملکردهای بیوشیمیایی‌اند، سطح متوسط انرژی پیوندهای ضعیف باید نزدیک به چیزی باشد که در حال حاضر است.

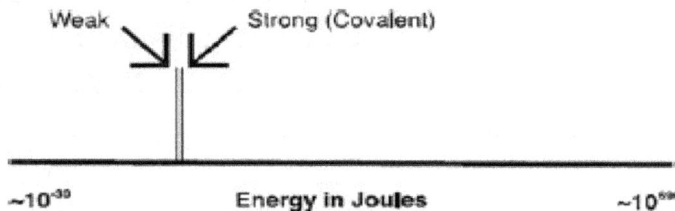

شکل ۳-۳- سطوح انرژی در کیهان متغیر است و در طیف وسیعی از دامنه‌ها قرار دارد. از فوتون‌هایی با فرکانس پایین (~ ۲ × ۱۰ ^-۳ J) گرفته تا مه‌بانگ (~ ۴ × ۱۰ ^۶۹ J). انرژی یک پیوند هیدروژنی حدود ۴۰-۴ کیلوژول بر مول است که برابر است با ۶/۷ - ۶۷ × ۱۰ ^-۲۱ J و میانگین انرژی پیوندهای قوی تقریبا ده برابر بیش‌تر است، یعنی یک مرتبه بیش‌تر.

همچنین قدرت مطلق پیوندهای ضعیف و اسـتحکام آن‌ها نسـبت به قدرت و اسـتحکام پیوندهای قوی نیز باید بسـیار نزدیک به چیزی باشد که در حال حاضر است.

۱- Catalytic site، جایگاه اختصاصی آنزیم که مستقیما در واکنش با زیر بستر عمل می‌کند.

2. Rob Phillips

3. disruptive forces

۴- stereospecific، نوعی پلیمر است.

با ترسـیم سـطوح انرژی موجود در کیهان در یک مقیاس لگاریتمی، از انرژی فوتون‌هـای رادیویـی با فرکانس پایین تا انرژی انفجار بـزرگ مه‌بانگ که منجر به گسترش جهان هستی شد، یعنی با مشـاهده‌ی طیف وسیعی بیش از صد مرتبه بزرگی (بر حسـب توان‌های پایه‌ی ۱۰)، می‌تـوان ماهیت دقیق این نمونه از تنظیم دقیق را درک کـرد. با انجام این کار و با توجه به نموداری که رسـم می‌کنیم[۳۴]، متوجه می‌شـویم ما تنهـا می‌توانیم محدوده‌ی انرژی پیوندهـای قوی و ضعیف را به‌شکل دو خط بی‌نهایت کوچک روی این نمودار نشان دهیم.

ماده‌باوری[1] تضعیف‌شده

طی دو قرن گذشـته دو کشـف مهم اتفاق افتـاده که آن‌ها نیز بـه نوبه‌ی خود دیدگاه‌های پیشـین حیات‌گرایی را تضعیف کردند. نخسـتین کشـف این بود که ویژگی‌هـای مربـوط بـه حیات در ترکیبات آلی نه بـه دلیل وجـود عاملی حیاتی بلکه در تناسب شـیمیایی و منحصربه‌فرد اتـم کربن در کنار اکسـیژن، نیتروژن و هیدروژن برای ایجاد فهرست بالابلندی از ترکیباتی که خواص فیزیکی و شیمیایی گوناگونی دارند، نهفته است. دومین کشف این بود که توانایی‌های مرموز و حیاتی سـلول‌ها برای انجام کاتالیز آنزیمی و تکرار همانندسـازی اطلاعات ژنتیکی تا حد زیادی به تناسب این دو نوع پیوند شیمیایی بستگی دارد که استقرار دقیق اتم‌ها در سـاختارهای سه‌بعدی فوق‌العاده پیچیده و بسیار خاص را به‌طور منحصربه‌فردی امکان‌پذیر می‌کنند.

به نظر بسیاری از مردم عقب‌نشـینی از دیدگاه حیات‌گرایی در زیست‌شناسی، در دو قرن پس از وهلر، پیروزی بزرگی برای تفکر اثبات‌گرایی[2] و مادی‌گرایی بود. واتسون در کتابش با عنوان DNA: راز حیات[3] به این امر به‌طرز شاعرانه‌ای رنگ و لعاب داده و این‌طور مطرح کرده است:

کشـف مارپیچ دوتایی بسـیار اهمیت داشـت زیرا انقلاب روشنگری[4] در تفکرات

۱- ماتریالیسم.

۲- Positivism، معتقد است داده‌های برگرفته از تجربه‌ی حسی تنها منبع همه‌ی شناخت‌های معتبر است.

3. *DNA: The secret of life*

۴- Enlightenment، عصر روشنگری از سال ۱۷۱۵ آغاز شد و تا سال ۱۷۸۹ ادامه داشت و در نهایت باعث از میان رفتن کامل جهان‌بینی قرون وسطایی شد.

> مادی‌گرایانه را وارد فضای سلول کرد. سفر روشن‌فکرانه‌ای که با کوپرنیک آغاز شده بود و نشان می‌داد انسان مرکز جهان هستی نیست، با اصرار داروین مبنی بر این‌که انسان‌ها صرفا میمون‌های اصلاح‌شده هستند ادامه یافت و نهایتا بر جست‌وجو برای یافتن جوهره و ذات حیات متمرکز شد اما در این مورد به چیز خاصی دست پیدا نکرد. مارپیچ دوتایی ساختار ظریف و باشکوهی است که پیام ساده‌ای دارد و آن این است که حیات صرفا موضوعی شیمیایی است[۳۵].

دنیل دنت[۱] فیلسوف این حس را این‌گونه تکرار می‌کند: «این‌طور که معلوم است حیات‌گرایی به معنای اصرار بر وجود اجزای اضافی، بزرگ و مرموز در همه‌ی موجودات زنده، نه بینشی عمیق بلکه شکست یک تخیل است»[۳۶].

اما واتسون، دنت و دیگر مادی‌گرایان باید در اظهار نظرات‌شان احتیاط بیش‌تری داشته باشند زیرا وقتی هر عقب‌نشینی‌ای از دیدگاه حیات‌گرایی را پیروزی بزرگی برای مادی‌گرایی و ماشین‌باوری دانسته و آن را جشن می‌گیرند، از نکته‌ی مهمی غافل هستند و آن این است که هر عقب‌نشینی‌ای از برخی دیگر ارکان تنظیم دقیق و هوشمندانه‌ی موجود در طبیعت پرده برمی‌دارد: تنظیم دقیق و هوشمندانه‌ی طبیعت برای حیات.

درست است حیات‌گرایی عقب‌نشینی کرد اما در عوض توانایی‌های منحصربه‌فرد اتم کربن و تناسب بی‌نظیر آن برای بیوشیمی آشکار شد. بله، حیات‌گرایی با کشفیاتی که بیداری انقلاب زیستی مولکولی را در پی داشت عقب‌نشینی کرد اما این‌ها تنها باعث شد تناسب طبیعت برای مونتاژ بزرگ‌مولکول‌های پیچیده شگفت‌انگیزتر و پررنگ‌تر جلوه کند. این‌ها شگفتی‌هایی فراتر از تجزیه و تحلیل‌های علمی نیستند اما در هر حال شگفتی هستند. شگفتی‌هایی که به وجود آدم‌کوتوله‌ای داخل سلول اشاره نمی‌کنند بلکه نشان از معجزه‌گر بسیار باشکوه‌تری دارند که دقیقا تار و پود طبیعت را برای پیدایش حیات روی زمین به‌دقت تنظیم کرده است.

۱- Daniel Dennett، فیلسوف، نویسنده و دانشمند آمریکایی.

فصل چهارم

همکاران کربن

درست همان‌طور که حروف الفبا قابلیت خلق شگفتی و جادویی بی‌پایان دارند، عناصر این قلمرو هم توانایی چنین کاری را دارند. برخلاف حروف الفبا که تقریبا می‌توان گفت زیرساختی[1] ندارند، این قلمرو از ساختار مناسبی برخوردار است تا آن را به مجموعه‌ای از ماهیت‌های رضایت‌بخش تبدیل کند و از آن‌جا که آن‌ها نهایتا هویت‌های زنده‌ای هستند که با دقت و ظرافت بسیار متعادل شده‌اند و در عین حال از صفات عجیبی برخوردارند و مواضع‌شان همواره مشهود نیست، این قلمرو همیشه سرزمین شوق و لذتی بی‌پایان خواهد بود.

پیتر اتکینز، قلمرو تناوبی[2] [۱]

در دو فصل پیش بسیاری از ارکان تناسب اتم کربن برای حیات شرح داده شد اما دستورالعمل لازم برای پیدایش حیات به چیزهایی بیش از اتم کربن نیاز دارد. کربن برای ساختن مجموعه‌ی فراوانی از ترکیبات و مونتاژ سیستم‌های زنده‌ی پیچیده به همکارانی نیاز دارد و طبق معمول، طبیعت در انجام این امر متعهد شده است.

گرچه بیش‌تر اتم‌های موجود در جدول تناوبی فلز هستند و پیوندهای قوی کووالانسی جهت‌دار تشکیل نمی‌دهند، همسایگان غیرفلز و نزدیک کربن در جدول تناوبی، یعنی اتم‌های اکسیژن (O) و نیتروژن (N) که در گوشه‌ی بالای سمت راست نزدیک به هم دسته‌بندی شده‌اند و هیدروژن (H) که در سمت چپ و بالای جدول قرار گرفته است، در توانایی کربن برای تشکیل پیوندهای کووالانسی

۱- Infrastructure، زیربنا، شالوده.

2. *The Periodic Kingdom*

و جهت‌دار قوی سهیم هستند (شکل ۱-۴ را مشاهده کنید). جورج والد[1] که برای توضیح مبانی مولکولی در آشکارساز نوری[2] موفق به دریافت جایزه‌ی نوبل شد، در یکی از مقالاتش در مورد تناسب طبیعت برای حیات مبتنی بر کربن بحث کرده و بر تناسب خاص ترکیبات کربن برای بیوشیمی تاکید کرده است. او در این مقاله این‌طور گفته است:

> تمایز ویژه‌ی هیدروژن، اکسیژن، نیتروژن و کربن در این است که آن‌ها چهار نمونه از کوچک‌ترین عناصر سیستم تناوبی هستند که می‌توانند با به دست آوردن به ترتیب ۱، ۲، ۳ و ۴ الکترون، به آرایش الکترونی پایدار برسند. به دست آوردن الکترون از طریق به اشتراک گذاشتن آن‌ها با دیگر اتم‌ها روشی برای ایجاد پیوندهای شیمیایی و همچنین ساختن مولکول‌ها است. نکته‌ی خاصی که در کوچک‌بودن آن‌ها وجود دارد این است که این عناصر که کوچک‌ترین عناصر هستند، محکم‌ترین پیوندها و بالطبع پایدارترین مولکول‌ها را ایجاد می‌کنند و افزون بر آن، کربن، نیتروژن و اکسیژن تنها عناصری هستند که مرتبا پیوندهای دوگانه و سه‌گانه تشکیل می‌دهند. هر دو این ویژگی‌ها بسیار مهم و حیاتی‌اند[۲].

گرچه هیدروژن، اکسیژن و نیتروژن برای ساخت مولکول‌های پایداری که شکل تعریف‌شده‌ی سه‌بعدی دارند در مشخصه‌های اولیه‌ی تناسب با کربن سهیم هستند، در عین حال خواص شیمیایی و فیزیکی آن‌ها کاملا متفاوت با کربن است. این گوناگونی و تنوع بسیار ضروری است چون به این عناصر اجازه می‌دهد در قلمرو آلی کربوکسیل ($COOH$)، آمینو (NH_2)، متیل (CH_3)و دیگر گروه‌هایی که خواص شیمیایی جدید دارند وارد شوند.

اگر همسایگان غیرفلزی کربن در ردیف دوم (دوره‌ی ۲) جدول تناوبی، یعنی نیتروژن و اکسیژن، خواص فیزیکی و شیمیایی‌ای مشابه کربن داشتند (مانند بیش‌تر اتم‌های مجاور هم در بیش‌تر مناطق جدول تناوبی)، قلمرو آلی تنوع شیمیایی بسیار کم‌تری داشت و حتی ممکن بود حیات مبتنی بر کربن غیرممکن یا دست‌کم به حیات تک‌سلولی ساده محدود شود. اما نیتروژن که همسایه‌ی دیوار به دیوار کربن در سمت راست و اکسیژن که همسایه‌ی نیتروژن و یک قدم دورتر از کربن در سمت راست است، تا جایی که بتوان تصورش را کرد با کربن متفاوت‌اند. آن‌ها در دمای محیطی گازهای شفاف و بی‌رنگ هستند و با دو شکل رایج کربن در طبیعت

۱- George Wald، دانشمند آمریکایی

2. Photo detection

بسیار متفاوت‌اند، یعنی توده‌ای از دوده یا یک تکه ذغال هستند (هیدروژن نیز که شریک دیگر کربن است در دمای محیطی گازی بی‌رنگ است).

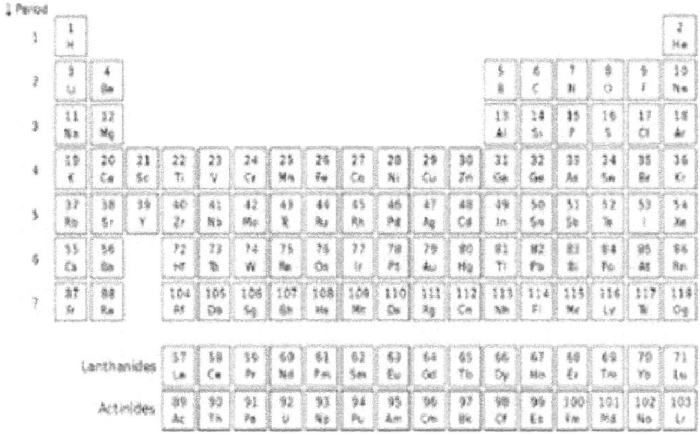

شکل ۱-۴- جدول تناوبی عناصر

به علاوه، این موضوع هم که کربن و شـرکایش در دوره‌ی دوم جدول تناوبی بـا دیگـر همسـایگان خـارج از دوره‌ی دوم متفاوت‌اند برای حیـات اهمیت دارد. لارنس هندرسـون با تاکید بر این نکته خاطرنشـان کرده اسـت عناصر موجود در دوره‌ی دوم خـواص بسـیار مشـخص و روشـنی دارند کـه آن‌ها را از سـایر مواد بسـیار متمایـز می‌کند. بنابراین، به‌طـور قریب به یقین این احتمـال وجود دارد که ترکیبات ساخته‌شـده از عناصری که چنین خواص شـیمیایی قطعی و ویژگی‌هایی بسیار غیرعادی دارند، برخلاف ترکیباتی خواهند بود که از دیگر مواد اولیه تشکیل شده‌اند. هندرسون این‌طور نتیجه‌گیری می‌کند که:

> این امر ما را به این باور می‌رساند که بسیار بعید است سایر عناصر به‌راحتی بتوانند ترکیباتی را تشکیل دهند که از نظر تعداد، تنوع و پیچیدگی قابل قیاس با ترکیبات شیمی آلی، به شکلی که ما می‌شناسیم، باشند[۳].

او در ادامه این موضوع را این‌طور توضیح می‌دهد:

> از ویژگی‌های عجیبی که توضیح داده شـد این‌طور فهمیده می‌شـود که نخستین عامل مهم در پیچیدگی موجودات زنده، آن‌طور که ما می‌شناسیم، یعنی پیچیدگی و تنوع ترکیبات شیمیایی آن‌ها، اساسا به ماهیت عناصر تشکیل‌دهنده‌ی چنین موادی بستگی

دارد و بـه احتمـال زیـاد یکی از ویژگی‌هـای منحصربه‌فرد و قطعا بسیار نادر ماده است[۴].

پیتر اتکینز نیز به همین منوال تاکید می‌کند که تمام اتم‌های غیرفلز همسایه در دوره‌ی دوم جدول تناوبی، از جمله بور، کربن، نیتروژن، اکسیژن و فلوئور، به‌طرز قابل توجهی با عناصر مشابه زیرین و بلاواسطه‌ی آن‌ها در دوره‌ی سـوم جدول تناوبی فرق دارند. او خاطرنشان می‌کند که نیتروژن گازی غیرفعال و بی‌رنگ است، در حالی که نزدیک‌ترین همسایه‌ی آن در دوره‌ی سوم جدول، یعنی عنصر فسفر، مـاده‌ی جامد واکنشـی رنگین اسـت و گوگرد هم کـه دقیقا زیر اکسیژن کـه گازی بی‌رنگ اسـت قرار گرفته، ماده‌ی جامد زردرنگ اسـت[۵]. در واقع، همان‌طور که او بیش‌تـر توضیح داده اسـت، تمام اتم‌های موجـود در دوره‌ی دوم، از جمله بور، کربن و فلوئور، به‌طور چشم‌گیری با همسایگان بلافصل جنوبی‌شان متفاوت‌اند[۶].

تنها بین همسایگان نزدیک کربن در منطقه‌ی کوچک و غیرفلزی جدول تناوبی اتم‌هایی وجود دارند کـه می‌توانند پیوندهای قوی و جهت‌دار کووالانسی ایجاد کنند که خصوصیات بسیار متفاوتی دارند و در صورت ترکیب با کربن می‌توانند مـوادی ایجاد کنند که کاملا مناسب حیات‌اند. در این منطقه از جدول، یا به بیان اتکینز در منطقه‌ی برگزیده[۱]، پیچیدگی می‌تواند حاصل خویشاوندی بسیار متفاوتی باشد»[۷].

در مجمـوع، نبـوغ کربن را تا حد زیادی شـرکای غیرفلـزی‌اش در پیوندهای کووالانسـی بـه او بخشـیده‌اند. شـرکایی همچون نیتروژن، اکسـیژن، هیـدروژن و خواص متفاوت‌شـان. در حقیقت، این نکته معلوم می‌شـود که هماهنگ با تناسب خاص طبیعت برای حیات روی زمین، ویژگی‌های همکاران کربن نیز دقیقا همان چیزی است که برای شیمی سلول لازم و ضروری است[۸].

الکترونگاتیوی[۲]

هرچه میزان الکترونگاتیوی اتم بالاتر باشد، جاذبه‌ی بیش‌تری برای الکترون‌ها دارد. بین تمام شباهت‌ها و تفاوت‌های موجود در شیمی هیدروژن، کربن، نیتروژن

---

1. chosen region

۲- میزان تمایل نسبی اتم برای جذب جفت الکترون به سمت هسته‌ی خود.

و اکسیژن، یکی از مهم‌ترین موارد الکترونگاتیویته‌ی آن‌ها است. پیوند کربن–هیدروژن[۹] و پیامدهای شیمیایی این واقعیت را در نظر بگیرید که این دو اتم الکترونگاتیویته‌ی یکسانی دارند.

در نتیجه، هنگامی که اتم‌های هیدروژن به کربن پیوند می‌خورند (C–H)، پیوندی را تشکیل می‌دهند که آن را پیوند غیرقطبی می‌نامیم. در این پیوندها الکترون‌ها به‌طور مساوی بین دو اتم توزیع می‌شوند. به همین دلیل بین آن‌ها یا عدم تعادل کمی وجود دارد یا اصلا عدم تعادلی وجود ندارد. به عبارت دیگر، پیوندها از نظر الکترونی متقارن هستند. هیچ منطقه‌ی الکتروپوزیتیو (با کمبود الکترون) و هیچ منطقه‌ی الکترونگاتیوی (با مازاد الکترون) در اطراف پیوند وجود ندارد. در پیوندهای C–H، اتم‌های سازنده کم و بیش به‌طور مساوی روی الکترون‌هایشان کشش دارند و توزیع بار الکتریکی یکنواخت باقی می‌ماند و ترکیبات حاصل به‌لطف اشتراک‌گذاری یکسان الکترون‌ها ترکیباتی غیرقطبی خواهند بود. همان‌طور که در ادامه خواهیم دید، یکی از اثرات این امر غیرقابل حل و آب‌گریز‌بودن زنجیره‌های هیدروکربن است و این ویژگی نقش مهمی در حیات سلول دارد.

اکنون به چیزی رسیده‌ایم که بسیار زیبا است و ژرف‌ترین پیامدها را برای کل حیات روی زمین دارد. برخلاف پیوندهای غیرقطبی که هیدروژن با کربن ایجاد می‌کند[۱۰]، پیوندهایی که هیدروژن (H) با نیتروژن (N) و اکسیژن (O) ایجاد می‌کند تقریبا همیشه قطبی هستند، یعنی اشتراک‌گذاری نابرابر الکترون‌ها در آن‌ها دیده می‌شود. دلیل این امر این است که برخلاف هیدروژن و کربن که در مقیاس الکترونگاتیوی پائولینگ نسبتا به هم نزدیک هستند (۰.۳۵ واحد با هم اختلاف دارند)، الکترونگاتیوی هیدروژن به‌طرز قابل توجهی با نیتروژن و اکسیژن متفاوت است (به ترتیب ۰.۷ و ۱.۳ واحد با هم اختلاف دارند). به دلیل جذب نابرابر الکترون‌ها، اتم‌های اکسیژن و نیتروژن در پیوندهای O–H و N–H بار منفی دارند، در حالی که هیدروژن‌ها بار مثبت دارند.

آب (H–O–H) یکی از مهم‌ترین مولکول‌های قطبی و بنیاد حیات است. ماهیت قطبی مولکول‌های آب دلیل اصلی قدرت زیاد آن به عنوان حلال در حل‌کردن یون‌های باردار یا ترکیبات قطبی است. وقتی مولکول‌های آب با یک یون باردار یا

ترکیب قطبی تماس پیدا می‌کنند، مولکول‌های آب فعل و انفعالات الکترواستاتیک (جاذبه‌های مبتنی بر بار) را تجربه می‌کنند. اتم‌های اکسیژن با بار منفی به یون‌های بـا بـار مثبـت، مانند Na^+، یا مناطق مثبت الکترواسـتاتیکی موجـود در یک ترکیب قطبـی جذب می‌شـوند، در حالی که اتم‌های هیدروژن بـا بار مثبت به یون‌هایی با بار منفی، مانند Cl^-، یا به نواحی الکترون منفی در ترکیبات قطبی جذب می‌شوند. چنین یون‌ها و مولکول‌های قطبی‌ای را «هیدروفیل» یا «آب‌دوست» می‌نامیم[۱۱].

از آن‌جا که تقریبا همیشه مولکول‌های آب نسبت به مولکول‌های ماده‌ی حل‌شده بیش‌تـر هسـتند، این فعل و انفعالات منجر به تشـکیل کـره‌ای از مولکول‌های آب در اطراف ماده‌ی حل‌شـده می‌شـود. این پوسـته‌های هیدرات‌شده[1] به ذرات اجازه می‌دهند به‌طور یک‌سان در آب پراکنده شوند و املاح باردار را از هم دور نگه دارند تا قادر به ترکیب و ته‌نشین‌شدن در محلول نباشند و در نتیجه انحلال‌پذیر شوند. از آن‌جا که بیش‌تر مولکول‌های آلی، قندها، الکل‌ها، اسیدهای چرب، اسیدهای آمینه و بازهای نوکلئوتیدی یا حاوی گروه‌های باردار هسـتند یا قطبی، این پوسـته‌های هیدرات‌شده در آن‌ها شکل می‌گیرد و به‌آسانی در آب حل می‌شوند. چون آب بنیاد سلول است، انحلال‌پذیری بسیاری از ترکیبات ویژگی بسیار مفیدی است.

اما وقتی هیدروکربن‌های غیرقطبی با زنجیره‌های طولانی سعی می‌کنند به این ضیافت الکترواسـتاتیکی ملحق شـوند چه اتفاقی می‌افتد؟ در این وضعیت به دلیل عـدم وجـود مناطق باردار، مولکول‌هـای آب نمی‌توانند پوسـته‌های هیدراته را در اطراف مولکول‌ها شـکل دهنـد و زنجیره‌های هیدروکربـن از این ضیافت محروم می‌شـوند و مجبورند خوشـه‌های نامحلول و آب‌گریزی را تشکیل دهند. به همین دلیل، هیدروکربن‌های بلند زنجیره را «هیدروفوبیک» یا «آب‌گریز» می‌نامیم و نیرویی که آن‌ها را در خوشه‌های جدا از آب جمع می‌کند «نیروی آب‌گریز» نامیده می‌شود.

امـا غیرقابـل حل بـودن و خاصیت آب‌گریـزی هیدروکربن‌ها بـه جای این‌که نقصی در نظام اشیا در نظر گرفته شود، رکن مهمی از تناسب طبیعت برای حیات اسـت. هیدروکربن‌های نامحلول هسـته‌ی مرکزی یک غشـای دولایه‌ی لیپیدی را تشـکیل می‌دهند که یکی از مهم‌ترین سـاختارهای فراذره‌ای[2] در سلول یا در واقع

1. Hydration
2. Supramolecular

در کل دنیای زیستی است. همچنین هیدروکربن‌های نامحلول به پروتیین‌های تازه سنتزشـده اجازه می‌دهند در سـاختارهای ثانویه‌ی خود تاخوردگی پیدا کنند و این هم یکی از مهم‌ترین فرایندهای بیوشیمیایی سلول است.

عناصر اصلی سازنده‌ی غشای سلولی از زنجیره‌های بلند هیدروکربن آب‌گریز و نامحلول تشکیل شده‌اند که به یک رأس یا گروه آب‌دوست قطبی، شامل پیوندهای O–H و N–H، متصل‌اند و چون حاوی یک گروه آب‌گریز هستند که به یک گروه آب‌دوسـت متصل شـده‌اند، آن‌ها را «دوگانه‌دوسـت» یا «آمفی‌فیلیک»[۱]، از ریشه‌ی کلمـات «آمفـی» به معنای «هـر دو» و «فیلو»[۲] به معنای «دوست‌داشـتن»، می‌نامند. این عناصر سازنده به عنوان فسفولیپیدها شناخته می‌شوند؛ چون حاوی یک گروه فسـفات در سـرِ آب‌دوست هسـتند. به دلیل ویژگی آب‌گریزی‌شـان، زنجیره‌های هیدروکربـن یـا دُم‌هـا مجبور می‌شـوند در مرکز غشـا (بـه دور از آب) به‌صورت دولایه درآیند. گروه‌های آب‌دوسـت هیدروفیلیک در وجه مشـترکِ بین دولایه‌ی هیدروکربن و محیط آبی در داخل و خارج از سلول جمع می‌شوند.

همان‌طور که جان فیلیپ ترینکاوس[۳] در کتاب فوق‌العاده‌اش به نام سـلول در اندام‌ها[۴] مطرح کرده است:

> از آن‌جا که آب به‌خودی‌خود یک مولکول قطبی قوی است، فسفات قطبی لیپیدهای غشایی به‌ناچار جذب سطح غشای خارجی و سیتوپلاسمی می‌شوند. بخش‌های اسید چرب غیرقطبی آن‌ها به‌طور گریزناپذیری به فشرده‌شدن در فازی غیرقطبی در داخل غشا تمایل دارد[۱۲].

همین ویژگی دوگانه‌ی فسـفولیپیدها اسـت که آن‌ها را قادر به تشکیل غشایی می‌کند که بدون آن سلول‌ها نمی‌توانستند وجود داشته باشند.

نقـش مهم دیگری کـه هیدروکربن نامحلول و آب‌گریز در سـلول ایفا می‌کند تاخوردگی پروتیین است. بسیاری از اسیدهای آمینه یک زنجیره‌ی جانبی آب‌گریز، نامحلول و هیدروکربنی دارند (لوسـین و ایزولوسـین دو نمونه از آن‌ها هستند). با ایـن حال، تمام اسـیدهای آمینه، از جمله آن‌هایی کـه زنجیره‌های جانبی آب‌گریز

۱- Amphiphilic، دوگانه‌دوستی، دوخصلتی.

2. Phileo
3. John Philip TrinKaus
4. *Cells into Organs*

دارند، نیز حاوی دو گروه قطبی COOH و NH_2 هستند. این بدان معنا است که اسیدهای آمینه‌ی آب‌گریز هم مانند فسفولیپیدهای موجود در غشای آمفی‌فیلیک و تا حدی محلول‌اند. همان نیروی آب‌گریزی که باعث خوشه‌شدن دُم‌های آب‌گریز فسفولیپیدها در کنار هم و در مرکز غشا می‌شود، زنجیره‌های جانبی غیرقطبی آب‌گریز را مجبور می‌کند به یک هسته‌ی مرکزی تبدیل شوند و نقش تعیین‌کننده‌ای در تاخوردگی پروتیین‌ها ایفا کنند.

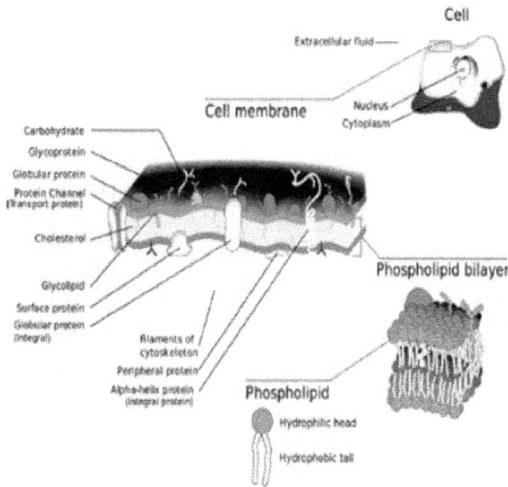

شکل ۲-۴- غشای دولایه و لیپیدی سلول

این مجموعه‌های گریزان از آب که در مرکز پروتیین تاشده جمع شده‌اند، با پیچش غایت‌نگر[1] دیگری میکرومحیط‌های بسیار ریز و غیرآبی و ضروری را برای حیات سلول فراهم می‌کنند. بسیاری از فرایندهای ترکیبی و آنزیمی که سلول به آن‌ها وابسته است تنها می‌توانند در یک میکرومحیط شیمیایی عاری از آب اتفاق بیفتند. بنابراین، الکترونگاتیوی نسبی C، H و اکسیژن، علت ایجاد نیروی آب‌گریزی هستند که نقشی حیاتی در تاخوردگی و عملکرد پروتیین‌ها دارد.

اظهار نظر چارلز تانفورد[2] اغراق‌آمیز نبود:

۱- Teleological، توضیح هر چیزی با توجه به هدف و غایتش، مربوط به علت غایی: پایان‌شناسی.
2. Charles Tanford

نیروی آب‌گریز نیروی غالب و موثری برای مهار، چسبندگی و... در تمام فرایندهای حیات است. این بدان معنا است که کل ماهیت حیات، آن‌گونه که می‌شناسیمش، برده‌ی ساختار شکل‌گرفته با پیوند هیدروژنی آب مایع است[۱۳].

چارنوازی[۱] به‌دقت تنظیم‌شده

روش کار الکترونگاتیویته‌های گوناگون هیدروژن، کربن، اکسیژن و نیتروژن با هم برای شکل‌گرفتن غشای سلولی و تاخوردگی پروتیین‌ها روش شگفت‌انگیزی است. از یک طرف، عدم تقارن الکتریکی پیوندهای اکسیژن و هیدروژن منجر به ویژگی هیدروفیلی (آب‌دوستی) آب می‌شود، منبع نیروی آب‌گریزی است که هیدروکربن‌های غیرقطبی نامحلول را در غشاهای دولایه تجمع می‌دهد و زنجیره‌های جانبی اسیدهای آمینه‌ی آب‌گریز را در مرکز پروتیین‌ها جمع می‌کند و از طرف دیگر، تقارن پیوندهای کربن–هیدروژن با ایجاد رفتاری غیرقطبی، «آب‌گریز و با پرهیز از آب»[۲]، تولید زنجیره‌های طولانی هیدروکربن را ممکن می‌کند.

این موضوع بسیار ظریف و زیبایی است. در مواجهه با روش شگفت‌انگیزی که طبیعت برای وقوع چنین معجزه‌ای به کار می‌بندد، تنها می‌توان به قصیده‌ای برای گلدانی یونانی[۳]، اثر جان کیتس[۴]، بسنده کرد؛ آن‌جا که می‌گوید: «زیبایی حقیقت است و حقیقت زیبایی است»[۱۴].

در قلب حیات سلولی تناسب دوطرفه و فوق‌العاده‌ای بین پیوندهای غیرقطبی کربن و هیدروژن (C–H) و پیوندهای قطبی اکسیژن و هیدروژن (O–H) وجود دارد. این دوطرفه‌بودن حیات را برای غشای سلولی و تاخوردگی پروتیین‌ها به ارمغان می‌آورد. اگر الکترونگاتیوی هیدروژن، کربن، اکسیژن و نیتروژن یک‌سان بود، بی‌شک هیچ حیات مبتنی بر کربنی روی زمین وجود نداشت. جهان هستی تنها به دلیل تفاوت الکترونگاتیویته‌ی این چهار عنصر که همکار یک‌دیگرند برپا است.

همان‌طور که پیش‌تر دیدیم، با نگاهی غایت‌نگر می‌توان گفت این الکترونگاتیویته‌ی هیدروژن است که در واقع علت ماهیت قطبی آب (از طریق

۱- Quarter، چارنوازی، چارتایی.

2. hydrophobic, water-avoiding
3. *Ode On a Grecian Urn*
4. John Keats

نامتقارن‌بودن الکتریکی پیوند O–H) و ماهیت غیرقطبی زنجیره‌های طویل هیدروکربنی (به دلیل تقارن الکتریکی پیوند C–H) است. جایگاه هیدروژن در مقیاس الکترونگاتیوی لینوس پائولینگ دلیل اصلی هر دو ویژگی آب‌گریزی زنجیره‌های طویل هیدروکربن و ویژگی آب در نامحلول‌کردن آن‌ها است.

اگر الکترونگاتیویته‌ی هیدروژن (H)، کربن (C)، اکسیژن (O) و نیتروژن (N) حتی به میزان بسیار اندکی با آن‌چه در حال حاضر است متفاوت بود، پیدایش حیات بر پایه‌ی کربن غیرممکن می‌شد. برای مثال، دنیایی را تصور کنید که در آن میزان الکترونگاتیویته‌ی این چهار عنصر به یک‌دیگر نزدیک بود؛ جهانی عاری از مولکول‌های قطبی. یا برای مثال، جهانی را تصور کنید که در آن پیوندهای C–H قطبی و پیوندهای O–H و O–N غیرقطبی باشند. هیچ‌کدام از این دنیاهای خیالی حاوی حیات مبتنی بر کربن نخواهند بود، حتی اگر تمام دیگر خواص این چهار عنصر دقیقا همین باشد که است. نه به این دلیل که ما فاقد قوه‌ی تخیل هستیم و نمی‌توانیم تصور کنیم حیات در این دنیاهای غیرواقعی چه‌گونه می‌تواند مدیریت شود؛ درست برعکس، می‌توانیم دقیقا این عدم امکان را ادعا کنیم چون زیست‌شناسان مولکولی پژوهش‌های پر زحمتی برای رونمایی از شگفتی‌های موجود در این باریکه‌ی منحصربه‌فرد از اتم‌ها انجام داده‌اند.

قابلیت منحصربه‌فرد کربن برای پیوند با خودش، ظرفیت کربن در تشکیل پیوندهای چندگانه، شبه‌پایداری بسیاری از ترکیبات کربنی، جهت‌داربودن و استحکام پیوندهای کووالانسی کربن و شرکای غیرفلزی‌اش، وجود نیروهای شیمیایی، از قبیل نیروهای واندروالسی و پیوندهای ضعیف یونی که از استحکام مناسبی برای پیوندهای قفل و کلیدی برخوردارند، همه‌ی این موارد بدون تنظیم دقیق الکترونگاتیویته‌ی نسبی اکسیژن، نیتروژن و هیدروژن بی‌فایده می‌شدند. تنها هنگاهی که کل مجموعه‌ی تناسب کامل شود معجزه‌ی سلول می‌تواند به وقوع بپیوندد.

در مورد ناتوانی آب در حل‌کردن روغن‌ها و چربی‌ها و دیگر هیدروکربن‌ها نیز، گرچه ممکن است برای آب که به عنوان حلالی جهانی به شهرت رسیده نقص به نظر بیاید، همان‌طور که دیدیم، آب‌گریزی هیدروکربن‌ها و نامحلول‌بودن آن‌ها در آب، یکی دیگر از ارکان اصلی تناسب طبیعت برای حیات بر پایه‌ی کربن است. اما

از قرار معلوم، همین نقطه‌ضعف آشکار آب یکی از ارکان غیرمنتظره اما ضروری برای تناسب طبیعت در ایجاد حیات مبتنی بر کربن را فراهم می‌کند.

تناسب غشای سلولی: یک چک‌لیست

ارزشش را دارد که بسیاری از ویژگی‌های خاص غشا را، که آن را برای تشکیل غشای سلولی تا این حد مناسب کرده، به‌صورت جداگانه و تک‌تک بررسی کنیم:

نیمه‌تراوایی

شاید بتوان گفت مهم‌ترین عملکرد غشا فراهم‌کردن غشای نیمه‌تراوایی برای سلول است تا آن را از محیط خارجی جدا کند.

هیچ سلولی نمی‌تواند بدون نوعی غشا که در برابر اجزای تشکیل‌دهنده‌ی سلول، مخصوصا متابولیت‌های کوچک مانند قندها و اسیدهای آمینه و حتی مولکول‌های بزرگ‌تری از قبیل پروتیین‌ها و RNAها، نسبتا نفوذناپذیر باشد به حیاتش ادامه دهد. سلول به راهی برای جلوگیری از انتشار این اجزا در مایعی که آن را احاطه کرده نیاز دارد. از همان ابتدا نیز می‌بایست به همین شکل بوده باشد، یعنی دقیقا نخستین سلول‌ها را هم حتما غشایی محصور کرده است تا مخلوط بیوشیمیایی را در درون‌شان حفظ کنند.

غشای سلول غیرقطبی است و همین باعث می‌شود مخصوصا در برابر ترکیبات قطبی و باردار نفوذناپذیر باشد. این ویژگی حیاتی‌ای به حساب می‌آید چون مولکول‌های آلی کوچک درون سلول (مخلوطی از قندها، بازهای نوکلئوتیدی، اسیدهای متابولیک و غیره) تقریبا همگی مولکول‌های قطبی هستند. بنابراین، غشای دولایه‌ی لیپیدی غشای مناسبی است که نه تنها مانعی بین داخل و خارج سلول فراهم می‌کند بلکه غیرقطبی است و دقیقا همان چیزی است که برای حفظ متابولیت‌های باردار کوچک در داخل سلول لازم است. در عین حال، غشای سلول کاملا نفوذناپذیر نیست. اگر این‌طور بود باز هم بقای سلول غیرممکن می‌شد و از دریافت مواد مغذی و دفع مواد زاید جلوگیری می‌کرد. این مشکل با وجود دریچه‌ها یا روزنه‌هایی در غشا که از طریق آن‌ها هزاران ترکیب و یون کوچک می‌توانند به‌طور کاملا کنترل‌شده‌ای وارد و خارج شوند، حل شده است.

خودسازمان‌دهی

دومیـن خاصیـت نوپدیـد غشـا توانایـی خودسـازمان‌دهی اسـت. این خاصیت برجسته باعث می‌شود غشا به‌طور خودکار در اطراف سطح خارجی سلول تشکیل شود. همان‌طور که ترینکاوس در کتاب سلول در اندام‌ها مطرح کرده است:

به دلیل ماهیت شیمیایی ذاتی آن‌ها ... فسفولیپیدها به‌طور طبیعی و خودبه‌خود به خودمونتـاژی می‌پردازنـد ... تا غشـای دولایـه‌ای را در یک محلول آبی ایجاد کنند و انتهـای آب‌گریزشـان را در بخش درونی نگه دارند، در حالی که انتهای آب‌گریز قطبی‌شـان در محلول و روی سـطح اسـت. این کار برای آن‌ها ذات حیوانی‌شان به حساب می‌آید[۱۵].

به علاوه، هر غشایی باید توانایی ترمیم خود را داشته باشد تا بتواند به‌راحتی هر سوراخ یا شکافی را که باعث می‌شود محتویات سلول منتشر شود ببندد. غشا باید بتواند با تغییر شکل‌های دقیقه به دقیقه‌ی سلول سازگار شود و خود را ترمیم کند تا همیشه در مواجهه با انواع پیشامدهای احتمالی مانع همیشگی‌اش را حفظ کند.

تصورش دشوار نیست که اگر غشای سلول نتواند خود را ترمیم کند و به‌سرعت هر سوراخ یا نقصی را که در سطحش ایجاد می‌شود ببندد، سلول با چه مشکلات بزرگی روبه‌رو خواهد شد.

قشر دولایه‌ی لیپیدی به‌طرز شگفت‌انگیزی نیاز خود به مونتاژ و تعمیر را مرتفع می‌کند. همان‌طور که ترینکاس توضیح می‌دهد، این لایه می‌تواند از هر جهت روی سطح سیتوپلاسمی حرکت کند تا بین سلول و محیط اطرافش مانعی دایمی حفظ کند و این کار را در مواجهه با فعالیت‌های برآمدگی همواره در حال تغییر سطح سلول مدیریت کند[۱۶].

ترینکاوس غشا را به عنوان مایعی دوبعدی[^1] توصیف می‌کند[۱۷] و در این باره این‌طور می‌گوید:

این امر که قشر دولایه‌ی لیپیدی غشای پلاسمایی سلول در دمای طبیعی بدن جانوران خون‌گـرم به‌طور کلی سـیالیت بالایی (ویسـکوزیته‌ی پایین) دارد تا سـلول قادر به حرکت باشد، از اهمیت بسیاری برخوردار است[۱۸].

بنابرایـن اتفاقـی نیسـت کـه تمام سـلول‌های موجود روی زمیـن قشـر دولایه‌ی چربی دارند که پوسـته یا لایه‌ی مرزی آن را شـکل می‌دهد. به نظر می‌رسد کیفیت

---

1. Two- dimensional liquid

نفوذناپذیری آن (به جز در روزنه‌ها)، سیالیت (حالت مایع) نسبتا بالا و قابلیت مونتاژ و ترمیم خودبه‌خودی از ویژگی‌هایی است که برای وجود سلول ضروری‌اند. این مجموعه‌ی منحصربه‌فرد از ویژگی‌ها، تنها در قشر دولایه‌ی لیپیدی یافت می‌شود و یکــی دیگــر از مواردی اسـت کـه در آن یک عملکرد زیسـتی تعیین‌کننده، یعنی مرزگذاری و محدودکردن سـلول، را سـاختاری انجام می‌دهد که به نظر می‌رسـد برای نقشـی که به آن واگذار شـده است هم منحصربه‌فرد باشد و هم ایده‌آل. هیچ ماده‌ی شناخته‌شده‌ی دیگری نمی‌تواند جای‌گزین این ساختار خاص باشد.

اگر سـلول از غشـایی اسـتفاده می‌کرد که خودسازمان‌دهنده نبود یا می‌بایست به‌شکل قطعه‌قطعه مونتاژ می‌شد، چالش‌های بزرگی پیش رو داشت. نه تنها مونتاژ (گردایش)[1] چالش عظیم لجستیکی‌ای می‌شد که انرژی زیادی را درخواست می‌کرد بلکه سلول نیز به یک سیستم تشخیص پیچیده نیاز داشت تا بتواند آن را از تغییرات دقیقه به دقیقه در بازآرایی غشا آگاه کند. روشن است که پوسته‌ی مکانیکی‌ای که قادر به خودسازمان‌دهی نباشد هرگز به عنوان مانعی که شکل همواره در حال تغییرِ یک سلول زنده را احاطه کرده عمل نمی‌کند.

سـلول هنگام خزیدن دایما تغییر شکل می‌دهد، به‌خصوص در لبه‌ی جلویی که به لملیپودیوم[2] معروف اسـت و پر از رشـته‌های اکتین است که برای جلوراندن سـلول رشـد می‌کنند. بسیاری از سـلول‌ها در حین خزیدن برجستگی‌های ریز[3] یا پا‌-رشته‌هایی[4] که زایده‌های لوله‌مانند بسیار باریکی از رشته‌های اکتین هستند ایجاد می‌کنند که هم از آن‌ها مانند سبیل‌های گربه برای تشخیص سرنخ‌های محیطی استفاده و با سلول‌های اطراف‌شان تماس برقرار می‌کنند و هم آن‌ها را برای انتقال سیگنال‌ها به بدن سلول به کار می‌گیرند[۱۹][۲۰].

بـرای مثـال، نورون‌هـای راه‌یاب[5] طی رشـد و هدایت اکسـون از پا‌-رشـته‌ها اسـتفاده می‌کننـد تـا راه خود را در سیسـتم عصبی در حال رشد پیدا کنند[۲۱]. سلول‌های گیاهی، قارچی و بیش‌تر سلول‌های باکتریایی که در دیواره‌های سلولی

۱- Assembly، گردایش: گردآوری، مونتاژ.
۲- Lamellipudium، به معنای پای تیغه‌ای.
3. micro protrusion
4. filipods
5. Pathfinder neurons

سفت و سختی محصور شده‌اند، کم‌تر به ویژگی‌هایی از قبیل خودآب‌بندی‌کردن و خودسازمان‌دهی احتیاج دارند. اما در مواردی که سلول‌ها دچار تغییرات دایمی در شکل و فرم می‌شوند، مانند هنگامی که سلول سفید آمیبی در تعقیب یک باکتری موجود در جریان خون است یا در حین حرکات سلول در جنین‌زایی، توانایی خودآب‌بندی‌کردن و خودسازمان‌دهی غشا بسیار ضروری است.

بدون خاصیت خودسازمان‌دهی ذاتی غشاهای دولایه‌ی لیپیدی، هیچ خزشی، هیچ جنین‌زایی و احتمالا هیچ موجود متفکر مرگ‌اندیشی وجود نداشت.

تنوع غشایی

ماهیت خودسازمان‌دهی‌کننده‌ی غشا ایجاد انواع زیادی از ساختارهای نوپدید، از جمله لوله‌ها، وزیکول‌ها و انواع گوناگون ساختارهای لایه‌ای، را آسان می‌کند[۲۲].

مورفولوژی‌های گوناگون غشاهای موجود در کلروپلاست و آن‌هایی که صفحات یا دیسک‌های پذیرای نور را در بخش‌های خارجی گیرنده‌های نوری در چشم مهره‌داران تشکیل می‌دهند، از قابلیت تطبیق‌پذیری این ساختار برجسته خبر می‌دهند. همین ساختار غشایی پایه شبکه‌ی آندوپلاسمی را تشکیل می‌دهد و هسته و میتوکندری و غیره را محصور می‌کند. همان‌طور که در مجله‌ی زیست‌شناسی و فلسفه[1] نوشته‌ام:

> تمام این شکل‌های انبوه را خودسازمان‌دهی‌شدن خودبه‌خود و از خواص فیزیکی غشاهای لیپیدی دولایه و متنوع با ترکیب شیمیایی متفاوت ایجاد می‌کند. لیپیدها و پروتیین‌های گوناگون می‌توانند شکل اصلی و پایه‌ای غشا را از حالت طبیعی و اصلی‌اش خارج و آن را به اشکال گوناگون کروی، وزیکولی (کیسه‌ای) یا لوله‌ای تبدیل کنند. افزون بر این، اشکال گوناگون می‌توانند مانند چین‌های پروتیین کاملا از فعل و انفعالات موضعی بین اجزای تشکیل‌دهنده‌ی غشا به وجود بیایند. مجموعه‌ی گوناگونی از شکل‌های وزیکولی بسته به نسبت مواد تشکیل‌دهنده‌ی چربی و پروتیین می‌توانند خودبه‌خود از غشاهای لیپیدی ایجاد شوند. در حال حاضر بسیاری از پژوهش‌ها بر این امر متمرکز شده‌اند. همان‌طور که هاتنر[2] و اشمیت[3] مطرح کرده‌اند: «شکل غشاهای زیستی منعکس‌کننده‌ی شکل ترکیبات اصلی آن است. یعنی لیپیدهای غشایی و پروتیین‌های غشایی یک‌پارچه و همچنین تعامل آن‌ها با یک‌دیگر و با پروتیین‌های پیرامونی مرتبط، از جمله گلیکوپروتیین‌ها و پروتوگلیان‌ها، اسکلت سلولی و ماتریس خارج سلولی»[۲۳].

---

1. *Biology and Philosophy*
2. Huttner
3. Anne Schmidt

ویلند هاتنر و آنه اشمیت در گزارش مربوط به برخی پژوهش‌های جذاب درباره‌ی یک پروتیین تغییردهنده‌ی غشا به نام دینامین [1] خاطرنشان کرده‌اند: «داینامین به‌تنهایی برای تغییر شکل لیپوزوم‌ها کافی است و بسته به ترکیب چربی [2] باعث ایجاد توبولاسیون (ریزلوله‌ها) یا وزیکولاسیون (ریزکیسه‌ها) می‌شود»[۲۴]. بنابراین، سلول با تغییر در ترکیبات پروتیینی و لیپیدی غشا می‌تواند وزیکول‌ها را از توبول‌ها و هر دو را از سطوح مسطح [3] تولید کند. خواص ذاتی غشاهای سلولی مجموعه‌ی عظیمی از ساختارهای غشایی نوخاسته را ایجاد می‌کند.

ضخامت مناسب

یکی دیگر از ویژگی‌های مهم این قشر دولایه‌ی لیپیدی این است که به‌طرز قابل توجهی نازک و تقریبا تنها پنج نانومتر است[۲۵]. اگر یک سلول معمولی را که متعلق به یک پستان‌دار است به اندازه‌ی یک کدوتنبل فرض کنیم، غشای دولایه‌ی لیپیدی آن نازک‌تر از یک ورقه‌ی کاغذ خواهد بود. اما علی‌رغم این‌که بسیار نازک است، خیلی مقاوم است و می‌تواند یک‌پارچگی چربش را در مواجهه با نیروهای میکرومکانیکی گوناگونی که به آن ضربه وارد می‌کنند حفظ کند.

نازکی قابل توجه غشا تنها موضوعی عجیب و شگفت‌آور نیست؛ این نازکی رکنی ضروری برای تناسب سلول است. طول پروتیین‌ها به‌طور متوسط پنج نانومتر، یعنی تقریبا هم‌اندازه‌ی ضخامت غشا است و این بدان معنا است که می‌توان پروتیین‌هایی را طراحی کرد که در سرتاسر قطر غشای سلولی نفوذ کنند. این موضوع مهمی است چون عملکردهای غشایی گوناگونی وجود دارد که مستلزم وجود پروتیین‌هایی است که هم‌قطر غشای سلولی باشند. در واقع این پروتیین‌ها در حکم کانال‌های یونی هستند که به‌طور انتخابی عبور یون‌هایی را که عمدتا Na^+ و K^+ هستند در سرتاسر غشا کنترل می‌کنند. برخی دیگر از پروتیین‌ها (پروتیین‌های سطحی) غلظت یون‌های گوناگون را در دو طرف غشا حفظ می‌کنند. آن‌ها انتقال یون‌ها را نیز با مولکول‌های آلی کوچک هماهنگ می‌کنند[۲۶] و سیگنال‌ها را بین

---

1. Dynamin
2. lipid
3. planar

فضـای داخلـی و خارجی سـلول رله (بازپخش) می‌کنند. دیگـر پروتیین‌های مهم تراغشـایی آن‌هایی هسـتند که در شناسـایی سلول به سـلول و چسبندگی انتخابی دخیل‌اند[۲۷].

چندین موضوع جالب و مرتبط با تناسب قطر غشا را تعیین می‌کند. برای مثال این‌که غشا به زنجیره‌های هیدروکربنی قابل انعطاف و نسبتا پایداری نیاز دارد. طول زنجیره‌های هیدروکربن مورد استفاده در غشاهای سلولی بین شانزده تا هجده اتم کربن اسـت. زنجیره‌های هیدروکربن بیش از هجده اتم کربن در دماهای محیطی سـفت، نامحلول و مومی‌شکل هسـتند و نمی‌توانند به‌راحتی در آب تحرک داشته باشـند و برای غشـا به اندازه‌ی کافی سـیال و انعطاف‌پذیر نیستند. از طرف دیگر، زنجیره‌هایی که طول‌شـان کم‌تر از شـانزده اتم کربن اسـت، بیش از حد متحرک و ناپایدارند اما زنجیره‌هایی با طول شـانزده تا هجده اتم کربن کاملا مناسب‌اند[۲۸]. همان‌طور که آرتور نیدهام اشاره کرده است، یک عامل طول زنجیره‌ها را تا حدودی محدود می‌کند:

> این زنجیره‌ها را جاذبه‌های لاندن–واندروالسی مولکول‌های مجاور نگه می‌دارند و این تنها در محدوده‌ی خاصی از طول زنجیره‌ها، یعنی در محدوده‌ی طول ۱۶ کربنی تا ۳۶ کربنی، موثر اسـت. این محدوده دقیقا محدوده‌ی اسـیدهای چرب زیستی رایج است. . . فراتر از این طول، مولکول‌ها واژگون شده و در هم می‌پیچند، زنجیره‌های کوتاه‌تر از این نیز جاذبه‌ی کافی ندارند. . . اگر چربی هم مانند اسیدهای چرب قطبی بـود، یعنـی اگر یک گروه هیدروفیل در مولکولش داشـت، اجـزای کوتاه‌تر از ۱۶ کربن نیز تمایل داشتند به‌آسانی وارد محلول آبی شوند و غشاهایی پایدار شکل دهند. . . اسـیدهای چـرب ۱۸ کربنی بیش‌ترین فراوانـی را در گیاهان و حیوانات دارند. . . حتی اجزای کربنی تا ۱۸ کربن هم در مواد زیستی کشف شده‌اند اما آن‌ها تنها برای تاکید بر بهره‌برداری گره‌های (node) کربن ۱۶ تا ۱۸ کربنی اسـت. اگر کوتاه‌تر بودند لایه‌های کریستالی پایدار ایجاد نمی‌کردند و اگر بلندتر بودند در آب قابل حل نبودند، کم‌تر می‌توانسـتند از پروتیین‌ها محافظت کنند، نقطه‌ی ذوب‌شان بسیار بالا می‌رفت و همین‌طور تا آخر[۲۹].

چه‌قـدر جالب اسـت که ایـن عوامل ضروری و گوناگـون در محدوده‌ی طول زنجیره‌ی ۱۶ تا ۱۸ کربن با هم هم‌پوشـانی دارند. غشـای دولایه‌ای از زنجیره‌های هیدروکربن ۱۸ کربنی به قطر پنج نانومتر، دقیقا هم‌عرض تک پروتیین‌هایی است که در سرتاسر آن پراکنده شده‌اند.

پتانسیل غشایی

از آنجا که غشا یا اگر بخواهیم به‌طور اخص بگوییم، لایه‌ی مرکزی هیدروکربن، عایق الکتریکی است، می‌توان یک بار الکتریکی در غشا ایجاد کرد. تفاوت بار الکتریکی در غشای سلول به عنوان پتانسیل غشا شناخته می‌شود. سلول‌ها با تنظیم حرکت یون‌های باردار از طریق کانال‌های یونی که به‌شدت انتخابی هستند، این پتانسیل را ایجاد می‌کنند.

ممکن است سلول‌های در حال استراحت[1] پستانداران از ۳۰ درصد انرژی متابولیکی‌شان برای تولید پتانسیل غشا استفاده کنند و ممکن است این عدد در سلول‌های عصبی تا ۷۰ درصد[۳۰] افزایش یابد. به نظر می‌رسد این استفاده‌ی نابه‌جایی از انرژی سلولی باشد اما همان‌طور که کریچتون[2] توضیح می‌دهد، این هزینه برای بسیاری از عملکردهای مهم صرف می‌شود:

بسیاری از پروتیین‌های انتقال‌دهنده‌ی تراغشا[3] که «انتقال‌دهنده‌های ثانویه» نامیده می‌شوند، از تخلیه‌ی الکتریکی یک شیب یونی استفاده می‌کنند تا قدرت انتقال «سربالایی» یک محلول حل‌شده از این سو به آن سوی غشا را تامین کنند. حرکت املاح متصل‌شده به یک ناقل یونی این ناقلان را قادر می‌سازد املاح را با ضریب ۱۰[6] با شار املاح[5] ۱۰بار سریع‌تر از یک انتشار ساده تغلیظ کند... قندها و اسیدهای آمینه می‌توانند با سیمپورت‌های[4] وابسته‌ی Na^+ در سلول‌های اپیتلیال (پوششی) روده‌ی کوچک تغلیظ شده و سپس به وسیله‌ی یک واحد گلوکز غیرفعال در سمت مویرگی سلول، از سلول‌ها به داخل جریان خون منتقل شوند[۳۱].

ظرفیت سلول‌ها برای تولید و حفظ بار الکتریکی در سراسر غشای خود، امکان انتقال تکانه‌های عصبی در امتداد اکسون سلول‌های عصبی در سیستم‌های عصبی جانوران را فراهم می‌کند. انتقال تکانه‌ی عصبی به چیزی که «پتانسیل عمل»[5] نامیده می‌شود بستگی دارد. این یک دپلاریزه‌شدن[6] بسیار سریع غشا است که با هجوم میلیون‌ها یون Na^+ به داخل سلول و در کسری از میلی‌ثانیه رخ می‌دهد[۳۲].

---

1. Resting Cells
2. Crichton
3. Transmembrane Transporter
۴- در انتقال فعال ثانویه دو مولکول هم‌زمان در دو جهت مخالف یا آنتی‌پورت یا در جهت یکسان یا سیمپورت یا یکی در جهت شیب غلظت و دیگری در جهت خلاف شیب غلظت از غشا عبور می‌کنند.
5. Action Potential
۶- Depolarization، قطبش‌زدایی: تغییر در توزیع بار الکتریکی که باعث می‌شود بار منفی کم‌تری داخل سلول ایجاد شود.

پتانسیل ضربه (تکانه) یا عمل در امتداد اکسون و با سرعتی معادل یک‌صد متر در ثانیه حرکت می‌کند. همان‌طور که بروس آلبرتس[1] توضیح می‌دهد:

در سلول‌های عصبی و سلول‌های اسکلتی ماهیچه‌ای... کانال‌های Na^+... باز می‌شوند و اجازه می‌دهند مقدار کمی از Na^+ در شیب الکتروشیمیایی خود وارد سلول شود. هجوم بار الکتریکی مثبت غشا را بیش‌تر دپلاریزه (قطب‌زدایی) می‌کند. در نتیجه، کانال‌های Na^+ بیش‌تری باز می‌شوند که یون‌های Na^+ بیش‌تری را می‌پذیرند و باعث دپلاریزاسیون بیش‌تری هم می‌شوند. این فرایند به همین روش خودتقویت‌کننده ادامه پیدا می‌کند تا این‌که در کسری از میلی‌ثانیه، پتانسیل الکتریکی در غشا از مقدار سکون خود در حدود ۷۰– میلی‌ولت تقریبا به پتانسیل تعادل Na^+ در حدود ۵۰+ میلی‌ولت می‌رسد[۳۳].

ویژگی عایق‌بندی الکتریکی غشا و پتانسیل غشای حاصل‌شده دقیقا مشخصات الکتریکی مورد نیاز برای انتقال تکانه‌های الکتریکی بین سلول‌ها و در نهایت برای ساخت سیستم عصبی موجوداتی همچون خودمان را فراهم می‌کند. این امر نشان می‌دهد مانند بسیاری از موارد دیگر، تناسب طبیعت نه تنها برای پیدایش سلول‌هایی بر پایه‌ی کربن بلکه برای موجودات پر سلولی‌ای شبیه خودمان نیز است.

ایجاد پتانسیل غشایی و تکانه‌های عصبی به تحرک یون‌های کوچکی بستگی دارد که می‌توانند غلظت و شیب‌های الکتریکی را به‌سرعت تغییر دهند و پایین بیاورند. توانایی حرکت و سرعت تحرک آن‌ها از میان کانال‌های یونی شگفت‌انگیز است. آلبرتس توضیح می‌دهد که: «تا حدود یک‌میلیون یون می‌توانند در هر ثانیه از یک کانال یونی عبور کنند»[۳۴].

بدون این یون‌های معدنی (غیرآلی) بسیار کوچک و بسیار متحرک، هیچ سلولی قادر به تنظیم یا تولید پتانسیل غشایی یا یک تکانه‌ی عصبی نیست. هیچ ذره‌ی کوچک دیگری از ماده نمی‌تواند به این شکل بار الکتریکی و تحرکی فوق‌العاده داشته باشد. نه پروتیین‌ها و نه هیچ‌یک از مولکول‌های آلی موجود در سلول ویژگی مناسبی برای مقاومت در برابر یون‌های فلزی قلیایی ندارند.

این‌جا برای نخستین‌بار در این کتاب به توضیح یکی از عملکردهای سلولی پرداخته شد که در آن اتم‌های دیگری به غیر از چهار شریک اصلی کربن، یعنی هیدروژن، اکسیژن، نیتروژن و ازت، حضور دارند. پتانسیل غشا و انتقال عصبی به

---

1. Bruce Alberts

وجـود میلیاردهـا ذره‌ی باردار در سـلول و مایعات خارج سـلولی که آن را احاطه کرده‌اند و به میزان بسیار بالای یون‌های سدیم و پتاسیم بستگی دارد.

بررسی مجدد

در دو فصل قبل دیدیم که اتم‌های کربن، هیدروژن، اکسیژن و نیتروژن به‌طرز چشـم‌گیری برای گردآوری و تولید انبوهی از ترکیبات آلی با خواص متنوعی که حیات سـلول به آن‌ها وابسـته است، متناسب شـده‌اند. در ضمن دیدیم که به دلیل پیوندهای کووالانسـی قوی و جهت‌دار می‌توانند ترکیباتی با شـکل‌های مولکولی خاص تشـکیل دهند و این‌که وجود ترکیباتی با شـکل‌های معین مولکولی همراه با پیوندهای شیمیایی ضعیف، تشکیل بزرگ‌مولکول‌های بسیار بزرگ با شکل‌های سـه‌بعدی معیـن را ممکن می‌کنـد، یعنی همـان بزرگ‌مولکول‌هایی کـه می‌توانند عملکردهای بیوشیمیایی و سلولی خاصی را انجام دهند.

و همان‌طـور کـه در ایـن فصل دیدیم، این چهار اتم بـرای ایجاد مولکول‌های قطبی از طریق پیوندهای O–H و N–H از الکترونگاتیویته‌ی مناسبی برخوردارند. همچنیـن آن‌ها پیوندهای غیرقطبـی را از طریق پیوندهای C–H فراهم می‌کنند که هیدروکربن‌های بلند زنجیره را در مایعات قطبی آب‌گریز و نامحلول می‌کنند و این امر منجر به پدیدارشـدن شـگفتی خودسازمان‌دهی غشـای دولایه‌ی لیپیدی سلول می‌شـود. غشـایی که به‌خودی‌خود مجموعه‌ی کاملی از خواص خارق‌العاده‌ای را دارا است که همه‌ی آن‌ها برای حیات سلول حتمی و ضروری‌اند.

خلاصه این‌که، این چهار اتم متقابلا به ده‌ها شـیوه‌ی نامحتمل و عجیب برای بـه حرکـت درآوردن مجموعه‌ای از پدیده‌های منحصربه‌فرد در امتداد مسـیری که با الکترونگاتیویته‌های نسـبی اتم‌های کربن، هیدروژن، اکسـیژن و نیتروژن شـروع شـده و به سیسـتم عصبی موجودات رده‌بالاتر امتداد می‌یابد، با یک‌دیگر همکاری می‌کنند. روشی که این عناصر برای پیدایش این مسیر منحصربه‌فرد به کار می‌گیرند روش شـگفت‌آوری اسـت کـه به‌طـرز مقاومت‌ناپذیری این برداشـت را به وجود می‌آورد که در این بین تدبیر و تمهیدی حاکم است.

فصل پنجم

◇

تامین انرژی سلول

یکی از ویژگی‌های بارز حیات این است که به یکباره و ناگهانی به پایان نمی‌رسد بلکه مستلزم آزادشدن کند و تغییر وضعیت دقیق انرژی است. مقداری انرژی این‌جا، مقداری آن‌جا و نه به‌صورت سیلی ناگهانی. حیات رهاسازی کنترل‌شده‌ی انرژی است. فسفر به‌شکل آدنوزین حامل بی‌عیب و نقصی برای گسترش(ATP)تری‌فسفات ظریفانه‌ی انرژی است و این امر در تمام سلول‌های زنده مشترک است.

پیتر اتکینز، قلمرو تناوبی[۱]

دریاچه‌ی مونو¹ در کالیفرنیا یکی از قدیمی‌ترین دریاچه‌های آمریکای شمالی است که تخمین زده می‌شود برای نخستین‌بار حدود هشتصدهزار سال پیش تشکیل شده باشد. این دریاچه به طول تقریبی هجده و به عرض پانزده کیلومتر در حوضه‌ای خشک و بیابانی واقع شده که تقریبا دوهزار متر بالاتر از سطح دریا و بین پارک ملی یوسمیت² و مرز نوادا³ قرار دارد. مارک تواین⁴ محیط اطراف این دریاچه را بیابانی عاری از زندگی، بدون درخت و مخوف توصیف کرده است[۲]. از آن‌جا که این دریاچه هیچ راهی به دریا ندارد، نمک‌های محلول در جریان آب‌های حاصل از بارندگی در حوضه‌ی آب‌ریز (رواناب) کوه‌های اطراف در دریاچه باقی می‌ماند. به‌مرور زمان این فرایند باعث شده آب این دریاچه نسبت به آب دریا دو برابر شورتر و خاصیت قلیایی‌اش در حد محلول رقیق سود سوزآور شود. شمار

---

1. Lake Mono
2. Yosemite National Park
3. Nevada

۴- Mark Twain، نویسنده‌ی آمریکایی

کمی از موجودات زنده می‌توانند در چنین آب‌هایی زندگی کرده و دوام بیاورند و تنها گونه‌های گوناگونی از جلبک‌ها برای زندگی در چنین شرایطی سازگار شده‌اند و غذای میگوی آب شور[۱] (ارتمیا) و مگس‌های قلیایی[۲] را که میلیاردها سال است در امتداد سواحل این دریاچه زادآوری می‌کنند، تامین می‌کنند. اما افزون بر این‌ها، گونه‌ی عجیب‌تری در این دریاچه‌ی قلیایی وجود دارد که باعث شده این دریاچه به عنوان مکانی عمل کند که در ارتباط با الگوی تناسب منحصربه‌فرد حیات پتانسیل ژرفی دارد.

شکل ۱-۵- دریاچه‌ی مونو، کالیفرنیا

در کنار جلبک‌ها، میگوهای آب شور و مگس‌های قلیایی، دریاچه‌ی مونو حاوی یک باکتری سختی‌دوست[۳] هم است که به‌اختصار آن را GFAJ-1[۴] می‌نامند. پژوهشگر اخترزیست‌شناسی ناسا، فلیسا وولف سیمون[۵]، این باکتری

1. Alkall flies

2. Brine Shrimp

۳- Extremophile، به گروهی از ارگانیسم‌ها گفته می‌شود که در محیط‌های خشن و شدید فیزیکی یا شیمیایی که عموما بیش‌تر انواع زیستی در آن‌ها ناممکن است زندگی می‌کنند.

۴- GFAJ: Give Felisa A Job، به فلیسا یک شغل بدهید.

5. Felisa Wolfe - Simon

را از رسـوبات موجـود در کـف دریاچـه جدا کـرد. او این موجود زنـده را با کنار هم گذاشـتن نخسـتین حرف از کلماتِ «به فلیسا یک شـغل بدهید»[۳] نام‌گذاری کرد. آن‌چه وولف سـیمون را به‌خصوص درباره‌ی باکتری GFA-1 و محیط بسیار غیرعـادی‌اش مجـذوب خود کرد این بود که این دریاچـه افزون بر این‌که بیش از حد شور و قلیایی است، از بالاترین غلظت آرسنیک در جهان نیز برخوردار است.

مطالعات بعدی در مورد این باکتری جدید در آزمایشگاه وولف سیمون انجام شـد و برای نخسـتین‌بار این احتمال هیجان‌انگیز را مطرح کرد که شـاید GFA-1 بتواند DNA و دیگر مولکول‌های زیسـتی خود را با اسـتفاده از آرسنیک به عنوان جای‌گزینی برای فسفر بسازد.

ایـن نخسـتین نمونـه‌ی یـک موجود زنـده بود کـه از چیزی غیر از شـش اتم استاندارد، کربن (C)، هیدروژن (H)، اکسیژن (O)، ازت (N)، گوگرد (S) و فسفر (P)، برای مونتاژ پلیمرها و مولکول‌های زیستی‌اش استفاده می‌کرد.

وولف سـیمون در کنفرانسی مطبوعاتی که ناسا به‌طور شتاب‌زده‌ای در دسامبر ۲۰۱۰ برگـزار کـرده بـود این خبـر هیجان‌انگیز را اعـلام کرد که اگـر GFA-1 در محیط‌های کشـتی که فاقد فسـفات اما غنی از آرسنیک باشـند رشد کند، می‌تواند آرسـنیک (A) را در DNA خـود جای‌گزین فسـفر کند. به عبـارت دیگر، به جای استفاده از رادیکال‌های فسفر (PO_4) برای اتصال نوکلئوتیدهای متوالی در DNA، باکتری آرسنیک‌خوار ظاهرا از آرسنات (ASO_4) استفاده می‌کند.

این کشـف در علم به عنوان کشـفی که اهمیت تکاملی و ژئوشیمیایی شگرفی دارد توصیف شـد[۴] و مسـلما اگر چنین امری تایید می‌شد، نخستین موردی بود که در آن برای سـاخت پلیمرهای اصلی حیات از چیزی غیر از شـش اتم متعارف استفاده می‌شد.

وبلاگ‌نویس‌ها به‌طرز دیوانه‌واری شـروع به نوشـتن مقالاتی کردند با عناوین ممکن اسـت میکروب آرسـنیک‌خوار شـیمی زندگـی را از نو تعریـف کند[1][۵] و ممکن اسـت باکتری‌های دوسـت‌دار آرسنیک در شـکار حیات بیگانه به ما کمک کنند[2][۶] و جنجالی به پا کردند.

---

1. *Arsenic-Eating Microbe May Redefine Chemistry of Life*
2. *Arsenic-Loving Bacteria May Help in Hunt for Alien Life*

برخـی هـم نسـبت به این موضـوع بدبین بودنـد و تردید داشـتند. اریکا چک هایدن[1]، گزارشگر علمی مجله‌ی نیچر، خاطرنشان کرد:

> استیون بِنِر[2] می‌نویسد: «اگر GFA-1 واقعا از آرسنیک استفاده کند، آن‌طور که وولف سیمون و همکارانش مطرح کرده‌اند، چنین یافته‌ای می‌تواند نتیجه‌ی تقریبا یک قرن داده‌های شیمی مربوط به مولکول‌های آرسنات و فسفات را کنار بگذارد». بنر از این گفته انتقاد کرده است زیرا به‌طور کامل به این موضوع اهمیت نداده است که دانش موجود برای تایید چنین ادعای خارق‌العاده‌ای تا حد زیادی نیاز به بازنگری دارد[۷].

بعدا ثابت شد این ادعا نادرست است[۸] و دیگر هیچ‌کس اعتقادی به باکتری‌های آرسنیک‌خوار ندارد. باکتری GFAJ-1 تنها یکی دیگر از اشکال عادی حیات بود. با این حال، حماسه‌ای که به راه افتاده بود پیامد جذاب و ناخواسته‌ای در پی داشت؛ به این ترتیب که ادعای مطرح‌شده مبنی بر این‌که ممکن است آرسنیک جای‌گزین فسفر در مولکول‌های زیستی شود، بحث در مورد شایستگی نسبی فسفر نسبت به آرسـنیک را افزایش داد و بر آن‌چه سـال‌ها اسـت به‌خوبی شناخته شده است، این حقیقت که برای شیمی زنده[3] و به‌ویژه در یک محیط آبی، فسفات بسیار مناسب‌تر از آرسـنات اسـت[۹]، تاکیـد کـرد. ترکیبات فسـفر در آب پایدارنـد، در حالی که ترکیبات آرسنیک به‌سرعت از بین می‌روند. چه‌قدر سریع‌تر؟ آزمایشات نشان داده اسـت نیمه‌عمر پیوندهای آرسـنیک در DNA، در مقایسـه با پیوندهای فسفات که تقریبا سی‌میلیون سال است، تنها ۰/۰۶ ثانیه است[۱۰].

پایان نمایش حماسی آرسنیک توجه گسترده‌ای را به ثبات شیمیایی و تناسب منحصربه‌فرد فسـفات برای انرژی‌های زیسـتی معطوف کرد. تناسب برتر فسفات بـرای ایـن نقش کاملا به حامل مشـهور جهانی و اهداکننده‌ی انرژی شـیمیایی در موجودات زنده، یعنی ترکیب همه جا حاضرِ آدنوزین تری‌فسـفات (ATP) که به معنای واقعی سوخت اصلی حیات محسوب می‌شود، ارتباط دارد.

ATP منبع انرژی

همه‌ی سـلول‌ها بـه انرژی نیاز دارنـد. آن‌ها برای انجـام مجموعه‌عملکردهای

---

1. Erika Check Hayden
2. Steven Benner
3. Living chemistry

متنـوع خود، از جمله اقدامات گوناگون آنزیمی، سـنتز مکمـل پروتیین‌ها، لیپیدها و DNAهای‌شـان و پمپاژ یون‌ها در سرتاسـر غشای سـلولی، به انرژی نیاز دارند، برای حرکت، خزیدن روی لایه‌ی زیرین و انتقال مواد به داخل سلول به وسیله‌ی موتورهـای مولکولـی کـه محموله‌هـا را در امتـداد میکروتوبول‌هـا (ریزلوله‌ها) یا رشـته‌های اکتیـن حمل می‌کنند نیـز به انرژی نیاز دارند. بیش‌تـر این فعالیت‌ها، از خزیدن گرفته تا سنتز پروتیین‌ها و دیگر پلیمرهایی همچون DNA، تنها در صورت ورود انرژی به سیسـتم می‌توانند تداوم داشـته باشند[۱۱]. بنابراین، تولید و استفاده از انرژی در کل زیست‌شناسی سلولی امری اساسی است.

میـزان انـرژی مـورد نیاز در هر روز بسـیار زیاد اسـت. نیک لیـن[1] در این باره می‌نویسد:

> ما حدود دو میلی‌وات[2] انرژی در هر گرم اسـتفاده می‌کنیم یا تقریبا یک‌صد و سـی وات برای یک نفر با وزن تقریبی شـصت و پنج کیلوگرم. یعنی کمی بیش از انرژی مورد نیاز برای یک لامپ اسـتاندارد ۱۰۰ وات. ممکن اسـت این میزان زیاد به نظر نرسـد اما ۱۰۰۰۰بار بیش‌تر از انرژی خورشـید در هر گرم اسـت (تنها کسر بسیار کوچکـی از میزانی که در هر لحظه تحت هم‌جوشـی هسـته اسـت). پـس در واقع، زندگی شباهت زیادی به شمع ندارد بلکه بیش‌تر شبیه پرتابگر موشک است[۱۲].

تمـام سـلول‌های زنـده‌ی موجود در کـره‌ی زمین برای تامین انرژی شـیمی و دیگر فعالیت‌های خود از انرژی محبوس‌شـده در پیوندهای شـیمیایی پر انرژی در مولکول ATP و دیگر مولکول‌های فسفات غنی از انرژی استفاده می‌کنند. لین در این باره می‌گوید:

> انرژی «رایج» که تمام سلول‌های زنده از آن استفاده می‌کنند مولکولی به نام ATP است. . .ATP مانند یک سکه در ماشین‌های پولی (اسلات) عمل می‌کند و باعث می‌شود دستگاه روشن شده و پس از آن سریعا دوباره خاموش شود. در مورد ATP، این ماشـین به‌طور معمول یک پروتیین اسـت. ATP توان لازم برای تغییر از یک حالـت پایـدار بـه حالت پایدار دیگـری را فراهم می‌کند، درسـت مانند خاموش و روشن‌کردن پریز برق. در مورد پروتیین، این کلید از یک ساختار پایدار به ساختار پایـداری دیگر اسـت. برای کلید بعدی به ATP دیگری نیاز اسـت، همان‌طور که برای رفتن به مرحله‌ی دوم باید سکه‌ی دیگری در دستگاه اسلات بیندازید. سلول را به عنوان شـهربازی بسـیار بزرگی که پر از ماشین‌آلات پروتیینی‌ای است که همه‌ی آن‌هـا بـا سـکه‌های ATP کار می‌کنند، تصور کنید. هر سـلول در هر ثانیه حدود

---

1. Nick Lane

۲- هر میلی‌وات یک‌هزارم وات است.

ده‌میلیون مولکول ATP مصرف می‌کند که تعداد واقعا شگفت‌آوری است! در بدن انسان حدود چهل‌تریلیون سلول وجود دارد و به بیان دیگر، گردش کار کلی ATP حدود شصت تا صد کیلوگرم در روز، یعنی چیزی در حدود وزن بدن ما است. اما در واقع بدن ما تنها حاوی شصت گرم ATP است. بنابراین، هر مولکول ATP یک یا دوبار در دقیقه شارژ می‌شود[۱۳].

صد کیلوگرم ATP چیزی بالغ بر 10^{29} مولکول است. این عدد آن‌قدر بزرگ است که حتی نمی‌توان آن را تصور کرد. این تعداد مولکول بیش از ستاره‌های قابل مشاهده در جهان هستی و تقریبا یک‌میلیارد برابر تعداد ثانیه‌هایی است که طی چهارمیلیارد سال از شکل‌گیری زمین سپری شده است. در سلول‌های برخی موجودات در هر ثانیه حتی ATP بیش‌تری نسبت به سلول‌های بدن انسان تولید و استفاده می‌شود. همان‌طور که آر. کی. سوآرز[1] نشان داده است، این موضوع در مورد زنبور عسلی که از شهد تغذیه می‌کند بسیار چشم‌گیر است:

طی پرواز ثابت و عادی مرغ مگس‌خوار، یعنی در حالتی که در وضعیتی ثابت و با هدف جست‌وجوی شهد گل‌ها به‌سرعت بال می‌زنند، میزان مصرف O_2 در عضله‌ی پرواز تقریبا دو میلی‌گرم در هر دقیقه تخمین زده شده که معادل است با گردش کار ATP به میزان تقریبی ۵۰۰ میکرومول در گرم در دقیقه. زنبورهای عسل کارگر که با فرکانس ۲۵۰ هرتز بال می‌زنند (۲۵۰بار در ثانیه) و در هوا به‌طور ثابت معلق هستند، از این هم قابل توجه‌ترند؛ زیرا عضلات پروازشان ۶ میلی‌لیتر O_2 در گرم در دقیقه مصرف می‌کنند. زنبور عسل در حال پرواز در هر چرخه‌ی ضربان بال[2] $1/39 \times 10^{15}$ مولکول ATP مصرف می‌کند[۱۴].

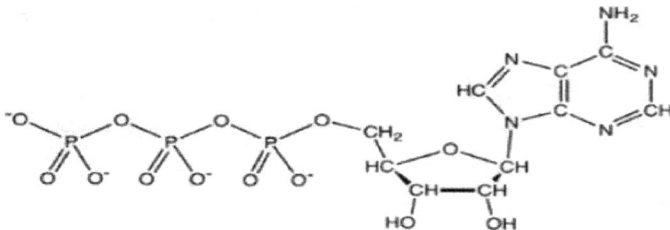

شکل ۲-۵- آدنوزین تری‌فسفات ATP. ظرفیت ATP برای ایفای نقش خود به عنوان انرژی رایج سلول با نقشی که رادیکال فسفات در مولکول بازی می‌کند گره خورده است.

1. R. K. Suarez
2. wingbeat cycle

تناسب فسفات

ماجرای باکتری به‌اصطلاح آرسنیک‌خوار تناسب بی‌نظیر فسفات‌ها را برای زیست‌شناسی و به‌ویژه برای انتقال انرژی برجسته کرد. اما همان‌طور که استیون بِنِر اشاره کرده بود، تناسب منحصربه‌فرد فسفات یک قرن پیش از آن‌که وولف سیمون GFAJ-1 را از دریاچه‌ی مونو جدا کند، کاملا اثبات شده بود. تناسب بی‌نظیر آن‌ها برای انتقال انرژی را بیوشیمی‌دانی به نام فرانک وستهایمر[1] سال ۱۹۸۷ در مجله‌ی ساینس[2] بررسی کرد. او در این باره این‌طور بیان کرده است: «فسفات‌ها مخازن اصلی انرژی بیوشیمیایی هستند. بسیاری از متابولیت‌های واسطه استرهای فسفات هستند و فسفات‌ها یا پیروفسفات‌ها واسطه‌های اصلی در سنتزها و تجزیه‌های بیوشیمیایی‌اند»[۱۵].

در واقع مشخصه‌های شیمیایی فسفات دقیقا همان خصوصیاتی‌اند که یک مولکول غنی از انرژی برای تامین انرژی بیوشیمی در محیط آبی سلول لازم دارد. وستهایمر در این باره می‌نویسد:

> فسفات‌ها برخلاف دیگر ترکیبات غنی از انرژی، حتی اگر از نظر ترمودینامیکی[3] ناپایدار باشند می‌توانند در محیط آبی باقی بمانند و در نتیجه می‌توانند در حضور کاتالیزور (آنزیم) مناسب، فرایندهای شیمیایی را به انجام برسانند. به چنین ترکیب قابل توجهی از بی‌ثباتی ترمودینامیکی و ثبات جنبشی[4]، سال‌ها پیش لیپمن[5] که به‌درستی ثبات یا پایستگی جنبشی را به بارهای منفی ATP نسبت داد، توجه کرد. اسید سیتریک انیدرید[6] نمی‌تواند برای مدت طولانی در آب دوام بیاورد و منبع مناسبی از انرژی شیمیایی باشد[۱۶].

من هم در کتاب سرنوشت طبیعت[7] از کتاب وستهایمر استفاده کرده و این‌طور گفته‌ام:

> پژوهشگران شیمی آلی همواره هنگام انجام واکنش‌های مشابه با واکنش‌هایی که فسفات‌ها در موجودات زنده انجام می‌دهند، از ترکیبات کاملا متفاوتی استفاده

---

1. F. H. Westheimer
2. *Science*

۳-علم مربوط به تبادل کار، حرارت، جریان گرما و تغییر دما، به‌ویژه در سیالات متحرک.
۴- Kinetic Stability، پایستگی جنبشی.

5. Lippmann
6. A citric acid anhydride
7. *Nature's Destiny*

می‌کننـد. به عنـوان مثال، بـرای واکنش‌های سـنتزی[1]، کلریدها، برمیدهـا، یدیدها، توسیلات‌ها، تری‌فلات‌هـا، تری‌آلکیل‌آمین‌هـا، سولفوکسـیدها، سلنوکسـیدها و همچنین برای فعال‌کردن مولکول‌ها برای واکنش و ترکیباتی مانند کربودی‌ایمیدها . . . گرچه این ترکیبات به‌خوبی پاسخ‌گوی کار شیمی‌دان آلی است اما موجودات زنده نمی‌تواننـد چنیـن ترکیبات فعالی را تحمل کنند . . . چون آن‌ها ماشـین‌آلات ظریف سلول را غیرفعال می‌کنند.

ترکیبات فعال‌کننده و غنی از انرژی که در سـلول اسـتفاده می‌شـوند فسفات‌هایی از جمله ATP و GTP هستند. این‌ها نسبت به معادل‌های‌شان که در شیمی آلی استفاده می‌شـوند بسـیار پایدارترند و البته بسـیار کم‌تر واکنش‌پذیرند اما باز هم به اندازه‌ی کافـی ناپایـدار و واکنش‌پذیـر هسـتند که بتوانند ایـن نقش‌ها را در سـلول به انجام برسانند[۱۷].

آرتور نیدهام نیز بر بی‌نظیربودن فسـفات برای انتقال انرژی تاکید کرده اسـت. وی می‌نویسد:

دلیلی که باعث شده پیروفسفات‌ها و به‌ویژه ATP به‌طور کل تبدیل به واسطه‌های انرژی فسـفات ~P شـوند این است که پایستگی جنبشـی فوق‌العاده بالایی دارند. او خاطرنشـان کرده است که ATP بسیار کند و بدون کمک‌های آنزیمی هیدرولیز می‌شـود و این هر دو خصوصیت را به بهترین وجه دارد: انرژی برای دادن و قدرتی برای کنترل جریان.

بخش نوکلئوتیدی در این‌جا بسیار ارزشمند است زیرا در واقع پیروفسفات‌ها (بدون اتصـال بـه آدنوزیـن) تقریبا در عرض سـه دقیقـه در دمای ۱۰۰ درجه‌ی سـانتیگراد هیدرولیز می‌شـوند. این نمونه‌ی دیگری از تاثیر مهارکننده‌ی اسـیدهای نوکلئیک و اجزای آن‌ها است[۱۸].

پیتـر اتکینز هم موافق بود که فسـفات‌های موجـود در ATP «حامل بی‌عیب و نقص»[2] نامیده شوند، حامل بی‌عیب و نقصی برای در اختیار گذاشتن انرژی مورد نیاز بیوشیمی[۱۹].

دلیـل دیگـری نیز وجود دارد مبنی بر این‌که فسـفات به‌طرز چشـم‌گیری برای حیات مناسـب اسـت. سطوح انرژی پیوند فسـفات تقریبا برای نقش آن در انتقال انرژی به منظور توانمندسازی فرایندهای شیمیایی گوناگون در سلول مناسب است. راب فیلیپس[3] و همکارانش با اشـاره به این‌که ATP به‌خوبی به عنوان انرژی رایج

---

1. synthetic
2. Perfect Vector
3. Rob Philips

سلول عمل می‌کند این نکته را مطرح کرده‌اند؛ زیرا مقدار انرژی آزادشده در هیدرولیز فسفات نهایی با انرژی مصرف‌شده در انواع بسیاری از تغییر شکل‌های بیوشیمیایی قابل مقایسه است و واسطه‌ی بین انرژی حرارتی[1] و انرژی یک پیوند کووالانسی معمولی است. می‌توان ATP را به دلیل ارزش بینابینی آن در اقتصاد کلی انرژی سلول مانند اسکناس بیست دلاری در نظر گرفت. خرج‌کردن پول با مبالغ بالا، برای مثال، با اسکناس‌های صد دلاری، کار سختی است چون به‌راحتی خرد نمی‌شوند. از طرف دیگر، خرید با اسکناس‌های بیست دلاری خرید اذیت‌کننده‌ای است چون برای خریدی خوب باید تعداد زیادی از آن‌ها را پرداخت کرد[۲۰].

طی چهارمیلیارد سال تکامل، اشکال گوناگون حیات روی زمین بارها و بارها شاهد چیزی بوده‌اند که شیمی‌دان‌ها به‌تازگی آن را تایید کرده‌اند و آن این است که رادیکال‌های فسفات بهترین وسیله برای ذخیره‌سازی و انتقال انرژی به منظور فعالیت‌های سلول هستند. در هیچ موجود زنده‌ای، حتی در افراطی‌ترین جان‌داران سختی‌دوست، هیچ جای‌گزینی برای ATP پیدا نشده است. این امر قویا نشان می‌دهد ATP و فسفات‌های غنی از انرژی به‌طرز منحصربه‌فردی برای نقش‌هایی که ایفا می‌کنند مناسب هستند. بدون آن‌ها هیچ سلول مبتنی بر کربنی، حتی ابتدایی‌ترینی که بتوان تصور کرد، هرگز نمی‌توانست چه روی زمین و چه در سیاره‌ای فراخورشیدی در کهکشانی بسیار بسیار دور پدید آید. در واقع، همان‌طور که نیدهام با استناد به گفته‌های ادوارد اوفارل والش[2] اعتراف می‌کند: «اغراق نیست اگر بگوییم حیات بدون فسفر ممکن نیست»[۲۱].

گلیکولیز و تنفس

سلول‌ها به دو روش ATP می‌سازند. تقریبا تمام جان‌داران مسیر متابولیکی بی‌هوازی‌ای دارند، یعنی همان مسیر گلیکولیتیک[3]، که انرژی را برای تولید ATP در غیاب اکسیژن مولکولی آزاد فراهم می‌کند[۲۲]. این مسیر شامل چندین واکنش است که یک مولکول قند را به دو اسید پیرووویک و دو مولکول ATP تبدیل می‌کند

1. thermal
2. Edward Ofarrell Walsh

۳- the glycolytic pathway، قند کافت.

و از آن‌جا که اسید پیروویک نیز به‌راحتی به اتانول (الکل) تبدیل می‌شود، این فرایند شیمیایی در مجموع به عنوان تخمیر شناخته می‌شود.

$$\text{قند}[C_6H_{12}O_6] \rightarrow 2\ \text{پیروویک اسید}[CH_3COCOOH]+2ATP$$

گذشته از این، حتی اگر واکنش‌های مربوط به گلیکولیز شامل اکسیژن آزاد نباشد، شیمی‌دان‌ها بسیاری از آن‌ها را به عنوان «اکسیداسیون» طبقه‌بندی می‌کنند. اکسیداسیون به اتم یا مولکولی که از دست دادن الکترون‌ها را تجربه می‌کند، فارغ از این‌که اکسیژن در این امر دخیل باشد یا خیر، اطلاق می‌شود. به دلیل رواج تقریبا جهان‌شمول گلیکولیز، به یک معنا می‌توان گفت کل حیات روی زمین از نوعی اکسیداسیون استفاده می‌کند.

تقریبا تمام جان‌داران زنده، از جمله انسان‌ها، از طریق آن‌چه «تنفس سلولی»[1] نامیده می‌شود ATP تولید می‌کنند. این اصطلاح به‌طور کلی به فرایند هوازی اشاره دارد که در آن اکسیژن مولکولی آزاد محصولات ناقص‌اکسیدشده‌ی گلیکولیز، مانند پیرووات‌ها، را به‌طور کامل به CO_2 و H_2O اکسید می‌کند و انرژی مورد استفاده برای سنتز مولکول‌های ATP آزاد می‌شود.

$$\text{پیرووات} + O_2 \rightarrow CO_2 + H_2O + 28\ ATP$$

بازدهی اکسیداسیون کامل قند به پیرووات و نهایتا به CO_2 و H_2O (گلیکولیز به همراه تنفس سلولی) تقریبا پانزده برابر تعداد مولکول‌های ATP است که گلیکولیز به‌تنهایی تولید می‌کند[۲۳].

به‌طور معمول، تنفس سلولی به نوع هوازی اشاره دارد که در میتوکندری تمام موجودات هوازی پیشرفته اتفاق می‌افتد اما این تنها نوع تنفس سلولی نیست. بسیاری از موجودات تک‌سلولی افزون بر اکسیژن از دیگر پذیرنده‌های الکترون به عنوان اکساینده‌ی نهایی[2] استفاده می‌کنند. متانوژن‌ها[3] از CO_2 استفاده می‌کنند که نهایتا به متان (CH_4) تبدیل می‌شود. سایر میکروب‌ها احیاکننده‌ی سولفات (SO_4) به سولفید هستند. برخی از آن‌ها حتی تنفس فلزی دارند و یون‌های آهن

---

1. Cellular Respiration

2. oxidant

۳- متانوژن‌ها میکروب‌هایی از شاخه‌ی باستانیان هستند که در شرایط بی‌هوازی گاز متان را به عنوان محصول حتمی متابولیسم تولید می‌کنند. آن‌ها معمولا در جاهای مرطوب گاز متان تولید می‌کنند و در روده‌ی جانورانی مانند نشخوارکنندگان و انسان تولید نفخ می‌کنند.

فریک را از Fe^{3+} به یون‌های فروس Fe^{2+} احیا می‌کنند و برخی دیگر Mn^{4+} را به Mn^{2+} احیا می‌کنند. اما تمام این احیاکننده‌های جای‌گزین انرژی کم‌تری نسبت به احیای اکسیژن به آب تولید می‌کنند. تمام جانداران بی‌هوازی که از احیاکننده‌های جای‌گزین اکسیژن آزاد استفاده می‌کنند شکل‌های حیاتی ساده و تک‌سلولی‌اند.

گلیکولیز و تنفس سلولی هوازی در فضاهای گوناگونی از سلول انجام می‌شود. واکنش‌های گلیکولیز در سیتوپلاسم سلول‌های بدن ما انجام می‌شود، در حالی که واکنش‌های مربوط به تنفس سلولی در میتوکندری رخ می‌دهد. تنها تنفس سلولی درگیر در اکسیداسیون کامل سوخت‌های زیستی بدن به CO_2 و H_2O است که ATP کافی را برای تامین انرژی مورد نیاز جان‌داران پیشرفته و فعال از نظر متابولیکی، از جمله خود ما، فراهم می‌کند. انرژی‌ای که تنفس سلولی فراهم می‌کند بیش از حد نیاز فرایندهای اساسی، از قبیل تقسیم سلولی و سنتز مواد اصلی تشکیل‌دهنده‌ی سلولی است. این امر امکان رشد و کارهایی جالب در پیچیدگی‌هایی فراتر از نیاز اساسی برای زنده‌ماندن را فراهم می‌کند.

بیش از هفتاد سال پیش، جورج والد به اهمیت حیاتی این انرژی اضافی که تنفس سلولی برای حیات پیچیده با استفاده از اکسیژن به عنوان یک پذیرنده‌ی نهایی الکترون تامین می‌کند، اشاره کرده است. او در مقاله‌ی مشهوری در مجله‌ی ساینتیفیک آمریکن [1] این‌طور می‌نویسد:

> به‌دشواری می‌توان دقیق برآورد کرد که استفاده از تنفس سلولی تا چه میزان نیروهای موجودات زنده را آزاد می‌کند. هر موجود زنده‌ای که تنها بر تخمیر تکیه داشته باشد (گلیکولیز) چیز زیادی نصیبش نمی‌شود... تنفس سلولی با چنان کارایی بسیار بیش‌تری از مواد موجود در جان‌داران استفاده می‌کند که جای هیچ بحثی باقی نمی‌گذارد. اگر بخواهیم این موضوع را با مثالی اقتصادی توضیح دهیم، به این شکل است که موجودات با فتوسنتز به یک سطح معیشتی می‌رسند اما تنفس در واقع برای‌شان سرمایه فراهم می‌کند و عمدتا همین سرمایه است که آن را در بنگاه بزرگ تکامل آلی سرمایه‌گذاری می‌کنند[۲۴].

بنابراین، این‌که زنبورهای عسل و مرغ مگس‌خوار وز وز می‌کنند، سرپایان و آفتاب‌پرست‌ها تغییر رنگ می‌دهند، کلاغ‌ها به حل مسئله می‌پردازند و انسان‌ها موشک‌هایی می‌سازند تا به طرف ستاره‌ها پرتاب کنند، تنها به این دلیل است که

---

1. *Scientific American*

اکسیداسیون انرژی متابولیکی را در مقادیر بسیار بیش‌تری نسبت به آن‌چه صرفا برای انجام متابولیسم اصلی سلول لازم است آزاد می‌کند.

پمپاژ پروتون

نه تنها مکانیسمی که سلول‌ها از طریق آن از تنفس سلولی برای تولید ATP استفاده می‌کنند یکی از عجایب زیست‌شناسی سلولی است بلکه یکی از غیرمنتظره‌ترین و مهم‌ترین کشفیات علوم در قرن بیستم است. این مکانیسم نخستین‌بار با نظریه‌ی اُسمِزشیمیایی[1] مطرح شد که پیشنهاد شیمی‌دانی انگلیسی و برنده‌ی جایزه‌ی نوبل، پیتر میچل[2]، بود و سال ۱۹۶۱ در مجله‌ی نیچر منتشر شد[۲۵] اما یک دهه طول کشید تا کاملا مورد تایید قرار بگیرد و به‌طور گسترده پذیرفته شود[۲۶].

مکانیسمی که لسلی اورگل[3]، پژوهشگر خاستگاه حیات، آن را «غیرشهودی‌ترین[4] ایده در زیست‌شناسی از زمان داروین به بعد» دانست[۲۷] و شامل بهره‌برداری از انرژی تخلیه‌ی الکتریکی به وسیله‌ی الکترون‌هایی است که به سمت پایین یک شیب انرژی جریان می‌یابند تا پروتون‌ها را از میان غشای دولایه‌ی لیپیدی پمپ کنند. بر اساس الگوی میچل، آن‌ها سپس از طریق همان غشا برمی‌گردند و انرژی لازم برای سنتز ATP را فراهم می‌کنند[۲۸] که آنزیم چرخنده‌ی فوق‌العاده‌ای به نام ATP سنتاز[5]، یکی از پیچیده‌ترین آنزیم‌های شناخته‌شده، آن را انجام می‌دهد.

نیک لین در این باره می‌نویسد:

> اساسا همه‌ی سلول‌های زنده توان خود را از طریق جریان پروتون‌ها (اتم‌های هیدروژن با بار مثبت) تامین می‌کنند که به مثابه‌ی نوعی الکتریسیته (پروتیسیته)[6] است و طی آن پروتون‌ها جای‌گزین الکترون‌ها شده‌اند. انرژی‌ای که ما از سوزاندن غذا هنگام تنفس به دست می‌آوریم برای پمپاژ پروتون‌ها از میان غشا و تشکیل مخزنی در یک طرف غشا استفاده می‌شود. از جریان پروتون‌های برگشتی از

---

1. Chemiosmosis
2. Peter Mitchell
3. Leslie Orgel

۴- counterintuitive، غیرقابل درک یا انتقال مستقیم.

۵- ATP،ATP Synthase، سنتاز نامی کلی برای هر آنزیمی است که می‌تواند با صرف انرژی از آدنوزین دی‌فسفات (ADP) و فسفات غیرآلی آدنوزین تری‌فسفات (ATP) تولید کند.

6. proticity

این مخزن می‌توان برای تامین انرژی کار به همان روشی که توربین در یک سد هیدروالکتریک (تولید برق با آب یا بخار) تامین می‌کند استفاده کرد. استفاده از شیب‌های پروتون در عرض غشا برای توان‌بخشی به سلول‌ها کاملا پیش‌بینی‌نشده بود. این مفهوم که نخستین‌بار سال ۱۹۶۱ مطرح شد و طی سه دهه پس از آن یکی از خلاق‌ترین دانشمندان قرن بیستم، پیتر میچل، به معرفی آن پرداخت، یکی از غیرشهودی‌ترین ایده‌های زیست‌شناسی از زمان داروین به بعد نامیده شد و تنها ایده‌ای است که با ایده‌های اینشتین[1]، هایزنبرگ[2] و شرودینگر در فیزیک قابل مقایسه است. . . استفاده از شیب‌های پروتون پدیده‌ای جهان‌شمول در سرتاسر حیات روی زمین است. قدرت پروتون درست به اندازه‌ی کدهای ژنتیکی، بخش جدایی‌ناپذیری از کل حیات است[۲۹].

پیش از آن‌که میچل چنین موضوعی را مطرح کند، هیچ‌کس تصورش را هم نمی‌کرد که سنتز ATP چنین مکانیسمی داشته باشد.

نیروی مورد نیاز برای پمپاژ پروتون‌ها از میان غشا از طریق الکترون‌های آزادشده بر اثر تجزیه‌ی متابولیکی مواد غذایی اصلی، مانند قندها و لیپیدها (یا از مواد معدنی غیرآلی در مورد باکتری‌های کموسینتتیک[3]) تامین می‌شود که به سمت پایین شیب انرژی در امتداد آن‌چه به عنوان زنجیره‌های انتقال الکترون (ETC) به یک پذیرنده‌ی نهایی الکترون شناخته می‌شوند، جریان می‌یابند.

شیب (گرادیان) انرژی در امتداد زنجیره‌های حمل و نقل الکترون با کشش شدید پذیرنده‌ی نهایی الکترون برای الکترون‌ها (اکسیژن در میتوکندری حیوانات و گیاهان) ایجاد می‌شود و چیزی شبیه کشش جاذبه هنگام جریان‌یافتن آب در سراشیبی است. در مورد موجودات هوازی که از اکسیژن به عنوان پذیرنده‌ی نهایی الکترون استفاده می‌کنند، میل اکسیژن به الکترون آن‌قدر زیاد است که شیب آن سرازیری‌ای تند است و دقیقا همان‌طور که می‌توان از ریزش آب در دامنه‌ی کوه برای آسیاب‌کردن ذرت در آسیاب آبی یا برای تولید برق استفاده کرد، از شیب انرژی زنجیره‌ی انتقال الکترون نیز می‌توان برای انجام کارهای سوخت‌وساز سلولی بهره برد.

استفاده‌ی بهینه‌ی جریان الکترون‌ها از انرژی تخلیه‌ی الکتریکی در امتداد

---

1. Einstein
2. Heisenberg
3. chemosynthetic bacteria

زنجیره‌های حمل و نقل الکترون به این بستگی دارد که الکترون‌ها در یک‌سری از مراحل کوچک و مجزا به سمت پایین شیب جریان یابند. درست شبیه استفاده از انرژی محرکه‌ی آب از جریان رودخانه به وسیله‌ی یک رشته‌آسیاب کوچک آبی که به‌طور متوالی قرار گرفته‌اند. اگر به جای این کار قرار باشد انرژی در حرکتی بزرگ و کنترل‌نشده به یک‌باره تخلیه شود، حجم زیادی از آن به هدر می‌رود و مقدار کمی از آن مورد استفاده‌ی سلول قرار می‌گیرد. مانند انرژی آبی که با قدرت زیاد و به‌طرز کنترل‌نشده‌ای از طریق آبشار تخلیه می‌شود. همان‌طور که نویسندگان کتاب زیست‌شناسی مولکولی سلول[1] توضیح داده‌اند:

> به‌دلیل افت زیاد انرژی آزاد، این واکنش $[2H^+ + 2e^- + \frac{1}{2}O_2 \rightarrow H_2O]$ تقریبا با نیرویی انفجاری پیش می‌رود و تقریبا تمام انرژی به‌صورت گرما آزاد می‌شود. سلول‌ها هم همین واکنش را انجام می‌دهند اما با انتقال الکترون‌های پر انرژی از NADH به O_2 از طریق بسیاری از حامل‌های الکترون در زنجیره‌ی انتقال الکترون، این روند با سرعت بسیار کندتری انجام می‌شود. از آن‌جا که هر حامل متوالی در این زنجیره الکترون‌های خود را محکم‌تر نگه می‌دارد، واکنش دل‌خواه و بسیار پر انرژی $[2H^+ + 2e^- + \frac{1}{2}O_2 \rightarrow H_2O]$ از طریق بسیاری از مراحل کوچک اتفاق می‌افتد. این امر باعث می‌شود تقریبا نیمی از انرژی آزادشده به جای این‌که به‌شکل گرما در محیط از بین برود، ذخیره شود و برای کار در دسترس باشد[۳۰].

زنجیره‌های انتقال الکترون[2]

زنجیره‌های انتقال الکترون (ETC) که الکترون‌ها را به طرف پایین شیب انرژی منتقل می‌کنند، عملا در تمام اشکال گوناگون حیات روی زمین که ATP را از طریق جریان پروتون در سرتاسر غشا سنتز می‌کنند، وجود دارند و به‌طور گسترده‌ای فرض بر این است که جریان‌های الکترونی در ETC به همراه ایجاد جریان‌های پروتونی یا همان‌طور که لین مطرح کرده، پروتیسیته[3]، انرژی را برای سنتز ATP حتی در نخستین شکل‌های حیات روی زمین فراهم کرده است[۳۱].

زنجیره‌های انتقال الکترون در تمام سلول‌های هسته‌دار در غشای داخلی میتوکندری جاسازی شده‌اند. این در حالی است که در سلول‌های باکتریایی در

---

1. *Molecular Biology of the Cell*
2. Electron transport chain
3. Proticity

غشای پلاسما که سلول باکتری را محدود می‌کند تعبیه شده‌اند. غشای میتوکندریایی و غشای سلولی باکتریایی مانند تمام غشاهای زیستی از ساختار دولایه‌ی لیپیدی یک‌سانی برخوردارند. همان‌طور که در فصل قبل دیدیم، این امر به‌خودی‌خود شگفتی‌ای در تناسب موجود در مهندسی زیستی است.

زنجیره‌های انتقال الکترون از چندین کمپلکس پروتیینی تشکیل شده‌اند که داخل آن‌ها مجموعه‌هایی وجود دارد که آن‌ها را کلاسترهای (خوشه‌ها) آهن-گوگرد می‌نامند. بیش‌تر آن‌ها از چهار اتم آهن و چهار گوگرد تشکیل شده‌اند که در واقع در بلوری غیرآلی به هم متصل شده‌اند[۳۲].

نُه خوشه‌ی گوگرد در زنجیره‌های انتقال الکترون میتوکندریایی وجود دارد که در زنجیره‌ای که به کمپلکس‌های پروتیین منتهی می‌شود با فاصله‌ی چهارده آنگستروم (A^0) از هم قرار گرفته‌اند[۳۳]. الکترون‌های آزادشده از سوخت‌وساز مواد غذایی وارد زنجیره می‌شوند و با تونل‌زنی کوانتومی[۱] از یک خوشه به خوشه‌ی بعدی می‌پرند[۲]. کار آن‌ها سرانجام در ایستگاه پایانی (آنزیم سیتوکروم C اکسیداز در سلول‌های هوازی) یعنی جایی که اکسیژن را به آب تبدیل می‌کنند، پایان می‌یابد[۳۴].

پروتیسیته

هنگامی که هر الکترون در امتداد زنجیره‌های انتقال الکترون از یک خوشه‌ی آهن-گوگرد به خوشه‌ی بعدی می‌پرد، انرژی آزاد می‌کند و این انرژی برای پمپ‌کردن یک پروتون از میان غشای داخلی میتوکندری (یا غشای پلاسمایی در باکتری‌ها) استفاده و باعث افزایش غلظت پروتون‌ها در آن سوی دیگر می‌شود و همین افزایش تدریجی است که باعث ایجاد پروتیسیته می‌شود و جریان برگشتی از میان غشا و سنتز ATP را ممکن می‌کند. برای سنتز هر مولکول ATP تقریبا به سه پروتون نیاز است[۳۵].

1. Quantum Tunneling
2. hop

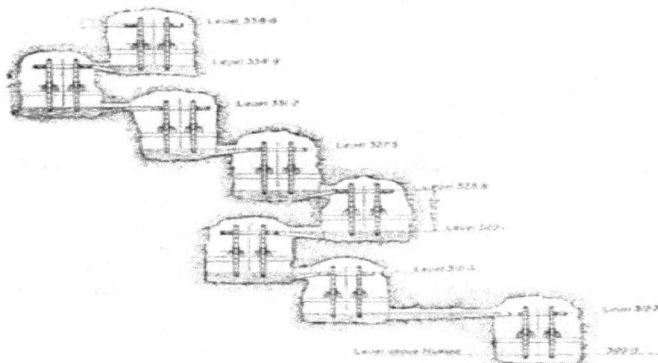

شکل ۳-۵- سیستم زهکشی روم باستان در معادن ریوتینتو، اندلس، اسپانیا.
نمونه‌ای ترسیم‌شده از انرژی تقسیم‌شده در چند مرحله‌ی کوچک‌تر.

لین در کتاب پرسشی حیاتی[1] از الکترون‌هایی که در زنجیره‌ی انتقال الکترون از خوشه‌ای به خوشه‌ی دیگر پایین می‌پرند تصور واضح و شگفت‌انگیزی ارایه کرده است و در این باره می‌نویسد:

فاصله‌ی منظم این خوشه‌ها (کلاسترهای آهن–گوگرد) نشان می‌دهد آن‌ها با نوعی جادوی کوانتومی تونل می‌زنند و بر مبنای قوانین احتمالات کوانتومی آنا پدیدار و ناپدید می‌شوند. مادامی که هر خوشه‌ی ردوکسی (اکسایش و کاهش) در حدود ۱۴ آنگستروم از خوشه‌ی بعدی فاصله داشته باشد و تمایل جذب الکترون در هر خوشه کمی بیش‌تر از خوشه‌ی قبلی باشد، الکترون‌ها در مسیر این خوشه‌ها رو به پایین حرکت می‌کنند. گویی از رودخانه‌ای عبور می‌کنند که در آن سنگ قدم‌هایی با فاصله‌های منظم چیده شده است. آن‌ها با کشش قدرتمند اکسیژن و اشتهای شیمیایی بی‌حد و حصر آن برای جذب الکترون‌ها کشیده می‌شوند.

یا اگر بخواهیم به‌گونه‌ی دیگری آن را بیان کنیم، می‌توان گفت «به سیمی شبیه است که با پروتیین‌ها و لیپیدها عایق‌بندی شده و جریان الکترون‌ها را از غذا به اکسیژن هدایت می‌کند»[۳۶].

لین در ادامه به شرح جزییات بیش‌تری از این شگفتی و تناسب زیست‌مولکولی می‌پردازد و می‌گوید: «جریان الکتریکی به همه چیز زندگی می‌بخشد و کمپلکس‌های

1. *The Vital Question*

عظیم پروتیین پر از کلیدهای قطع و وصل خودکار[1] هستند»[۳۷]. توضیحات بعدی لین ارزشش را دارد که به‌طور کامل بازگو شود:

اگر الکترون در یک خوشه‌ی ردوکس (اکسایش، کاهش) در جای خود نشسته باشد، پروتون مجاورش ساختار خاصی دارد. وقتی الکترون از جای خود حرکت می‌کند، آن ساختار به اندازه‌ی بسیار جزیی جابه‌جا می‌شود، یک بار منفی دوباره خود را تنظیم می‌کند، تمام شبکه‌های پیوندهای ضعیف خودشان را کالیبره می‌کنند و در کسر کوچکی از ثانیه ساختار و بنای باشکوه قبلی تبدیل به ساختار جدیدی می‌شود. تغییرات کوچک در جایی اتفاق می‌افتد و کانال‌های غارمانندی را در جای دیگری از پروتیین باز می‌کنند. سپس الکترون دیگری وارد می‌شود و کل این ماشین به وضعیت سابقش برمی‌گردد. این فرایند ده‌ها بار در ثانیه تکرار می‌شود... پروتون‌ها به مولکول‌های آب بی‌حرکت متصل می‌شوند و خودشان نیز در اثر بارگذاری روی پروتیین در جای خود از جنبش و حرکت بازمی‌ایستند... وقتی کانال‌ها خودشان را دوباره پیکربندی می‌کنند، این مولکول‌های آب جابه‌جا می‌شوند... و پروتون‌ها از طریق شکاف‌های متحرک از یک مولکول آب به مولکول دیگری منتقل می‌شوند. شکاف‌ها به‌طور متوالی و به‌سرعت باز و بسته می‌شوند و مسیر خطرناکی از طریق پروتیین باز می‌شود که پس از عبور پروتون بلافاصله بسته شده و از عقب‌نشینی پروتون‌ها جلوگیری می‌کند. همه‌ی این انرژی و توان، همه‌ی این نبوغ، همه‌ی این ساختارهای عظیم پروتیینی، همه و همه به پمپاژ پروتون‌ها از خلال غشای داخلی میتوکندری اختصاص یافته‌اند. میتوکندری حاوی ده‌ها هزار نسخه از هر مجموعه‌ی (کمپلکس) تنفسی است. هر سلول به‌تنهایی حاوی صدها یا هزاران میتوکندری است. چهل‌تریلیون سلول موجود در بدن شما دست‌کم دارای یک کوادریلیون[2] میتوکندری است که یک سطح به‌هم‌پیچیده‌ی مرکب در حدود چهارده‌هزار متر مربع، یعنی تقریبا چهار زمین فوتبال، را می‌پوشاند. وظیفه‌ی آن‌ها پمپ‌کردن پروتون‌ها است و در هر ثانیه بیش از 10^{21} پروتون را با هم پمپ می‌کنند. این عدد تقریبا معادل تعداد ستاره‌ها در جهانی است که می‌شناسیم[۳۸].

فلزات زنجیره‌ی انتقالی

هدایت الکترون‌ها در امتداد زنجیره‌های انتقال الکترون در مجموعه‌ای از پرش‌ها از یک حامل به حامل بعدی در زنجیره‌ی انتقال الکترون به یکی از خصوصیات منحصربه‌فرد اتم‌های فلزات واسطه‌ای زنجیره‌ی انتقال بستگی دارد و آن ظرفیت این فلزات برای جای‌دادن مقادیر گوناگونی از الکترون‌ها در بیرونی‌ترین لایه‌های الکترونی‌شان یا در واقع برای کسب آن‌چه به‌طور رسمی به عنوان وضعیت‌های گوناگون اکسیداسیون (یا پتانسیل‌های اکسایش-کاهش) شناخته می‌شود، است.

---

1. Trip Switchers

۲- هر کوادریلیون 10^{15} است.

یکی از پیامدهای این امر آن است که تمایل آنها برای جذب الکترونها (حالت اکسیداسیون آنها) بسته به اینکه چند الکترون در لایههای الکترونی خارجی آنها قرار گرفته باشد، متفاوت خواهد بود. وقتی تعداد الکترونها زیاد باشد، اتم میل کمتری به الکترون خواهد داشت اما وقتی تعداد الکترونها کم باشد، آنها میل ترکیبی زیادی به الکترونها دارند.

افزون بر این، میل ترکیبی برای الکترونهای یک فلز واسطه (حالت اکسیداسیون آن)، همانطور که رابرت کریچتون[1] اشاره کرده است، میتواند با تغییرات ظریف در محیط بیوشیمیایی بلافصل آن در سلول بهدقت تنظیم شود[۳۹].

و این در درجهی نخست به این دلیل است که میتوان میل ترکیبی آنها برای الکترونها را بهدقت در چندین حالت گوناگون اکسیداسیون تنظیم کرد. یعنی میتوان زنجیرهای از اتمهای فلز واسطه را که میل ترکیبیشان با الکترونها بهمرور افزایش مییابد تا آنها را در امتداد زنجیرههای انتقال الکترون در مجموعهای از مراحل ناپیوسته بکشاند، تنظیم کرد.

رابرت جی. پی. ویلیامز[2] که یکی از پیشگامان جهانی قرن بیستم بین دانشمندانی است که در رابطه با نقش فلزات در زیستشناسی فعالیت کردهاند، در مقالهای در مورد تناسب اتمهای فلزات واسطه برای طراحی و ساخت زنجیرههای انتقال الکترون اینطور مینویسد:

> در این مقاله این نکته را اثبات خواهم کرد که جریان الکترون از مرکز یک فلز به مرکز فلز بعدی بسیار پر قدرت است و این مراکز غالبا انتاتیک[3] هستند، یعنی از لحاظ ساختاری برای این منظور طراحی شدهاند و در ضمن در فاصلهی تقریبی ۱۵ انگستروم از هم قرار گرفتهاند تا سرعت کافی برای انتقال الکترون فراهم شود و موقعیت آنها به گونهای باشد که مدارهای محلی جهتداری ایجاد شود. زنجیرههای جانبی پروتیین نقشی جزیی در مدارهای الکترونیکی زیستشناسی دارند. آنها فقط انرژیهای یون فلز را نگه داشته و تنظیم میکنند، در حالی که دست کم تحرک مورد نیاز را مجاز میدانند[۴۰].

ویلیامز در ادامه میگوید: «انتقال آسان الکترون خاصیت کلی فلزات واسطه است اما از خواص پروتیینها نیست». او حدس میزند شکلهای اولیهی حیات

1. Robert Crichton
2. Robert J.P. Williams
۳- entatic state، حالتی که یک اتم یا گروه به دلیل اتصال با یک پروتیین، شرایط هندسی یا الکترونیکی متناسب با عملکردش را دارد.

پیش از سنتز پروتیین از فلزات واسطه برای تسخیر انرژی استفاده کرده باشند. ویلیامز این‌طور نتیجه‌گیری می‌کند که عناصر غیرآلی فلزات واسطه در برخی موجودات سازمان‌یافته از اهمیت حیاتی برخوردارند، درست همان‌طور که در مورد اسیدهای آمینه و نوکلئوتیدها صادق است[۴۱].

تنها اتم‌های فلزات واسطه‌ای دقیقا از خواص مورد نیاز برای تشکیل یک مدار الکترونیکی برخوردارند که الکترون‌ها در آن انرژی‌شان را در مراحل منظم و ناپیوسته‌ای از دست می‌دهند. هیچ اتم دیگری قادر به این کار نیست. اتفاقا به دلیل همین خواص هدایت الکتریکیِ منحصربه‌فرد آن‌ها است که از فلزات واسطه‌ای در فناوری‌های بشر برای ساخت هادی‌های سیمی استفاده می‌شود. همان‌طور که جی. آر. فروستو داسیلوا[۱] مطرح کرده است: «بشر سیم‌های مورد نیازش را از فلزاتی مانند مس می‌سازد، زیست‌شناسی هم هادی‌های پرشی[۲] را از یون‌های فلزی که در پروتیین جاسازی شده‌اند می‌سازد»[۴۲].

گرچه، بسیاری از فلزات واسطه خصوصیات مشابهی دارند. آهن مهم‌ترین عنصر برای حیات است. حیات بدون آهن درست به اندازه‌ی حیات بدون کربن تقریبا غیرقابل تصور است. کریچتون در این باره می‌نویسد:

> هنگامی که ما به طیف گسترده‌ای از پتانسیل‌های اکسایش-کاهش (ردوکس) قابل دسترس در فلز استناد می‌کنیم و برای این کار از تغییر تعامل آن با لیگاندهای[۳] هماهنگ‌کننده و افزودن توانایی آن برای شرکت در یک واکنش انتقال الکترون (رادیکال‌های آزاد) استفاده می‌کنیم، به‌راحتی می‌بینیم که چرا آهن برای حیات تا این حد ضروری و گریزناپذیر است[۴۳].

چهارمیلیارد سال

تا آن‌جا که به حیات کنونی روی زمین مربوط می‌شود، همه‌ی موجودات پیشرفته و اکثر قریب به اتفاق میکروب‌ها با بهره‌برداری از مقادیر[۴] ناپیوسته‌ای از انرژی که با حرکت الکترون‌ها به سمت مقصد خود در انتهای زنجیره آزاد شده‌اند،

۱- J.J.R. Frausto da Silva شیمی‌دان پرتغالی.

2. Hop Conductor

۳- ماده‌ای که با پیوند و ترکیب با یک بیومولکول یا یک گیرنده هدف بیوشیمیایی خاصی را دنبال می‌کند. در واقع، ماشه‌ای برای شروع یک عمل بیوشیمی است که به پروتیین هدف جفت شده و با آن ترکیب شیمیایی جدید اما قابل برگشتی را ایجاد می‌کند.

۴- Quanta، ذرات انرژی غیرقابل تقسیم، ذرات.

ATP تولیـد می‌کننـد. در همه‌ی موجـودات زنده جریان الکترون در زنجیره‌های انتقال الکترون در امتداد سیـم‌هایی اسـت کـه از اتم‌های فلز واسطه تشکیل شده و تقریبـا تمـام جانداران از انرژی‌ای کـه به هنگام پـرش الکترون از یک اتم فلزی به اتم فلزی دیگر برای پمپ‌کردن پروتون‌ها از میان غشـای دولایه‌ی لیپیدی آزاد می‌شـود، اسـتفاده می‌کننـد. به عـلاوه، تا جایی که من می‌دانم، هیچ بیوشـیمی‌دانی هرگز جای‌گزینی برای فلزات واسطه در سـاختن سیـم‌های رسانا پیشنهاد نکرده است.

طی چهارمیلیارد سـال، هیچ سلولی، حتـی عجیب و غریب‌ترین سـلول‌های سختی‌دوسـت، مکانیسـم دیگری بـرای تولید مقادیر عظیمـی از ATP ضروری به منظور پشـتیبانی از حیات، جـز بهره‌برداری از انرژی متابولیسـم به‌صورت مقادیر ناپیوسته کشف نکرده‌اند و هیچ سلولی هم جای‌گزینی برای اجزای تشکیل‌دهنده‌ی فلزی (واسطه) زنجیره‌های انتقال الکترون پیدا نکرده است. به همین ترتیب، در همه‌ی جانداران فسفات‌های غنی از انرژی برای انتقال انرژی و تقویت واکنش‌های شـیمیایی اسـتفاده می‌شوند. باز هم تکرار می‌کنم که از همان ابتدا اوضاع بر همین منوال بوده و گزینه‌ی دیگری موجود نیست.

اگر فلزات واسطه دقیقا از همین خواصی که دارند، یعنی آمادگی برای پذیرش و اهدای الکترون‌ها و این امر که آن‌ها در حالت‌های اکسیداسیون متعددی وجود دارند، برخوردار نبودنـد و اگر ATP دقیقا خواصی را که دارد نداشـت، باید چنین ویژگی‌هایی به‌گونه‌ای ساخته می‌شدند؛ چون بدون تناسب منحصربه‌فرد آن‌ها برای تولیـد و بهره‌بـرداری کنترل‌شـده از انـرژی، حیات مبتنی بر کربن پدیده‌ای بسـیار ابتدایی و تنها به تک‌سـلولی‌های سـاده‌ای منحصر می‌شـد که بـرای تولید انرژی به گلیکولیز وابسته‌اند. خلاصه این‌که در این فصل شواهد بیش‌تری در مورد تناسب فوق‌العاده‌ی طبیعت برای حیات روی زمین ارایه شد؛ شواهدی که قویا این برداشت را منتقـل می‌کنند که از همان لحظه‌ی نخسـت خلقت طـرح اولیه‌ای برای تولید و استفاده‌ی سلول‌های مبتنی بر کربن از انرژی در قوانین طبیعت تدوین شده است.

فصل ششم

◇

زیست‌شناسی بدون فلزات وجود نداشت

تلاش برای درک جهان به عنوان کلیتی واحد و یک‌پارچه در تمام آثار و رساله‌های قرون وسطی، دایرةالمعارف‌ها و علوم لغات و ریشه‌شناسی‌ها دیده می‌شود . . . فلاسفه‌ی قرن دوازدهم هم در مورد ضرورت مطالعه‌ی طبیعت صحبت کرده‌اند زیرا به نظر آن‌ها بشر با درک و شناخت تمام اعماق و ژرفاهای طبیعت در واقع خود را پیدا می‌کند. زیربنای این استدلال‌ها و تجسمات، باور مطمئن به وحدت و زیبایی جهان است و همچنین اعتقاد راسخ به این‌که جایگاه اصلی در دنیایی که خدا خلق کرده متعلق به بشر است.

آرن گورویچ[1]، طبقه‌بندی‌های فرهنگ قرون وسطی[2] [۱]

اهمیت آهن برای زیست‌شناسی مدت‌ها پیش از پیدایش نخستین نشانه‌های حیات در اقیانوس‌های بسیار کهن آغاز شده بود. مدت‌ها پیش از این‌که بشر دست به استخراج و ذوب فلزات بزند و از این ویژگی که یکی از مفیدترین خواص فلزات است بهره‌برداری کند و نیز مدت‌ها پیش از این‌که از ویژگی‌های منحصربه‌فرد آن برای انتقال اکسیژن در خون استفاده شود، آن‌ها نقش مهمی در ایجاد زمین به عنوان زیستگاهی سازگار با حیات داشتند. تصور می‌شود اتم‌های آهن، که نیروی گرانش آن‌ها را به مرکز زمین کهن کشیده است، بخش عمده‌ی گرمایی را که باعث تمایز شیمیایی اولیه‌ی زمین و تقسیم به پوسته، گوشته و هسته شده است ایجاد کرده باشند. بدون چنین تمایزی، بازچرخه‌ی حیاتی مواد پوسته در سیستم تکتونیکی هرگز آغاز نمی‌شد. همین گرما باعث بیرون‌راندن گازهای جو اولیه و نهایتا تشکیل هیدروسفر شد.

---

1. Aren Gurevich
2. *Categories of Medieval Culture*

مدت‌ها پیش از پیدایش زمین و حتی پیش از آنکه منظومه‌ی شمسی به وجود آید، به آهن نیاز بوده است. تجمع اتم‌های آهن در مرکز ستارگانی با جرم بالا، مانند آنچه در سحابی خرچنگ اتفاق افتاده است (شکل ۶-۱)، باعث انفجار ابرنواخترها شده، اتم‌های موجود در جدول تناوبی را در سراسر کیهان پراکنده کرده و آن‌ها را برای تشکیل منظومه‌های خورشیدی، زمین و نهایتا پیدایش حیات در دسترس قرار داده است.

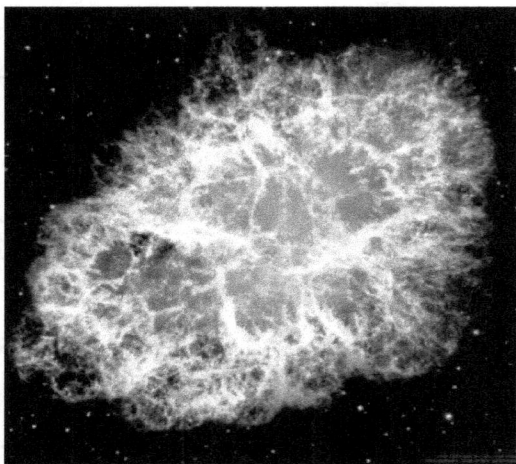

شکل ۶-۱- سحابی خرچنگ، بقایای ابرنواختری که سال ۱۰۵۴ منفجر شده است.

آهن (Fe) فراوان‌ترین عنصر در زمین است و حدود ۳۰ درصد از جرم زمین را تشکیل می‌دهد. هسته‌ی زمین توپ عظیمی از آهن مذاب است و آهن چهارمین عنصر رایج در پوسته‌ی زمین است[۲].

از هنگامی که حیات برای نخستین‌بار در اقیانوس‌های کهن اولیه پیدا شد، آهن هر روز به عنوان نگهبانی نامرئی عمل کرده است. تصور می‌شود آهن مذاب موجود در هسته‌ی زمین مانند دینامی غول‌پیکر عمل می‌کند و باعث ایجاد میدان مغناطیسی زمین می‌شود و میدان مغناطیسی نیز کمربندهای تشعشعی وان آلن[۱] را

۱- Van Allen. جیمز وان آلن کمربند وان آلن یا کمربند تشعشعی وان آلن را در اطراف کره‌ی زمین کشف کرد. تابش مورد بحث از تراکم غلیظ الکترون‌ها و پروتون‌های با انرژی زیاد ناشی می‌شود که در دو منطقه‌ی هلالی‌شکل در فاصله‌های ۳۲۰۰ و ۱۶۰۰۰ کیلومتری سطح زمین واقع شده و به وسیله‌ی میدان مغناطیسی زمین کره‌ی زمین را احاطه کرده است.

ایجاد می‌کند که از سطح زمین و کل حیات موجود بر سطح زمین در برابر اشعه‌ی کیهانی مخرب، پر انرژی و نفوذکننده و همچنین از لایه‌ی بسیار مهم ازن در برابر آسیب‌های پرتو کیهانی محافظت می‌کند. بدون اتم آهن هیچ گرمایشی در دوران آغازین زمین، هیچ بازچرخه و بالابری تکتونیکی‌ای (زمین‌ساختی)، هیچ اتمسفری، هیچ هیدروسفری، هیچ کمربند تشعشعی فان آلنی، هیچ میدان مغناطیسی محافظی، هیچ هموگلوبینی، هیچ متابولیسم اکسیداتیوی و هیچ‌کدام از زنجیره‌های انتقال الکترون ETC وجود نداشت و هیچ حیات پیشرفته‌ای هم شکل نمی‌گرفت و احتمالا اصلا حیاتی وجود نداشت.

درک ما از نقش مهم آهن و دیگر فلزات در بیوشیمی و زیست‌شناسی سلولی از سال ۱۹۱۳ که لارنس هندرسون کتاب تناسب محیط زیست را نوشت به‌طرز چشم‌گیری افزایش یافته است. در آن زمان، تقریبا چیزی درباره‌ی نقش فلزات در سامانه‌های زنده نمی‌دانستیم و حتی تا چند دهه پیش از آن هم دانش و اطلاعات بسیار محدودی در این زمینه وجود داشت؛ به‌طوری که سر هانس کربس[1]، برنده‌ی جایزه‌ی نوبل، گفت: «بیش‌تر یون‌های فلزی یافت‌شده در زیست‌شناسی ناخالصی‌های آسیب‌زننده هستند»[۳].

اما حالا می‌دانیم که کربس به‌شدت در اشتباه بود. نقش فلزات در سیستم‌های زنده نقشی حیاتی است. آن‌قدر حیاتی که پروفسور رابرت ویلیامز[2]، یکی از برجسته‌ترین کارشناسان قرن بیستم در این زمینه، در مقاله‌ی مروری عالی‌ای با عنوان هم‌زیستی فلزات و عملکرد پروتیین‌ها[3] این‌طور جمع‌بندی کرد: «زیست‌شناسی بدون یون‌های فلزی درست مانند زیست‌شناسیِ بدون DNA یا پروتیین‌ها، وجود خارجی ندارد». او در ادامه نیز گفته است:

> ماشین حیات بر این دو مولفه تکیه دارد: یون‌های فلزی و پروتیین‌ها... تاثیر فراگیر یون‌های فلزی در سامانه‌های زنده‌ی زیستی به حدی است که اکنون می‌توانم بگویم در ذهن من زیست‌شناسی بدون یون‌های فلزی وجود ندارد[۴].

وقتی نزدیک به یک‌سوم تمام آنزیم‌ها دارای یونی فلزی به عنوان همراه و شریکِ ضروری‌اند[۵] و وقتی بر اساس آن‌چه در فصل پنجم دیدیم، فلزات

---

1. Sir Hans Krebs
2. Robert Williams
3. *The Symbiosis of Metals and Protein Function*

واسـطه‌ی آهـن و مس نقـش گریزناپذیـری در زنجیره‌های انتقال الکتـرون دارند، به‌سختی می‌توان با دیدگاه ویلیامز مخالفت کرد. یون‌های قلیایی Na^+ و K^+ هم نقش مهمی در حفظ پتانسـیل غشـا دارند. تودور دودف[1] و کارمای لیم[2] در مقاله‌ای در مجله‌ی بررسی‌های شیمیایی[3] گفته‌های ویلیامز را این‌طور منعکس کرده‌اند:

> یون‌های فلزی برای رشد تمام انواع موجودات زنده لازم‌اند. در حال حاضر، حدود نیمی از تمام پروتیین‌ها حاوی یون‌های فلزی‌اند و بیش‌تر ریبوزیم‌ها (مولکول‌های RNA با عملکرد آنزیمی) نمی‌توانند بدون یون‌های فلزی عملکردی داشته باشند. یون‌های فلزی انواع گسترده‌ای از عملکردهای خاص و مرتبط با فرایندهای حیات را انجام می‌دهند. یکی از عملکردهای منحصربه‌فردی که متالوپروتیین‌ها انجام می‌دهند تنفس است که به موجب آن آهن مرکزی در خانواده‌ی هموگلوبین-میوگلوبین و همریترین‌ها یا مس مرکزی در هموسیانین‌ها به‌طور برگشت‌پذیر به مولکول اکسیژن متصل می‌شود. در بسیاری از موارد، یون‌های فلزی مانند روی دوظرفیتی (II)، منیزیم دوظرفیتی (II) و کلسیم دوظرفیتی (II) ساختار پروتیین‌های تاخورده را تثبیت می‌کنند، در حالی که در دیگر موارد به تثبیت ساختار فعال فیزیولوژیکی خاصی از پروتیین کمک می‌کنند. یون‌های فلزی بخش جدایی‌ناپذیر بسیاری از آنزیم‌ها هستند و در واکنش‌های کاتالیزوری زیادی حتمی و ضروری‌اند. به‌ویژه فلزات واسطه‌ای مانند مس Cu، آهن Fe و منیزیوم Mn در بسیاری از فرایندهای ردوکس که به انتقال الکترون نیاز دارند، نقش دارند. یون‌های قلیایی و قلیایی خاکی، به‌ویژه سدیم تک‌ظرفیتی Na (I)، پتاسیم تک‌ظرفیتی K (I) و کلسیم دوظرفیتی Ca (II)، در شروع پاسخ‌های سلولی نقشی حیاتی دارند[۶].

همان‌طور که ویلیامز خاطرنشان کرده است، یکی از معایب زیست‌شناسی فاقد فلزات این است که خواص اسیدهای آمینه‌ی گوناگون، هنگامی که در پروتیین‌ها جای می‌گیرند، تنوع زیادی ندارند. در حالی که یون فلزی خواص شیمیایی بسیار متنوعی را برای پروتیین‌ها و سـاختار مولکولی‌شـان به ارمغان می‌آورد که خواص فیزیوشیمیایی و به تبع آن، توانایی‌های کاتالیزوری آن‌ها را نیز بسیار غنی می‌کند[۷].

رابرت کریچتون نیز در کتاب مقدماتی خود با عنوان شـیمی معدنی زیسـتی[4]، مطلب مشابهی را مطرح کرده است. کریچتون برای بیان اهمیت حیاتی فلزات، نیاز بـه انتقال الکترون‌ها در زنجیره‌های انتقال الکترون (ETC) را ذکر کرده اسـت[۸].

---

1. Todor Duder
2. Carmay Lim
3. *Chemical Reviews*
4. *Biological Inorganic Chemistry*

همان‌طـور که او اشـاره کرده، فلزات واسـطه‌ای ردوکس، از قبیـل آهن و مس، در انجـام ایـن کار به‌مراتب بهتر از ترکیبات آلی، مانند فلاوین، هسـتند. در فصل قبل دیدیـم کـه جریان‌های الکترون به سـمت پاییـن ETCها را عمومـا اتم‌های فلزی واسطه‌ای هدایت می‌کنند. بدون ETCها و هادی‌های فلزیِ مورد استفاده‌ی آن‌ها، توانایی سـلول‌ها برای تولید انرژی زیسـتی بسیار محدود و تنها پیدایش ساده‌ترین انـواع حیـات تک‌سـلولی امکان‌پذیر می‌شـد و همان‌طور که باز هـم در فصل قبل ذکر شـد، طی چهارمیلیارد سـال هیچ جان‌داری موفق نشـده عملکردهای هدایت الکترونی آهن و مس را با هیچ‌یک از ترکیبات غیرفلزی آلی جای‌گزین کند.

کریچتـون چندیـن مثال دیگر هـم از نقش اساسـی فلزات در زیست‌شناسـی ارایـه می‌کنـد. او می‌نویسـد: «جایـگاه شکسته‌شـدن مولکول آب در گیاهان سـبز (جایگاه فتوسیسـتم II)[1] که اکسـیژن تولید می‌کند، بر اسـاس اسـتفاده‌ی زیسـتی و پیچیـده از شـیمی منگنـز اسـت»[۹]. وی همچنین خاطرنشـان می‌کنـد که باید بارهـای منفـی عظیمی را که در امتداد سـتونی از اسـیدهای نوکلئیک پلی‌فسـفات تولید می‌شود، یون‌های متقابل‌شان که بار مثبت دارند متعادل کنند[۱۰]. بسیاری از عملکردهای حیاتی سلول‌ها به تقویت سیگنال‌هایی بستگی دارد که در غلظت‌های نانومولار[2] به غشـای سـلول می‌رسند اما منجر به پاسخ‌های داخل سلولی در حد میلی‌مولار می‌شـوند. برای انتقال سـیگنال‌های الکتریکی، مانند آن‌چه در سیسـتم عصبی موجودات رده‌بالاتر وجود دارد، ضروری اسـت که سـلول‌ها قادر به تولید پتانسـیل‌های الکتریکی تراغشـایی[3] باشـند[۱۱]. او اضافه می‌کند که شـاید از همه مهم‌تـر این باشـد که فلزات به عنوان کوفاکتـور[4] مورد نیازند تا پروتیین‌هایی را که ما آنزیم می‌نامیم قادر به واکنش‌های کاتالیزوری کنند. اگر منحصرا به مولکول‌های آلی تکیه کنیم، بسیاری از این واکنش‌ها ناممکن می‌شوند[۱۲].

کریچتون این‌طور نتیجه‌گیری می‌کند: «روشـن اسـت که تقریبا برای هیچ‌کدام از ایـن اهداف پروتیین‌های بزرگ و دسـت‌وپاگیر و حجیم بـه کار نمی‌آیند»[۱۳].

---

1. Fhotosystem II: Water- spititting centre
2. nanomolar
3. Transmembrane

۴- Cofactor، عامل کمکی.

تمام این کارها مسـتلزم وجود عناصر فلزی به علاوه‌ی شـش عنصر بنیادی کربن، هیدروژن، اکسیژن، نیتروژن، فسفر و گوگرد است.

به عنوان موضوعی جالب، خوب است بدانید که هندرسون پنجاه سال پیش از کربس به فلزات موجود در سامانه‌های زنده به چشم عناصری سودمند نگاه می‌کرد، نه ناخالصی. او این‌طور نوشته اسـت: «سـودمندی فیزیولوژیکی ترکیبات حاوی عناصر شیمی معدنی بسیار زیاد است»[۱۴]. هندرسون خاطرنشان کرده است که هموگلوبین حاوی آهن است و بدون شک ظرفیت هموگلوبین برای ترکیب‌شدن با اکسیژن . . . به دلیل رفتار شیمیایی این فلز است[۱۵]. امروزه این امر ثابت شده است. همان‌طور که اصرار او مبنی بر این‌که مس در هموسیانین‌ها عملکرد مشابهی را در جانوران رده‌پایین‌تر به انجام می‌رساند نیز درست بود[۱۶].

بنابراین هندرسـون که به حکمت غایی باور داشت، پنجاه سال پیش از کربس فرض را بر این گذاشت که اتم‌های فلزی مفید و سودمندند. همچنین او پنجاه سال جلوتر از فرد هویل[۱] بود که به دلیل ارایه‌ی نخستین پیش‌بینی‌های انسان‌نگر[۲] به‌طور گسـترده‌ای به شهرت رسید. او پیشـنهاد کرد که رزونانس‌های خاصی در هسته‌ی کربن وجود دارد که به فرایند ساخت اتم اجازه می‌دهد تا ساخت عناصر بالاتری در ستارگان پیش رود.

تناسب تماشـایی فلزات برای عملکردهـای خاص زیسـتی در مقاله‌ی ۱۹۸۵ ویلیامز (که پیش‌تر به آن اشـاره شـد) بررسـی شده و اخیرا نیز پی‌درپی در چندین کتاب به آن پرداخته شـده اسـت[۱۷]. اکنون می‌دانیم که دسـت‌کم ده اتم گوناگون، یعنی سدیم، پتاسیم، منیزیم، کلسیم، کبالت، مس، آهن، منگنز، مولیبدن و روی در سلول نقشی اساسی دارند[۱۸]، برای رژیم غذایی انسان ضروری هستند و به‌طور منحصربه‌فردی برای عملکردهای بیوشیمیایی خاص مناسب‌اند. بدون خواص و ویژگی‌های دقیق آن‌ها حیات بر پایه‌ی کربن هرگز شکل نمی‌گرفت.

تک‌تک اتم‌های فلزی برای عملکردهای زیستی بسیار متفاوتی متناسب شده‌اند زیرا هر اتم فلز خصوصیاتی دارد که قابلیت‌های منحصربه‌فردی را به آن می‌بخشد و همین قابلیت‌ها هستند که هر کدام از آن‌ها را قادر می‌سازد نقش حیاتی و خاصی

---

1. Fred Hoyle

۲- نظریه‌ای فلسفی که معتقد است مشاهدات جهان باید با حیات خودآگاه و بخردی که آن را مشاهده می‌کند سازگار باشد.

در بیوشیمی بازی کنند. تفاوت خواص شیمیایی و فیزیکی میان اتم‌های فلزی، درست مانند خواص متفاوت کربن، هیدروژن، اکسیژن و نیتروژن از ارکان مهم تناسب موجود در طبیعت برای حیات است. گرچه فلزات به اندازه‌ی این چهار عنصر با هم متفاوت نیستند، تفاوت‌های مهمی را نشان می‌دهند که همین تفاوت‌ها آن‌ها را قادر می‌سازد نقش‌های بسیار متفاوتی را در سلول ایفا کنند.

در چند صفحه‌ی بعد خواص اصلی برخی اتم‌های فلزی مهم را بررسی می‌کنیم، خواصی که آن‌ها را برای عملکردهای متنوع بیوشیمیایی منحصربه‌فرد می‌سازد. برای این‌که این مباحث برای افراد غیرمتخصص هم قابل استفاده باشد، بسیاری از مطالب فنی این بخش را در یادداشت‌های پایان کتاب گنجانده‌ام.

سدیم و پتاسیم

از آن‌جا که سدیم (Na) و پتاسیم (K) تنها به‌شکلی ضعیف به ترکیبات آلی متصل می‌شوند، بسیار متحرک‌اند و به‌طرز ایده‌آلی برای حرکت‌دادن بار الکتریکی با سرعت زیاد، ایجاد شیب‌های الکترونیکی از میان غشاهای سلولی و اطمینان از حفظ تعادل بار الکتریکی در دو طرف غشای سلولی، تناسب یافته‌اند[۱۹].

همان‌طور که در فصل چهارم ذکر شد، سرعت آن‌ها واقعا چشم‌گیر است. در یکی از کتاب‌های زیست‌شناسی سلولی مرجع که بسیار مورد استفاده است، این‌طور آمده: «ممکن است تا حدود صدمیلیون یون K^+ در هر ثانیه از طریق یک کانال یونی در غشای سلول عبور کند. این سرعت $۱۰^۵$ بار بیش‌تر از میزان حمل و نقل هر پروتیین شناخته‌شده است»[۲۰]. پتاسیم و سدیم تنها یون‌هایی هستند که تمایل به اتصال به ترکیبات یونی مانعی برای سرعت‌شان نیست.

هیچ یون دیگری برای این عملکرد حیاتی شبیه آن‌ها نیست. توانایی آن‌ها در حمل بار الکتریکی از طریق غشای سلولی با چنین سرعتی، یکی از ویژگی‌هایی است که برای انتقال تکانه‌های عصبی در امتداد آکسون‌های عصب در موجودات رده‌بالاتر ضروری است و بدون آن هیچ سیستم عصبی مرکزی‌ای که برای انسان‌ها و دیگر موجودات پیشرفته ضروری است به وجود نمی‌آمد.

حیات طی چهارمیلیارد سال تکامل نتوانسته است هیچ ترکیب یا اتم جای‌گزینی برای عملکردهای زیستی این دو یون پیدا کند. اغراق نیست اگر بگوییم هوش

و خودآگاهـی هوشـیارانه‌ی مـا را تا حدودی این دو یون کوچک فلزی که بسـیار متحرک و انتقال‌دهنده‌ی بار الکتریکی هستند، به ما هدیه کرده‌اند.

کلسیم

عملکرد فیزیولوژیکی سلول مستلزم انتقال سریع اطلاعات از طریق پیام‌رسانی شـیمیایی اسـت تـا آغازکننـده‌ی عملکردهای خـاص پروتیین از طریـق تغییرات سـاختاری ناگهانـی باشـد. یکی از بهتریـن نمونه‌های این امر آزادسـازی یون‌های کلسـیم از وزیکول‌هـای خاصی در سـلول‌های عضلانی اسـت کـه باعث انقباض عضله می‌شوند[۲۱].

کلسیم (Ca) همراه با سدیم (Na)، پتاسیم (K) و منیزیم (Mg) مجموعه‌ای از یون‌های بسیار متحرک را در اختیار سلول قرار می‌دهند. اگرچه همه‌ی این یون‌ها $(Na^{+}\ ,\ K^{+}\ ,\ Ca^{2+}\ ,\ Mg^{2+})$ بسـیار متحرک‌اند، پیام‌رسان شیمیایی افزون بر حرکات سریع باید خواص دیگری نیز داشته باشد و باید بتواند به مولکول دیگری در سـلول (به‌طـور کلی با یک پروتیین) که ویژگـی اختصاصی بالایی دارد متصل شود تا تغییر ساختاری خاصی را ایجاد کند. ضرورت میل ترکیبی بالا برای اتصال تا حد زیادی باعث می‌شـود یون‌های فلزی یک‌ظرفیتی سـدیم و پتاسیم از این امر محروم شوند و تنها کلسیم و منیزیم برای انجام چنین پیام‌رسانی ضروری‌ای باقی بمانند. بین این دو نیز، کلسیم ارجحیت دارد.

همان‌طور که ویلیامز مطرح کرده اسـت، تقریبا تمام محرک‌های شروع‌کننده‌ی حرکات عضلانی و اعمال مکانیکی مشابه، از کلسیم منشا می‌گیرند. در حال حاضر، بین یون‌های فلزی موجود در زیست‌شناسی تنها کلسیم می‌تواند غلظت بالا داشته باشـد، به‌سـرعت منتشـر شـود، با قـدرت متصل، جـدا و باز هم با قـدرت متصل شـود[۲۲]. بین دو یون دوظرفیتی کلسـیم و منیزیم، اتصال کلسـیم به بیش‌تر نقاط پروتیین چندین برابر منیزیم اسـت[۲۳] و از این رو کلسـیم برای این نقش بسـیار مناسب‌تر است.

در نتیجه، در سـامانه‌های زیسـتی، جایی که اطلاعات شـیمیایی باید سـریعا به یک پروتیین هدف منتقل شـود تا عملکرد سـلولی خاصی آغاز شـود، در درجه‌ی نخست از کلسیم استفاده می‌شود. این عملکردهای سلولی خاص می‌توانند انقباض

عضلانی، انتقال تکانه‌های عصبی از طریق سیناپس، ترشح هورمون یا تغییرات پس از باروری باشند[۲۴].

یکی از ارکان دوجانبه و جذاب تناسب در رابطه‌ی بین کلسیم—پروتیین قابلیت مارپیچ آلفا که یکی از زیرواحدهای ساختاری و اساسی پروتیین به شمار می‌رود، در واکنش سریع به اتصال کلسیم است. ویلیامز در مورد مناسب‌بودن ساختارهای مارپیچ موجود در پروتیین‌ها برای پاسخ سریع به محرک کلسیم، این‌طور اظهار نظر کرده است:

> برای ساختن سیستم حساس، پروتیین‌هایی که در عضله یا در واحدهای رشته‌ای داخلی سلول‌ها هستند باید فعالیتی متناسب با کلسیم داشته باشند و این بدان معنا است که تحرک سریع آن‌ها موازی و هم‌پایه با ساختارشان تکامل یافته است. ساختار این پروتیین‌ها تا حد زیادی بر اساس مارپیچ‌ها است. در مفهومی کلی می‌توان گفت نوار مارپیچی از این جهت به درد می‌خورد که حرکت آن با حرکتی چرخشی-انتقالی، مانند پیچ یا چرخ‌دنده‌ی حلزونی[1]، به‌طور مقرون به‌صرفه‌ای فعالیت‌های یک طرف را به طرف دیگر مربوط می‌کند. این انتقال حرکت بسیار سریع است زیرا حرکت مارپیچ—مارپیچ[2] نیازی به شکستن پیوندهای هیدروژنی ندارد. ما در مارپیچ پتانسیلی برای تطابق با تحرک یون کلسیم می‌بینیم[۲۵].

تناسب بی‌نظیر کلسیم با نقشش به عنوان پیام‌رسان شیمیایی در سلول با استفاده‌ی فراگیر آن برای همین منظور برجسته و پر رنگ شده است. این امر در تمام سلول‌ها یک‌سان است. طی میلیاردها سال تکامل، هیچ ترکیب آلی یا اتم فلزی جای‌گزینی برای نقش کلسیم در هیچ موجود زنده‌ای روی زمین پیدا نشده است.

منیزیم

منیزیم در تمام انواع سلول و در همه‌ی جان‌داران وجود دارد. بیش از ۳۰۰ آنزیم برای عملکرد کاتالیزوری خود به آنزیم‌های منیزیمی نیاز دارند[۲۶]. بسیاری از آنزیم‌های درگیر در متابولیسم واسطه‌ای و بسیاری از آنزیم‌های مرتبط با متابولیسم اسیدنوکلئیک وابسته به منیزیم هستند[۲۷]. گرچه منیزیم در دوره‌ی سوم از جدول تناوبی همولوگ (متشابه) کلسیم است، خواص فیزیکی و شیمیایی آن به‌طرز دقیق و ماهرانه‌ای طوری متفاوت است که آن را برای ایفای نقش‌های بسیار متفاوتی

---

1. Worm-Gear
2. helix/helix movement

در سلول مجهز می‌کند[۲۸]. همان‌طور که ذکر شد، یون منیزیم برای جای‌گزینی کلسیم به عنوان پیام‌رسان سلولی برای این‌که شروع‌کننده‌ی تغییرات ساختاری در یک پروتیین هدف باشد مناسب نیست؛ زیرا یون Mg^{+2} تمایل دارد با قدرتی بسیار کم‌تر از کلسیم به پروتیین‌ها متصل شود[۲۹]. اما به نظر می‌رسد منیزیم برای برخی عملکردها کاملا مناسب باشد.

ATP

به‌سختی می‌توان عملکرد زیستی‌ای را تصور کرد که فراگیرتر و مهم‌تر از عملکردی باشد که ATP، که تامین‌کننده‌ی اصلی انرژی سلولی است، انجام می‌دهد. توانایی سلول در استفاده از انرژی آزادشده در هیدرولیز ATP و دیگر فسفات‌های غنی از انرژی، مانند گوانوزین تری‌فسفات (GTP)، به ارتباط نوکلئوتید تری‌فسفات با یون منیزیم بستگی دارد[۳۰]. آن‌چه ATP نامیده می‌شود در واقع Mg^{2+}–ATP است و به نظر می‌رسد میلیاردها سال است که ATP به عنوان انرژی رایج کل حیات موجود روی زمین به کار رفته است. در تمام این مدت، هیچ یون فلزی دیگری جای‌گزین Mg^{2+} در هیچ سلول شناخته‌شده‌ای نشده است. در بسیاری از متون علمی توضیحات ماشینی‌نگر[۱] دقیقی در این باره ارایه شده[۳۱] اما صرفا بر اساس شواهد تجربی نیز منطقی است که اتم منیزیم را برای نقشی که ایفا می‌کند به‌طرز منحصربه‌فردی مناسب تصور کنیم.

کلروفیل

برای انواع موجودات زنده‌ی هوازی که از اکسیژن استفاده می‌کنند منیزیم نقشی حیاتی در مولکول جمع‌کننده‌ی نور یا همان کلروفیل ایفا می‌کند. پیتر اتکینز در مورد نقش آن در به دام انداختن نور خورشید به‌طور ادیبانه‌ای می‌گوید:

> بدون کلروفیل به جای این‌که جهان پناهگاهی نرم و سبز باشد، صخره‌ای گرم و مرطوب می‌شد؛ زیرا کلروفیل در همان نخستین گام از فتوسنتز چشم‌های منیزیمی‌اش را به خورشید می‌دوزد و انرژی نور خورشید را به دام می‌اندازد. منیزیم برای امکان‌پذیرکردن این فرایند دقیقا از ویژگی‌های مناسبی برخوردار است. اگر قلمرو حیات فاقد این عنصر بود، چشم کلروفیل کور می‌شد، فتوسنتز اتفاق نمی‌افتاد و حیات به‌گونه‌ای که ما می‌شناسیم وجود نداشت[۳۲].

1. mechanistic

اتکینز حقیقت را می‌گوید. گرچه فتوسنتز برای حیات ضروری نیست، چون سامانه‌های زنده می‌توانند از منابع دیگری غیر از انرژی تابشی ستاره‌ای انرژی کسب کنند، با این حال تابش ستاره‌ای تنها منبع قابل اطمینان از انرژی قابل دست‌یابی در سطح سیارات است که عادلانه توزیع شده. تجسم‌کردن زیست‌کره‌ای که به اندازه‌ی کره‌ی زمین غنی و از شکل‌های متنوع و پیچیده‌ای از حیات برخوردار باشد اما از انرژی تابشی خورشید خود بی‌بهره باشد کار دشواری است و کلید اصلی این امر در اختیار منیزیم است.

می‌توان یون منیزیم را با منگنز، آهن، کبالت، نیکل، مس و روی در پورفیرین‌های[۱] فلزی گوناگون جای‌گزین کرد[۳۳] اما هیچ‌یک نمی‌توانند قابلیت جذب نور را که به دلیل برخی ویژگی‌های یون منیزیم است تقلید کنند[۳۴]. همان‌طور که ملوین کالوین[۲] اظهار کرده است، ویژگی بسیار خاصی در ساختار الکترونی یون منیزیم وجود دارد که چنین تناسب قابل توجهی را برای جذب نور در کلروفیل ایجاد می‌کند و باز همان‌طور که او اشاره کرده است، قدرت جذب نور کلر منیزیم[۳] چندین هزار برابر پورفیرین آهن است[۳۵].

ویلیامز در این باره این‌طور شرح می‌دهد:

> اثر ترکیبی هر یون فلزی در کلر این است که تقارن تقریبا دوتایی آن را به تقارنی تقریبا چهارگانه تبدیل می‌کند. سپس طیف جذب مرئی کلر از یک مجموعه‌ی چهارباندی جذبی که فواصل‌شان از هم مشخص است به‌طرز موثری به باندی فشرده با بلندترین طول موج تغییر می‌کند. . . و در نتیجه کلروفیل-منیزیم به ابزاری عالی برای به دام انداختن نور با صرف کم‌ترین انرژی بدل می‌شود. وجود کلر و منیزیم است که چنین خاصیتی را ایجاد می‌کند. هر یک از یون‌های فلزی Mg^{2+} ، Zn^{2+} ، Ni^{2+} ، Cu^{2+} ، Mn^{2+} ، CO^{2+} هم باعث می‌شوند تقریبا همان طیف پدیدار شود اما Mg^{2+} علی‌رغم اتصال ضعیف‌ترش انتخاب شده است؛ زیرا سبک‌تر از بقیه است و در نتیجه فلورسانس (تشعشع ماهتابی) کم‌تری ایجاد می‌کند، به این معنا که انرژی کم‌تری از دست می‌رود[۳۶].

منیزیم می‌تواند با بهره‌وری چشم‌گیری انرژی نور را به دام بیندازد و به مرز نظریِ تبدیل نور به انرژی الکتریکی نزدیک شود. نویسندگان مقاله‌ای که در رابطه

---

1. Porphyrin
2. Melvin Calvin
3. Magnesium Chlorin

با همین موضوع در مجله‌ی نیچر چاپ شده است، در مورد کارایی دستگاه فتوسنتز این‌طـور اظهـار نظر کرده‌اند: «بازده این فرایند چیـزی نزدیک به حداکثر مقدار آن است. این دستاوردی است که در سامانه‌های مدل[1] بی‌نظیر است»[۳۷].

تناسب فلزات واسطه

اتم‌هـای فلـز واسـطه از جملـه منگنـز، آهـن، کبالـت، مـس، روی و مولیبدن مجموعه‌ای از خواص ضروری خاص خود دارند که حیات سلول به آن‌ها بستگی دارد. همان‌طور که پیش‌تر ذکر شد، لایه‌ی بیرونی و لایه‌های بعدی و درونی آن‌ها می‌تواننـد حـاوی تعداد متغیری از الکترون باشـند و این بدان معنا اسـت که آن‌ها می‌تواننـد حالت‌هـای گوناگون اکسیداسـیون و میل ترکیبـی متفاوتی برای جذب الکترون‌هـا را بـه نمایـش بگذارند. همان‌طور که دیدیم، این امـر به‌ویژه در آهن و مس باعث می‌شـود آن‌ها بـه عنوان حامل الکترون در زنجیره‌هـای انتقال الکترون عمل کنند.

بـه علاوه، بـه دلیل این‌که آن‌ها حالت‌های اکسیداسـیون متفاوتی دارند، به‌طرز منحصربه‌فـردی بـرای کانال‌سـازی و هدایت الکترون‌ها به سـمت پایین شـیب‌ها در مراحـل ناپیوسـته‌ی تولید انرژی مناسـب‌اند و این امکان را بـرای مهار کارآمد انرژی آزادشده به منظور انجام کارهای شیمیایی فراهم می‌کنند. با وجود این، طی چهارمیلیارد سال، هیچ موجود زنده‌ای نتوانسته است هیچ ترکیب آلی یا اتم فلزی دیگـری را بـرای جای‌گزینی با فلزات واسـطه در زنجیره‌هـای انتقال الکترون پیدا کند و این بدان معنا است که اگر طبیعت چنین فلزاتی را با این ویژگی‌های خاص فراهم نکرده بود، هرگز اسـتخراج کنترل‌شـده و کارآمد انرژی از طریق فرایندهای متابولیکی حاصل نمی‌شد.

فلـزات انتقالـی حـاوی ویژگی دیگری نیز هسـتند کـه مـا آن را «الکترون‌های جفت‌نشـده»[2] می‌نامیـم و ایـن توانایی منحصربه‌فـرد دیگری را بـرای آن‌ها فراهم می‌کند که با آن می‌توانند هر بار یک الکترون اهدا کنند تا اکسیژن را برای واکنش

۱- Model systems، سیستم‌های زیستی خاصی که برای پاسخ‌گویی به پرسش‌های مهم زیست‌شناسی آن‌ها را مورد مطالعه و بررسی قرار می‌دهند.

2. Unpaired electrons

شیمیایی فعال کنند. اهدای یک الکترون در هر بار بر آنچه اصطلاحا «محدودیت چرخش»[1] اتم اکسیژن می‌نامیم (ویژگی منحصربه‌فردی است که واکنش شیمیایی اکسیژن را در دمای‌های محیطی بسیار کاهش می‌دهد) غلبه می‌کند و اتم اکسیژن را برای واکنش شیمیایی آماده می‌کند. به همین دلیل فلزات واسطه و به‌ویژه آهن و مس، همواره در آنزیم‌های درگیر در فعال‌سازی، انتقال و ذخیره‌ی اکسیژن مورد استفاده قرار می‌گیرند[۳۸]. بدون این قابلیت بی‌نظیر در فعال‌سازی و احیای اکسیژن، متابولیسم اکسیداتیو غیرممکن می‌شد یا به بیان ویلیامز، بدون فلزات واسطه‌ای هیچ متابولیسم اکسیداتیوی وجود نداشت.

هموگلوبین

متابولیسم هوازی در موجودات زنده‌ی بزرگی همچون خود ما به انتقال اکسیژن در جریان خون از ریه‌ها به بافت‌هایی که انرژی اکسیداسیون در آن‌ها آزاد می‌شود و برای تولید حامل انرژی شیمیایی، یعنی ATP، استفاده می‌شود، بستگی دارد. مولکول حامل در همه‌ی جانداران پیچیده همواره فلزی انتقالی در یک ترکیب برگشت‌پذیر با اکسیژن است[۳۹]. در خون آبی هشت‌پا اکسیژن به‌طور برگشت‌پذیری به مس در هموسیانین[2] متصل می‌شود، در حالی که در خون قرمز پستانداران اکسیژن به‌طور برگشت‌پذیر به آهن موجود در هموگلوبین متصل می‌شود.

این مشاهدات تجربی به‌طور اساسی به این نکته اشاره دارند که فلزات انتقالی یا واسطه‌ای باید از قابلیت‌های خاصی از تناسب برای پیوند برگشت‌پذیر با اکسیژن برخوردار باشند، وگرنه چه دلیل دیگری برای این امر وجود دارد که طی میلیاردها سال تکامل، هیچ جانداری نتوانسته راهی برای انتقال اکسیژن بدون فلزات انتقالی پیدا کند؟

همان‌طور که می‌دانیم، هموگلوبین نه تنها در پستانداران بلکه در دیگر مهره‌داران نیز یک مولکول حامل است. هموگلوبین یکی از شناخته‌شده‌ترین مولکول‌ها و مواد زیستی است که باعث قرمزشدن خون می‌شود.

---

1. Spin restriction
2. hemocyanin

شکل ۲-۶- زنگ‌زدگی حلقه‌های زنجیر پل گلدن گیت[1] در سانفرانسیسکو[2]

آن‌چه در مورد توانایی آهن برای اتصال ملایم و برگشت‌پذیر با اکسیژن موجود در هموگلوبین عجیب است این است که علی‌رغم موانع جنبشی برای فعال‌سازی اکسیژن که ناشی از محدودیت چرخش است، اکسیژن حتی در دمای محیط نیز به‌آرامی و بسیار قوی و غیرقابل برگشت با دیگر اتم‌ها ترکیب می‌شود. برای مثال، کره می‌تُرشد، آهن زنگ می‌زند و کربن به دی‌اکسیدکربن اکسیده می‌شود.

اما زنگ آهن(Fe_2O_3) به‌راحتی اکسیژن خود را آزاد نمی‌کند مگر آن‌که تا ۱۵۰۰ درجه‌ی سانتیگراد حرارت داده شود. واضح است که وضعیت شیمیایی آهن در زنجیره‌های پل گلدن گیت (پیش از پیوند با اکسیژن) از برخی جهاتی که قابل توجه‌اند، با وضعیت آهن موجود در هموگلوبین تفاوت دارد. یک تفاوت عمده این است که آهن موجود در هموگلوبین «آهن آزاد» نیست بلکه بخشی از یک گروه پورفیرین-آهن یا همان «هِم»[3] در کیسه‌ی آب‌گریزی[4] در مولکول هموگلوبین

---

1. Golden Gate Bridge
2. San Francisco

۳- هم (به فرانسوی: Hème) کوفاکتوری شامل یک اتم آهن (Fe^{++}) است. این اتم در مرکز هِم امکان پذیرش گازیِ دواتمی مانند اکسیژن را می‌دهد که در سیستم اکسیژن‌رسانی در بدن انسان نقش دارد.

4. Hydrophibic Pocke

اســت که در آن آهن با پنج پیوند کئوردینانســی[1] به اتم‌های نیتروژن (چهار پیوند در حلقه‌ی پورفیرین و یک پیوند دیگر در یکی از زنجیره‌های جانبی اسید آمینه‌ی هموگلوبین) متصل می‌شود و یکی برای اتصال با اکسیژن آزاد می‌ماند.

تاثیری که تضعیف پیوندهای کئوردینانســی و فضای بســیار کوچک کیســه‌ی آب‌گریــز ایجــاد می‌کند با این حقیقت آشــکار می‌شــود که آهن مهارشــده در یک کمپلکــس پورفیریــن در خــارج از پروتییــن هموگلوبیــن خودبه‌خــود و به‌طــور برگشــت‌ناپذیر با اکســیژن واکنش نشــان می‌دهد، دقیقا مانند آهن «آزاد» در زنگار زنجیره‌های پل گلدن گیت (شــکل ۲-۶). همان‌طور که نویســندگان کتاب شــیمی معدنی زیستی مطرح کرده‌اند:

> برخلاف هموگلوبین و میوگلوبین (مولکولی که تا حدودی شبیه هموگلوبین و در ماهیچه‌ها است)، بیش‌تر کمپلکس‌های ساده‌ی پورفیرین-آهن (II) که محیط پروتیینی‌ای از آن‌ها محافظت نمی‌کند، به‌طور بی‌بازگشتی با O_2 واکنش نشان می‌دهند و دیمرهای[2] متصل‌شده با اکسیژن را ایجاد می‌کنند[۴۰].

تنظیــم دقیق اتصال اکســیژن بــا این واقعیــت بیش‌تر اثبات می‌شــود که برخی عوامل اضافی مانند سطوح بالای دی‌اکسیدکربن و pH پایین، باعث ایجاد تغییرات شیمیایی ظریفی در هموگلوبین می‌شود که پیوند آهن-اکسیژن را تضعیف کرده و آزادشدن اکسیژن در بافت‌ها را تقویت می‌کند و برعکس، pH بالا یا CO_2 پایین به نفع تقویت اتصال ایجادشده در اکسیژن و اتم آهن است[۴۱].

واضح اســت که پیوندهای کئوردینانســی که آهن با اتم‌های مجاور در کیسه‌ی هموگلوبیــن ایجــاد می‌کنــد، همــراه بــا محیــط شــیمیایی خاصــی که در کیســه‌ی هموگلوبین وجود دارد، قدرت پیوند آهن-اکسیژن را بسیار ضعیف می‌کنند و نیز جای‌گیری برخی زنجیره‌های جانبی اســید آمینه در هموگلوبین بســیار مهم است. آهن موجود در زنجیره‌های پل از چنین شــرکا یا فضاهای بســیار کوچک شیمیایی خاصــی بــرای تضعیف واکنش شــیمیایی‌اش برخوردار نیســت[۴۲]. همان‌طور که ویلیامز خاطرنشان کرده است، مانند بسیاری از موارد دیگر، بسیاری از عملکردهای یون‌های فلزی نمی‌توانند در مواد کاملا غیرآلی ایجاد شوند، مگر این‌که منتظر سنتز شرکای مولکولی آلی‌شان، مانند پورفیرین‌ها، باشند[۴۳].

۱- Coordinate، یا پیوند داتیو.

۲- oxo-bridged dimers، هر گونه ترکیب دوتایی از یک مولکول را دیمر گویند.

همان‌طور که در بالا ذکر شد، آهن و دیگر فلزات واسطه‌ای حاوی الکترون‌های جفت‌نشده هستند[۴۴] که می‌توانند یکی‌یکی به مولکول O_2 منتقل شوند و احیا و فعال‌شدن آن را شروع کنند. پس از آن‌که ششمین پیوند کئوردینانسی باقی‌مانده لیگاند اکسیژن را به آهن متصل کرد، O_2 یک الکترون از آهن می‌گیرد و باعث احیای جزیی آن به رادیکال سوپراکسید O_2^- می‌شود و آهن اکسیده بر جای می‌ماند. این رادیکال سوپراکسید با بار منفی که به‌شدت واکنش‌پذیر است، با آهن که بار مثبت دارد یک کمپلکس تشکیل می‌دهد[۴۵]. جالب این‌جا است که به خاطر همین رادیکال سوپراکسید بسیار واکنشی و ناپایدار است که اکسیژن از هموگلوبین به بافت‌ها منتقل می‌شود و ناپایداری کمپلکس آهن-سوپراکسید، یکی از دلایل ضعف و برگشت‌پذیری آسان پیوند آهن و اکسیژن در هموگلوبین است. همان‌طور که کریچتون اشاره کرده است: ثبات لازم برای سوپراکسید از طریق اتصال هیدروژن به پروتون اسید آمینه‌ی هیستیدین انتهایی فراهم می‌شود[۴۶]. این نمونه‌ی دیگری است که نشان می‌دهد چه‌گونه محیط شیمیایی بسیار کوچک اکسی هموگلوبین را محدود و در این مورد تثبیت می‌کند.

انتقال افزون‌تر الکترون‌ها به $O2^-$ که در دیگر آنزیم‌های هِم-آهن[1]، مانند سیتوکروم p ۴۵۰ و سیتوکروم C اکسیداز رخ می‌دهد، باعث احیای بیش‌تر و تولید رادیکال‌های گوناگون اکسیژن آزاد و بسیار واکنش‌پذیر می‌شود. برای مثال، افزودن الکترون دوم باعث ایجاد پراکسید ($O_2{}^{2-}$) می‌شود که دو پروتون را می‌پذیرد تا H_2O_2 (پراکسید هیدروژن) تولید شود[۴۷]. فرض بر این است که پذیرش یک الکترون اضافی از سوی سوپراکسید در هموگلوبین با اثر تثبیت‌گر[2] هیستیدین انتهایی مهار می‌شود. کایم[3] و همکارانش در این رابطه نوشته‌اند: «هیستیدین به دلیل ماهیت اصلی‌اش که پروتون‌ها را از O_2 کئوردینانس‌شده دور نگه می‌دارد، به عنوان اسید آمینه‌ای انتهایی ارزشمند است». آن‌ها در ادامه این‌طور مطرح کرده‌اند که این نقش محافظتی به تثبیت کمک می‌کند زیرا پروتون‌ها به عنوان رقبای الکترون‌دوست در ارتباط با آهن کئوردینانسی عمل می‌کنند و پیوند آن را با

---

1. Heme-Iron
1. Stabilizing effect
3. Kaim Wolfgang

O_2 ضعیف می‌کنند، بنابراین می‌توان گفت فرایندهای خوداکسایشی زیان‌آور را ترجیح می‌دهند[۴۸]. به علاوه، خود هِم نیز خواص ویژه‌ای دارد که باعث اتصال برگشت‌پذیر و تثبیت رادیکال سوپراکسید می‌شود[۴۹].

با این حال، اتصال برگشت‌پذیری که به دست می‌آید چیزی شبیه معجزه است. به یاد داشته باشید که چه‌طور اکسیژن سفت و سخت به مولکول‌های خارج از هموگلوبین متصل می‌شود؛ برای مثال، به H_2O، CO_2 یا اکسید آهن (Fe_2O_3) فکر کنید. استخراج اکسیژن از این ترکیبات به روش‌ها و فرایندهای فیزیکی و شیمیایی خاصی نیاز دارد، در حالی که اکسیژن موجود در هموگلوبین صرفا به دلیل افت غلظت مولکول‌های O_2 بدون هیچ زحمتی در بافت‌ها آزاد می‌شود. بدون خواص منحصربه‌فرد این عنصر که از مهم‌ترین عناصر فلزات واسطه است، یعنی بدون شیمی کئوردیناسیون[1] و توانایی آغاز احیای اکسیژن، بافت‌های ما که گرسنه‌ی انرژی‌اند نمی‌توانستند اکسیژن مورد نیازشان را دریافت کنند.

سیتوکروم سی اکسیداز[2]

یکی از مهم‌ترین آنزیم‌هایی که از قابلیت‌های فلزات واسطه در کنترل و اداره‌ی اکسیژن استفاده می‌کند سیتوکروم سی اکسیداز است. این عضو انتهایی زنجیره‌ی انتقال الکترون (ETC) در میتوکندری واکنش نهایی و مهم متابولیسم هوازی (اکسیداتیو) را انجام می‌دهد، درگیر انتقال الکترون‌هایی است که به سمت پایین ETC و به سمت اتم‌های O_2 در جریان هستند تا آن‌ها را به آب احیا کنند و به‌طور غافلگیرکننده‌ای در غشای میانی دولایه‌ی چربی موجود در میتوکندری نشسته است. ارل فریدن[3] درباره‌ی اهمیت سیتوکروم C اکسیداز می‌نویسد:

> اگر از بیوشیمی‌دانی بخواهیم مهم‌ترین آنزیم بین تمام شکل‌های حیات را معرفی کند، احتمالا سیتوکروم سی اکسیداز را نام می‌برد. این آنزیم در تمام سلول‌های هوازی یافت می‌شود و اکسیژن را به ماشین‌های اکسیداتیوی وارد می‌کند که انرژی مورد نیاز ما را برای انجام فعالیت‌های فیزیکی و سنتزهای بیوشیمیایی تولید می‌کنند ... این آنزیم را می‌توان رکن پایانی در یک‌پارچه‌کردن عملکرد آهن و مس در سیستم‌های زیستی دانست. این‌جا تنها در یک مولکول، استعداد یون‌های آهن و مس برای اتصال با اکسیژن را با هم ترکیب می‌کنیم، آن را با الکترون‌های دیگر

---

1. coordinate chemistry
2. Cytochrome C Oxidase
3. Earl Frieden

سیتوکروم‌ها در زنجیره‌ی انتقال الکترون کاهش می‌دهیم (احیا می‌کنیم) و نهایتا اکسیژن احیاشده را به آب تبدیل می‌کنیم[۵۰].

الکترون‌های درون مولکول در امتداد سیمی از جنس فلز واسطه، متشکل از اتم‌های متوالیِ آهن و مس، جریان می‌یابند که آن‌ها را به مرکز نهایی کاتالیزوری هدایت می‌کند، یعنی جایی که باعث احیای اکسیژن و تشکیل آب می‌شود[۵۱]. این‌جا می‌توانیم در یک کمپلکس پروتیینی حیاتی، توانایی منحصربه‌فرد فلزات انتقالی (واسطه) را برای کشاندن الکترون‌ها در امتداد یک شیب (گرادیان) انرژی و اهدای ماهرانه و یکی‌یکی الکترون‌ها برای احیای اکسیژن به آب از طریق مجموعه‌ای از واسطه‌ها مشاهده کنیم[۵۲]. بین هزاران جان‌دار گوناگونی که از این آنزیم کلیدی استفاده می‌کنند، هیچ‌یک نتوانسته‌اند فلز یا ترکیبات آلی دیگری برای جای‌گزینی نقش آهن و مس پیدا کنند.

سیتوکروم سی اکسیداز حاوی دو اتم فلزی دیگر، یعنی روی و منیزیم، نیز است که نقش آن‌ها مستقیما به انتقال الکترون‌ها در مولکول یا احیای اکسیژن به آب مربوط نمی‌شود. به نظر می‌رسد عنصر روی بیرون از جایگاه فعال مولکول نقشی ساختاری ایفا کند، در حالی که منیزیم در همان جایگاه فعال، در آزادسازی مولکول‌های آب نقش داشته باشد[۵۳].

بنابراین کار این نانوماشین شگفت‌انگیز، که ساختار اصلی آن از کربن، نیتروژن، اکسیژن، گوگرد و هیدروژن است، به ویژگی‌های منحصربه‌فرد چهار اتم فلزی بستگی دارد: آهن و مس که در عملکرد اصلی آن دخیل هستند و روی و منیزیم که نقش‌های مکمل و حمایتی دارند. به عبارت دیگر، این ماشین اتمی که رکن اصلی و مرکزی حیات است، از خواص فیزیکی و شیمیایی منحصربه‌فرد نُه عنصر از نود و دو عنصر طبیعی بهره می‌برد.

نهایتا لازم به یادآوری است که هموگلوبین و سیتوکروم سی اکسیداز بین فهرست بلندبالای آنزیم‌ها، تنها آنزیم‌هایی هستند که از آهن یا فلز واسطه‌ای دیگری در محل‌های فعالیت خود استفاده می‌کنند.

منگنز

اگر اکسیژن در مقادیر زیاد و آزادانه در اتمسفر در دسترس نباشد، تناسب

خارق‌العاده‌ی فلزات واسطه برای استفاده از انرژی اکسیداسیون هیچ فایده‌ای ندارد. به همین دلیل، طبیعت استعدادهای فلز انتقالی دیگری را به کار گرفته است: منگنز (Mn). منگنز جادویش را در کمپلکس اکسیژن‌ساز (OEC)[1] کلروپلاست به کار می‌گیرد، جایی که آب اکسیدشده و اکسیژن را به جو رها می‌کند و الکترون‌ها و پروتون‌ها را برای سنتز مولکول‌های آلی از CO_2 تولید می‌کند.

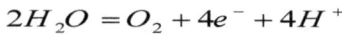

$$2H_2O = O_2 + 4e^- + 4H^+$$

$$4e^- + 4H^+ + CO_2 \rightarrow CH_2O + H_2O$$

در حال حاضر، در نتیجه‌ی پیشرفت‌های اخیر ناشی از به کار گرفتن طیف گسترده‌ای از تکنیک‌های بیوشیمیایی، بیوفیزیکی و زیست‌شناسی مولکولی، نقش دقیق اتم‌های منگنز درکمپلکس اکسیژن‌ساز OEC به‌خوبی در حال درک است[۵۴]. در قلب OEC خوشه‌ای کاتالیزوری وجود دارد که شامل چهار اتم منگنز و یک اتم کلسیم است. کریچتون می‌گوید: «گرچه ساختار دقیق خوشه‌ی Mn_4Ca هنوز به‌طور دقیق مشخص نیست، ظاهرا زمینه را به منظور توسعه‌ی مکانیسم‌های شیمیایی برای اکسیداسیون آب و تشکیل دی‌اکسیژن[2] فراهم می‌کند»[۵۵]

و حتی اگر جزییات دقیق در مورد این‌که چه‌گونه خوشه‌ی اتم‌های منگنز می‌تواند معجزه‌ی اکسیداسیون آب و آزادسازی اکسیژن در اتمسفر را مدیریت کند شناخته نشده باشد، یک چیز روشن است و آن این است که نزدیک به چهارمیلیارد سال است هیچ مکانیسم دیگری برای اکسیداسیون آب و آزادسازی اکسیژن به وجود نیامده است. اساسا سیستم تولید اکسیژن در همه‌ی جان‌داران فتوسنتزکننده‌ی اکسیژنی[3]، از درختان غول‌پیکر سکویا گرفته تا جلبک‌های سبز-آبی (سیانوباکتری‌ها)، یک‌سان است. تمام موجودات فتوسنتزکننده‌ی اکسیژنی از چهار اتم منگنز و یک اتم کلسیم در OEC استفاده می‌کنند. در واقع، به نظر می‌رسد مکانیسم مبتنی بر منگنز تنها یک‌بار در طول تاریخ حیات روی زمین به وجود آمده است[۵۶]. چنین نتیجه‌ای منطبق با این فرضیه است که تولید اکسیژن وابسته به خواص منحصربه‌فرد اتم منگنز است.

۱- Oxygen – Evolving Complex یا water- Splitting یا شکافت آب، عبارتی کلی برای همه‌ی واکنش‌هایی که منجر به تجزیه‌ی مولکول آب به دو عنصر اکسیژن و هیدروژن می‌شوند.

2. dioxygen

3. Oxygenic Photosynthetic

روی (Zinc)

اگرچه روی (Zn) شبیه برخی فلزت واسطه است، نه به عنوان فلز واسطه بلکه به عنوان اسید لویس[1] طبقه‌بندی می‌شود (یعنی عنصر شیمیایی‌ای که یک اوربیتال خالی دارد و می‌تواند یک‌جفت الکترون از ترکیب یا مولکول‌دهنده‌ی دیگری دریافت کند). تقریبا حدود سه گرم روی در یک انسان بالغ وجود دارد که عمده‌ی آن درون‌سلولی است[۵۷]. روی برای تمام اشکال حیات ضروری است[۵۸] و در بیش از سیصد آنزیم موجود در هر یک از رده‌های زیربنایی و اصلی، از قبیل اکسیدوردوکتازها، ترانسفرازها، هیدرولازها، لیزازها، ایزومرازها و لیگازها، نقش دارد. تمام این نقش‌ها نیز به خواص ویژه‌ای از اتم روی بستگی دارد[۵۹].

گرچه روی برای تمام انواع سلول‌های موجود در کره‌ی زمین ضروری است، آنزیمی که از آن در محل فعال خود استفاده می‌کند و به‌طرز ویژه‌ای برای حیات هوازی روی زمین ضروری و حیاتی است، کربنیک آنیدراز[2] (CA) است. این آنزیم CO_2 (محصول نهایی متابولیسم اکسیداتیو) را در بافت‌ها به بی‌کربنات (H_2CO_3) تبدیل کرده و بی‌کربنات را در ریه‌ها به CO_2 تبدیل می‌کند.

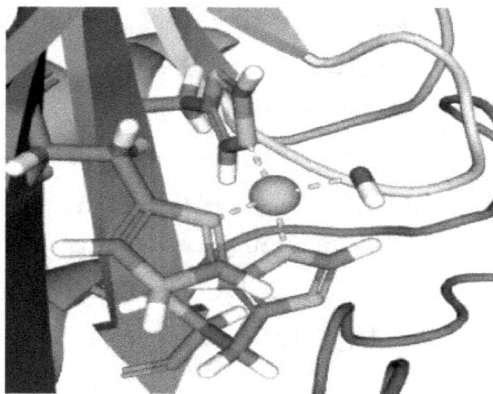

شکل ۳-۶- کربنیک آنیدراز (II) انسانی

$$CO_2 + H_2O = H_2CO_3 \rightarrow CO_2 + H_2O$$

در بافت‌ها _ در ریه‌ها

---

1. Lewis acid
2. carbonic anhydrase

کربنیـک آنیـدراز به تنظیم و تعدیل مایعات و pH نیز کمک می‌کند و در تولید اسید حیاتی معده نقش دارد. این آنزیم در بینایی نیز نقش دارد. اگر نقصی در این مورد وجود داشته باشد، مایعات افزایش پیدا می‌کنند و گلوکوم[1] ایجاد می‌شود. این آنزیم یکی از سـریع‌ترین آنزیم‌های شناخته‌شـده است که تا یک‌میلیون واکنش در ثانیه را کاتالیز می‌کند[۶۰].

آیا ممکن است روی برای این واکنش ضروری باشد؟ شواهد تکاملی به‌شدت حاکی از آن هستند که این احتمال وجود دارد. انواع گوناگونی از کربنیک آنیدراز وجود دارد که توالی اسـیدهای آمینه‌شـان هیچ شـباهتی به هم ندارند و این نشـان می‌دهـد این آنزیـم در طول تاریخ حیات چندین‌بار به‌طور مسـتقل به وجود آمده اسـت اما تقریبا همه جایگاه فعال مشـابهی دارند که حاوی روی متصل‌شده به سه اتم نیتروژن در سه اسید آمینه‌ی هیستیدین موجود در پروتیین است.

سال ۲۰۰۸ کشف شد یک جان‌دار تک‌سلولی دریایی می‌تواند در شرایط خاص از کادمیوم (Cd) به جای روی استفاده کند. این کشف نشان می‌دهد استفاده از روی در کربنیک آنیدراز منحصربه‌فرد نیست[۶۱]. از طرفی این کشف آن‌چنان که به نظر می‌رسد کشفی بنیادی نیست چون کادمیوم همولوگ روی در دوره‌ی پنجم جدول تناوبـی اسـت. گرچه این کشـف در حد مختصری بر درک ما تاثیـر می‌گذارد، در واقع نتیجه به تایید این ادعا تمایل دارد که عملکردهای زیستی خاص به یون‌های فلزی خاصی بسـتگی دارند. نخسـت به این دلیل که طی تکامل چندین‌بار جایگاه اصلی و فعال یک‌سـانی[2] به دسـت آمده اسـت و از سـوی دیگر، علی‌رغم این‌که روی و کادمیوم در برخی محیط‌ها بسیار نادر هستند، باز هم طی میلیاردها سال از تکامل هیچ جان‌داری از گزینه‌های جای‌گزینی برای روی یا کادمیوم استفاده نکرده اسـت. این امر این مفهوم را می‌رسـاند که تنها روی یا همولوگ (مشـابه) نزدیک بـه آن می‌تواند چنیـن واکنش خاصی را با چنین کارایی خارق‌العاده‌ای انجام دهد. واکنشی که ما را قادر می‌سازد در هر تنفس از شر صدمیلیون تریلیون مولکول CO_2 خلاص شویم[۶۲].

۱- Glaucoma، آب سیاه.

2. Active Site

پیـش از آن‌کـه به آخریـن فلز این فصل از کتـاب بپردازیم، آن‌چه مطرح شـد را این‌طـور خلاصه می‌کنیم: فلز منگنز به ما اکسـیژن می‌دهـد. دو فلز دیگر، یعنی آهـن و روی، زنجیره‌هـای انتقال الکترون و پمپـاژ پروتون و ATP را در اختیارمان می‌گذارند. اکسیداسیون هیدروکربن‌ها در میتوکندری‌ها به ما CO_2 و H_2O می‌دهند و اگر قرار باشـد CO_2 در ریه‌ها از بدن دفع شـود، به اتم فلزی دیگری به نام روی نیاز دارد. همه‌ی این‌ها در کنار هم شواهد قدرتمندی از تناسب از پیش تعیین‌شده و شگفت‌انگیزی که برای حیات هوازی در طبیعت فراهم شده است ارایه می‌کنند.

مولیبدن

فلـز واسـطه‌ی دیگری که برای حیات لازم اسـت و مـاده‌ی مغذی ضروری‌ای در رژیم غذایی انسـان محسـوب می‌شـود، مولیبدن (MO) اسـت. این عنصر در چهار آنزیم مهم بدن ما وجود دارد: سـولفیت اکسـیداز[1]، آلدهید اکسیداز[2]، گزانتین اکسـیداز[3] و آمیدوکسـیم ردوکتاز میتوکندریایی[4]. افرادی که بـه اندازه‌ی کافی این عنصر را دریافت نمی‌کنند دچار عوارض جانبی بسیاری می‌شوند[۶۳].

مولیبـدن در فعالیتـی حیاتی نیز نقش ایفا می‌کند که تمـام حیات موجود روی کره‌ی زمین به آن فعالیت وابسـته اسـت و آن تثبیت نیتروژن اسـت. این فرایند را آنزیـم نیتروژنـاز انجام می‌دهد که احیای نیتـروژن به آمونیاک را کاتالیز می‌کند. در واقـع، از ابتدا تمام نیتروژن مورد اسـتفاده‌ی موجـودات زنده را عملکرد این آنزیم حیاتی به دام می‌اندازد.

نیتروژنـاز با شکسـتن پیوند سـه‌گانه‌ی N کـه دو اتم نیتـروژن را به هم متصل می‌کند، باعث احیای (کاهش) نیتروژن به آمونیاک NH_3 می‌شود و نیتروژن اتمسفر (N_2) را تثبیت می‌کند. آمونیاک ترکیبی است که اتم نیتروژن با آن وارد حوزه‌ی آلی می‌شود. این واکنش بسیار وابسته به انرژی[5] است[۶۴].

---

1. sulfite oxidase
2. aldehyde oxidase
3. xanthine oxidase
4. mitochondrial amidoxime reductase
5. Energy- Dependent

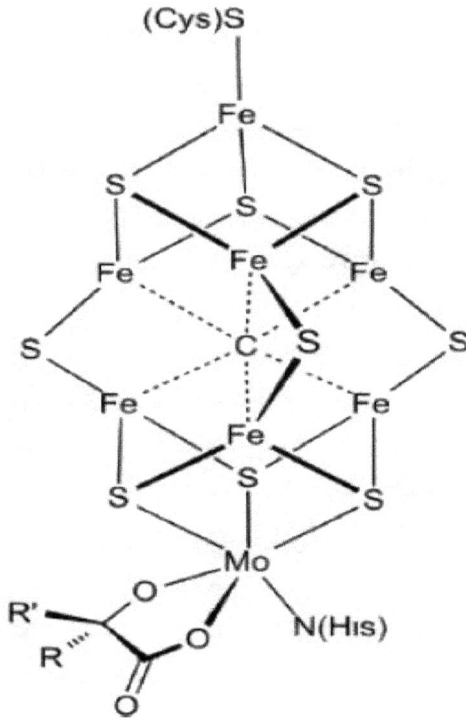

شکل ۴-۶- کوفاکتور MoFe در پروتیین MoFe

نیتروژنــاز از دو زیرواحــد پروتیینی تشــکیل شــده اســت کــه به ترتیب شــامل پروتیین MoFe و پروتیین Fe هسـتند. همان‌طور کـه از نام نخسـتین پروتیین پیدا اسـت، این پروتیین حاوی مولیبدن و آهن اسـت، در حالی کـه دومی تنها آهن دارد. اما نیتروژنازهای جای‌گزینی هم وجود دارند. در شرایطی که سطح مولیبدن پایین باشـد، نیتروژنـازی کـه به جـای Mo از وانادیـوم (V و همولـوگ نزدیک Mo در دوره‌ی چهارم از جدول عناصر) استفاده می‌کند سنتز می‌شود و وقتی غلظت Mo و V پاییـن اسـت، نیتروژنازی که در آن آهن جای‌گزین Mo و V شـده است سنتز می‌شود. MoFe بسیار پیچیده و دارای هشت اتم فلز (هفت اتم آهن و معمولا یک اتم مولیبدن) به اضافه‌ی هفت اتم گوگرد است.

کریچتون می‌پرسد چرا طبیعت برای تثبیت نیتروژن از چنین روش کاملا پیچیده‌ای برای گردآوری و کنار هم گذاشتن چند عنصر استفاده می‌کند. ممکن است بتوان مسیر ساده‌تری را در نظر گرفت اما با این حال آن‌چه می‌بینیم چیست؟ علی‌رغم بیش از یک‌میلیارد سال، فشارهای تکاملی چنین سامانه‌ی پیچیده‌ای از نیتروژناز را که مبتنی بر کوفاکتور است حفظ کرده و در واقع حتی می‌توان تصور کرد نیتروژنازهای جای‌گزین نیز حاصل تغییرات جزیی در کوفاکتور باشند که در آن‌ها V یا Fe جای‌گزین Mo شده‌اند[۶۵]. کریچتون خاطرنشان کرده است که ظاهرا تمام این اتم‌های فلزی مورد نیازند و تا به امروز کسی نتوانسته راهی برای ساده‌سازی این سیستم پیدا کند[۶۶].

این نیز مدرک قانع‌کننده‌ی دیگری است مبنی بر این‌که فلزات خاصی (برای مثال، در این مورد فلزات مولیبدن، آهن و وانادیوم) ضروری‌اند و به‌طور منحصربه‌فردی متناسب شده‌اند تا بتوانند واکنش بسیار خاصی را که برای کل حیات موجود روی زمین واجب و تعیین‌کننده است فراهم کنند. فقدان هر یک از این‌ها به‌شدت نشان‌دهنده‌ی این است که فرایندهای حیاتی‌ای که نیتروژن از طریق آن‌ها وارد بیوسفر می‌شود کاملا به ویژگی‌های خاص نیتروژناز و مکمل اتم‌های فلزی آن بستگی دارد.

گران‌بهاترین فلزات

وقتی صحبت از فلزات گران‌بها می‌شود معمولا منظورمان فلزاتی همچون طلا و نقره است. اما حیات بیش‌ترین وابستگی را به چند عنصر نسبتا رایج و مقرون به‌صرفه دارد. معجزه‌ی سلول در این نکته نهفته است که این اتم‌های فلزی گوناگون خواص فیزیکی و شیمیایی متفاوت و بسیار خاصی دارند. گرچه از نظر تنوع به پای خواص غیرفلزات نمی‌رسند، به اندازه‌ی کافی با هم متفاوت‌اند (در ابعاد یونی، پتانسیل‌های ردوکس، شیمی کئوردینانسی و غیره) تا بتوان خواص منحصربه‌فردی را که برای اهداف بیوشیمیایی بسیار خاصی مورد بهره‌برداری قرار می‌گیرند، برای‌شان در نظر گرفت. از جمله‌ی این اهداف می‌توان موارد زیر را برشمرد: فعال‌کردن ATP، تشکیل سیم‌های هادی الکترون در کلروپلاست‌ها، میتوکندری‌ها و غشای سلول‌های باکتریایی، حمل بار الکتریکی از میان غشای سلولی با سرعت

بالا و عملکرد به عنوان کوفاکتورهای حیاتی در آنزیم‌های گوناگون.

شواهد تجربی به‌خودی‌خود گویای این مطلب هستند. اتم‌های فلزی خاص طی چندین میلیارد سال عملکرد سلولی یکسانی داشته‌اند. با توجه به محیط‌های متنوع و شگفت‌انگیزی که از این فلزات در آن‌ها بهره‌برداری شده است، برای مثال، از سوی میکروب‌های سختی‌دوست گوناگون[۶۷] در دماهای ۱۲۰ درجه‌ی سانتیگراد، محیط‌های اسیدی با pH کم‌تر از یک، محیط‌های قلیایی با pH ۱۰/۵ و محلول‌های نمکی بسیار غلیظ که ده برابر شورتر از آب دریا هستند، و این واقعیت که نقش فلزات در تمام این جانداران یکسان است، تناسب خاص این اتم‌ها برای عملکردهای بسیار خاص سلولی امری بدیهی است. بدون این فلزات احتمالا تنها نوعی بسیار ابتدایی از حیات مبتنی بر کربن پدید می‌آمد و قطعا حیات غنی و پیچیده‌ای مانند آن‌چه در حال حاضر وجود دارد بسیار بعید و غیرممکن بود.

تمام اشکال حیات روی زمین از فلزات واسطه در زنجیره‌های انتقال الکترون (ETC) استفاده می‌کنند که ظاهرا جزء لاینفک حیات هستند. طی چهارمیلیارد سال تکامل، از هنگامی که نخستین جلبک‌های سبز-آبی تولید سرنوشت‌ساز خود را برای تعداد زیادی از تبارهای گوناگون آغاز کردند، بارها و بارها برای ساخت ETCها فلزات واسطه‌ی یکسانی را انتخاب کرده‌اند. بهترین توضیح برای این اتفاق این است که هیچ عنصر دیگری یا هیچ نوع ترکیب آلی دیگری نمی‌توانست جای‌گزین فلزات واسطه برای این عملکرد باشد.

یکی از نکات جالب توجه برای ما تناسب خاص فلزات واسطه برای عملکردهای منحصربه‌فردی است که موجودات پیشرفته‌ای همچون ما به آن‌ها وابسته‌اند. عملکردهایی از قبیل تناسب منیزیم برای جذب نور در فتوسنتز، تناسب آهن و مس در انتقال و فعال‌سازی اکسیژن، تناسب روی برای عملکرد کربنیک آنیدراز و در نتیجه برای دفع CO_2. البته، اتم‌های بسیار متحرک سدیم و پتاسیم نیز به‌طرز منحصربه‌فردی برای ایجاد پتانسیل‌های غشا که انتقال تکانه‌های عصبی را ممکن می‌کنند کاملا مناسب هستند. بدون آن‌ها هیچ سیستم عصبی مرکزی‌ای وجود نداشت و قطعا هیچ موجود هوشمند مبتنی بر کربنی مانند انسان به وجود نمی‌آمد.

سبک زندگی ما به عنوان حیاتِ تشنه‌ی اکسیژن کاملا وابسته به خواص اتم‌های فلزی موجود در مرکز جدول تناوبی است. در پایان باید گفت حق با ویلیامز بود که می‌گفت فلزات برای زیست‌شناسی درست به اندازه‌ی DNA و پروتیین‌ها حیاتی و مهم هستند[۶۸].

فصل هفتم

◇

ماتریس

آب مهم‌ترین مایع برای موجودیت و هستی ما است و نقش مهمی در فیزیک، شیمی، زیست‌شناسی و زمین‌شناسی ایفا می‌کند. چیزی که آب را منحصربه‌فرد می‌کند نه تنها اهمیت آن بلکه رفتار غیرعادی بسیاری از خواص ماکروسکوپی (قابل رویت) آن است... اگر آب چنین رفتار غیرعادی‌ای نداشت، ممکن نبود حیات بتواند روی زمین گسترش پیدا کند.

آندرس نیلسون[1] و لارس جی. ام پترسون[2][۱]

تماشـای گلبول سفید (لوکوسیت) بسیار کوچکی که باکتری را تعقیب می‌کند و در فصل نخسـت به ویدیو آن اشاره شد، تاثیر مجاب‌کننده‌ای بر بیننده دارد[۲]. لوکوسیت عطر و بوی شیمیایی باکتری را حس می‌کند و به دنبال بوی باکتری در جهتی خاص در امتداد شیبی شیمیایی می‌خزد و این کار را در حالی انجام می‌دهد کـه دایما چسبندگی‌های انتخابـی و گذرایی بـا هدف خود ایجاد می‌کند. چنین مهارت‌هایی همیشـه قابل توجه‌اند اما چشـم‌گیرترین کاربرد آن‌ها را در معجزه‌ی رویان‌شناسی می‌بینیم.

در جنین تنها یک سلول نیست که به سـمت هدف خاصی در حرکت است بلکه میلیون‌ها سـلول به سـمت اهداف خاصی در کلایدوسکوپ[3] دایم‌التغییری از سلول‌های گوناگون جنینی و سیگنال‌های شیمیایی حرکت می‌کنند و هر سلول از

---

1. Anders Nilsson
2. Lars G.M. Pettersson

۳- زیبابین، وسیله‌ای شامل لوله‌ای از آینه‌ها و اشیای رنگی، تیله‌ها، خرده‌شیشه و تکه‌کاغذ که بازتاب نور به آن‌ها باعث می‌شود الگوهای رنگارنگی پدید آید.

برنامه‌ی حرکات به‌دقت طراحی‌شده‌ای پیروی می‌کند؛ برنامه‌ای که زمان بیان ژن و ترتیب منحصربه‌فرد تغییر شکل سلول و پروتیین‌های سطح سلول و خواص چسبندگی موجود در سلول‌های گوناگون در مناطق گوناگون جنین را مدیریت می‌کند.

سلول‌ها در حالی که داخل رویان (نوجنین) می‌خزند و در لحظات دقیق و در مکان‌های دقیقی از رویانِ در حال رشد به شرکای مقررشده‌ی خود می‌چسبند، دایما سیگنال‌های شیمیایی و فیزیکی را از توده‌ی سلول‌هایی که اطراف‌شان هستند می‌گیرند؛ سیگنال‌هایی که تمام حالت‌ها و وضعیت‌های فعالیت مولکولی و ژنتیکی را داخل تک‌تک سلول‌ها هدایت می‌کنند. این فعالیت‌ها شامل بیان به‌دقت زمان‌بندی‌شده‌ی مجموعه‌ی خاصی از ژن‌ها، حرکات به‌زیبایی مرتب‌شده‌ی رشته‌های اکتین، موتورهای مولکولی و میکروتوبول‌هایی (ریزلوله‌ها) است که با هم کار می‌کنند تا تغییرات مستمری در ساختار سلول‌ها ایجاد شود و در زمان و مکان دیگری به گلبول قرمز و در زمان و مکان دیگری به لوکوسیت و به همین ترتیب در زمان و مکان دیگری به گیرنده‌ی نوری تبدیل شوند.

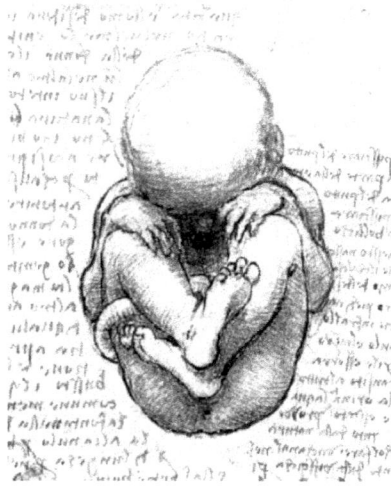

شکل ۱-۷- نقاشی لئوناردو داوینچی[1] از جنین درون رحم

1. Leonardo da Vinci's

به‌سختی می‌توان پدیده‌ی مادی‌ای را در ذهن مجسم کرد که از رشد و نمو جنین پیچیده‌تر باشد و مانند آن مستلزم یک‌پارچگی و به‌هم‌پیوستگی هزاران رویداد به‌دقت هماهنگ‌شده باشد. کلیت این پدیده ورای حد درک است و شامل بی‌نهایت تغییرات ظریف و به‌دقت طراحی‌شده در معماری و ساختار و شکل سلول‌ها در بخش‌های گوناگون جنین است؛ از جمله تعداد بی‌شماری از تقسیمات سلولی دقیقا تنظیم‌شده، به‌ویژه در مراحل اولیه‌ی جنین‌زایی، تنوع کثیری از حرکات سلولی نوپدید و مورفولوژی سلولی، ایجاد و تنظیم تمام وضعیت‌های شیب‌های انتشار و برنامه‌نویسی انواع بی‌شمار سلول‌ها برای خواندن موقعیت دقیق آن‌ها در این شیب‌ها در زمان‌های دقیقا از پیش تعیین‌شده.

رشد و نمو جنین با آرایش کامل و انبوه سرسام‌آوری از سلول‌هایی که دایما در حال تغییر شکل هستند به‌مراتب پیچیده‌ترین پدیده‌ی روی زمین است که در آن هر سلول راه منحصربه‌فرد خود را از طریق شبکه‌ی جنینی پویا و پرجنب‌وجوش و در عین حال به‌دقت تنظیم و مرتب‌شده‌ای از ماده‌ی سلولی پیدا می‌کند، همسایگان خود را در جست‌وجوی سرنخ‌های مکانی و زمانی لمس و احساس می‌کند و مطیعانه در پاسخ به آن‌ها وضعیت شیمیایی، ژنتیکی و فیزیکی خود را تغییر می‌دهد. این پدیده از نظر مراتب بزرگی، بسیار پیچیده‌تر از مونتاژ پیچیده‌ترین مصنوعات بشری است که تاکنون ساخته شده است.

در واقع رویانِ در حال رشد پدیده‌ای فراتر از هر چیز دیگری در قلمرو تجربه‌های عالی یا خارق‌العاده‌ی ما است. تعداد بی‌حد و حصر و غیرقابل تصوری از سرنخ‌های مولکولی مکانی و زمانی و پاسخ‌های ژنتیکی که مورد استفاده و بهره‌برداری این تعداد بی‌شمار از نانوبوت‌های[1] شناور در اقیانوس جنینی قرار می‌گیرند، به‌مراتب بیش از همه‌ی نقشه‌ها، نمودارها و دستگاه‌هایی است که تمام دریانوردانی که تاکنون اقیانوس‌های زمین را پیموده‌اند استفاده کرده‌اند. هیچ دستگاه بشری‌ای که تا به امروز ساخته شده و هیچ‌یک از طرح‌های ترسیم‌شده، حتی جاه‌طلبانه‌ترین و دوراندیشانه‌ترین طرح‌های پیش‌گامان فناوری نانو نیز از لحاظ پیچیدگی ابدا به پای جنین در حال رشد نمی‌رسند.

یکی از کلیدهای این معجزه مجموعه‌ی دیگری از تناسب‌های موجود در

1. nanobots

طبیعت است. این مجموعه از خواص منحصربه‌فرد آشناترین و در عین حال قابل توجه‌ترین مایع، یعنی آب، ناشی می‌شود. آلبرت سنت گیورگی[1] به‌خوبی چنین اظهار نظر کرده است: «آب در هر وضعیتی ماده‌ی اصلی طبیعت جان‌دار است. آب گهواره‌ی حیات، مادر حیات و واسطه‌ی حیات است. آب ماده و ماتریس ما است»[۳].

در فصل‌های اول برخی خصوصیات منحصربه‌فرد آب که برای عملکرد سلول‌ها ضروری‌اند ذکر شد. در ادامه به چندین مورد از آن‌ها و نیز مواردی دیگر، با شرح و جزییات بیش‌تری می‌پردازیم[۴].

ویسکوزیته (چسبندگی)

یکی از خواص آب که تا این‌جا در این کتاب به آن اشاره نشده و در عملکرد تمام سلول‌های مبتنی بر کربن از اهمیت اساسی‌ای برخوردار است اما به‌ویژه در عملکرد سلول‌های بزرگ و پیچیده‌ی موجود در جان‌داران پر سلولی پیشرفته‌ای همچون خود ما (و جنین‌ها) نقش دارد، ویسکوزیته‌ی آن است. ویسکوزیته‌ی آب دو پارامتر مهم را تعیین می‌کند. یکی از آن‌ها سرعت انتشار اجزای حل‌شده‌ای مانند اکسیژن و مواد مغذی موجود در محلول‌های آبی است و دومین مورد، کشش ویسکوز[2] یا همان مقاومت ایجادشده در حرکت یک جسم در مایع است (مانند حرکت یک قاشق در عسل). سرعت انتشار با ویسکوزیته‌ی مایع نسبت معکوس دارد (همان‌طور که معادله‌ی استوکس–اینشتین، $D = k/m$، که در آن D سرعت انتشار، k مقدار ثابت و m ویسکوزیته است، نشان داده است[۵])، در حالی که کشش ویسکوز با ویسکوزیته مستقیما در تناسب است[۶]. همان‌طور که خواهیم دید، اگر ویسکوزیته‌ی آب به مقدار کنونی آن بسیار نزدیک نبود، نه جنینی وجود داشت نه جان‌دار پر سلولی و نه سلول‌هایی که قادر به خزیدن باشند و استعدادهای تغییر شکل لوکوسیت‌ها و دیگر عموزادگان جنینی را داشته باشند.

---

1. Albert Szent- Gyorgyi

۲- Viscous Drag، گِران‌رَوی یا ناروانی عبارت است از مقاومت یک سیال در برابر اعمال تنش برشی. به تعریفی دیگر، مقاومت اصطکاکی یک مایع یا گاز را در برابر شارش یا لغزیدن لایه‌ها، هنگامی که تحت تنش برشی قرار گیرد، گِران‌رَوی می‌گویند. نام‌های دیگر گران‌روی عبارت است از: چسبناکی، وُشکسانی (وشک در فارسی به معنی صمغ است)، ویسکوزیته و لِزْجَت.

انتشار

همه‌ی سلول‌ها نمی‌توانند مانند لوکوسیت یا سلول‌های رویان بخزند یا تغییر شکل دهند. بسیاری از سلول‌ها، از جمله سلول‌های گیاهان و قارچ‌ها، در یک دیواره‌ی سلولی سفت و سخت محصور شده‌اند و قادر به خزیدن یا تغییر شکل نیستند. سلول‌های باکتریایی می‌توانند با استفاده از تاژک حرکت کنند اما نمی‌توانند مانند لوکوسیت‌ها بخزند یا مانند آن‌ها مجموعه‌ی بی‌پایانی از ریخت‌های گوناگون را بپذیرند. تنها سلول‌هایی که غشای سلولی تشکیل‌شده از چربی دولایه، که به‌طور قابل توجهی تغییر شکل‌پذیر است، آن‌ها را محصور کرده، می‌توانند بخزند، تغییر شکل دهند و از این دو مهارت برای ساخت جنین استفاده کنند.

فقدان دیواره‌ی سلولی سفت و سخت تنها عاملی نیست که سلول را مانند لوکوسیت قادر به خزیدن و تغییر شکل می‌کند. تحرک و تغییر شکل سلول به مجموعه‌ای از موتورهای مولکولی سیتوپلاسمی تخصصی‌شده و دیگر اجزای بزرگ‌مولکولی نیز بستگی دارد. پیچیدگی خارق‌العاده‌ی آن‌ها در بسیاری از متون علمی شرح داده شده است[۷]. بیش‌تر سلول‌های باکتریایی برای این‌که بتوانند حاوی چنین مجموعه‌ای از اجزای تشکیل‌دهنده‌ی اسکلتی باشند بیش از حد کوچک هستند. برای مثال، ممکن است سلول باکتریایی **E.coli** تنها دومیلیون پروتیین داشته باشد[۸] که با بسیاری از سلول‌های انسانی که حاوی چندین میلیارد مولکول پروتیین[۹]، چندین میلیون واحد اکتین (که برای ایجاد رشته‌های اکتین به هم متصل[۱] می‌شوند) و حدود یک‌میلیون موتور میوزین (تامین‌کننده‌ی نیروی انقباضی در خزیدن) هستند، قابل مقایسه نیست[۱۰].

بیش‌ترین قطر ممکن سلول‌ها با یک پارامتر اساسی فیزیکی محدود می‌شود و آن سرعت انتشار مولکول‌ها در آب است. انتشار در فواصل کوتاه بسیار سریع و موثر است اما در فواصل طولانی به‌مرور کند و ناکارآمد می‌شود یا به بیان دقیق‌تر می‌توان گفت زمان انتشار با مجذور (توان دوم) فاصله‌ی انتشار افزایش می‌یابد. بنابراین، همان‌طور که نات اشمیت نیلسن[۲] توضیح می‌دهد، اگر بخواهیم افزایش

۱- Polimerize، یا بسپارس که در آن مولکول‌های کوچک و ساده یا همان مونومرها با یکدیگر پیوند برقرار کرده و مولکول بزرگ با جرم مولکولی بیش‌تری را به وجود می‌آورند.

2. Knut Schmidt Nielsen

گام به گام در اکسیژن را در نقطه‌ی مشخصی ایجاد کنیم، اکسیژن یک میکرون در هر ده‌هزارم ثانیه منتشر می‌شود اما اکسیژن برای طی مسیری ده برابری به صد برابر این زمان نیاز دارد. بنابراین، فاصله‌ی انتشار متوسط ده میکرون (که فاصله‌ی بین برخی سلول‌ها است) حدود یک‌صدم ثانیه، یک میلی‌متر حدود صد ثانیه، ده میلی‌متر حدود سه ساعت و یک متر حدود سه سال طول می‌کشد[۱۱].

از آن‌جا که زمان انتشار با مجذور فاصله‌ی انتشار افزایش می‌یابد و حجم‌ها با مکعب (توان سوم) قطر کره افزایش می‌یابند، می‌توان نتیجه گرفت که اگر سرعت انتشار در آب کندتر از حد کنونی بود (یعنی به کندی آن‌چه در بسیاری از مایعات دیگر است)، برای استفاده از اکسیژن و مواد مغذی با همین سرعت موجود در سلول‌های بدن‌مان یا در سلول‌های رویان که از آن‌ها استفاده می‌کنند، می‌بایست از سایز سلول‌ها به اندازه‌ی قابل توجهی کاسته می‌شد. برای مثال، اگر سرعت انتشار ده برابر کم‌تر از سرعت کنونی بود، برای حفظ همان میزان مصرف اکسیژن می‌بایست حجم سلول کروی جمع‌وجورتر، منقبض و هزاربار کم‌تر می‌شد. اگر سرعت انتشار صدبار کم‌تر از میزان کنونی بود، همین سلول باید باز هم جمع‌وجورتر می‌شد و یک‌میلیون‌بار تا می‌خورد تا مصرف اکسیژن به همان میزان حفظ شود. در هر دو مورد قطعا بسیار کوچک می‌شد و نمی‌توانست حاوی اجزای اسکلتی پیچیده‌ای باشد که آن را قادر به خزیدن یا دیگر توانایی‌هایی کند که سلول‌ها برای ایجاد جنین نیاز دارند.

همچنین از آن‌جا که مناطق سطحی چنین سلول‌های فرضی خردی صد تا ده‌هزار برابر کم‌تر می‌شد، تعداد و تنوع کلی مولکول‌های چسبنده‌ی سطح سلولی نیز بسیار کاهش می‌یافت. چنین سلول‌های خردی به‌ندرت قادر به ایجاد آرایه‌های پیچیده‌ی ریزبرآمدگی‌ها[1] یا رشته‌پاییان (Filipods که در فصل چهارم ذکر شد) می‌شدند که از طریق این آرایه‌ها و زواید بتوانند سیگنال‌های شیمیایی موجود در محیط را شناسایی و چسبندگی سلول-سلول یا سلول-ماتریس را آغاز کنند[۱۲]. این توانایی‌ها برای مسیریابی یا نورون‌های پیش‌گام در سیستم عصبی در حال رشد بسیار مهم و ضروری است[۱۳].

خلاصه این‌که وجود سلول‌هایی که به اندازه‌ی کافی برای خزیدن و تغییر شکل

1. micro-protrusions

بزرگ باشند به سرعت انتشار اکسیژن و دیگر املاح موجود در آب بستگی دارد و نباید به‌طور قابل توجهی کم‌تر از میزان کنونی باشد. اگر سرعت انتشار به‌طور قابل ملاحظـه‌ای کم‌تر از میزان کنونی بود، سـلول‌های هـوازی فعال و به اندازه‌ی کافی بزرگی که بتوانند حاوی ماشین‌آلات مولکولی برای خزیدن و تغییر شکل پیدا کردن باشند هرگز پدید نمی‌آمدند.

کشش ویسکوز[1]

به دلیل محدودیت‌های انتشـار، سـلول‌های هوازی در موجودات پیچیده‌ی پر سـلولی، از جمله رویان‌ها، به مجموعه‌ای از لوله‌های باریک (مویرگ‌هایی به قطر حـدود پنـج میکرون) نیـاز دارند تا در تمام بافت‌هـا و اندام‌های موجود زنده نفوذ کنند. آن‌ها حامل خون غنی‌شده با اکسیژن هستند که از طریق انتشار، اکسیژن کافی بـرای تامیـن نیازهای انرژی این موجودات را فراهم می‌کنند. برای مثال، بافت‌های پستان‌داران با هزار مویرگ در هر میکرو مربع قابل نفوذ شده است[۱۴]، به‌طوری کـه بیش‌تـر مویرگ‌ها حدود چهل میکرون از هم فاصلـه دارند و فاصله‌ی بیش‌تر سلول‌های بافتی از مویرگ‌ها بین یک تا سه سلول است[۱۵].

طراحی بسـتر مویرگی را کشـش ویسکوز، که پارامتر فیزیکی دیگری ناشی از ویسـکوزیته اسـت، محدود می‌کند. فشار (P) مورد نیاز برای پمپ‌کردن یک سیال از طریـق یـک لوله با ویسـکوزیته‌ی سـیال (m) افزایش می‌یابـد[۱۶] چون هرچه ویسـکوزیته بیش‌تر باشد، کشش ویسـکوز بیش‌تر می‌شود. درست مانند دشواری مکیدن و بالاکشیدن عسل از نی، در مقایسه با سیالی که مانند آب ویسکوز بسیار کم‌تری دارد.

اگر ویسـکوزیته‌ی خون (که عمدتا با ویسـکوزیته‌ی آب تعیین می‌شـود) دو یا سـه برابر افزایش یابد، فشـار مورد نیاز برای پمپاژ خون از طریق بسـتر مویرگی بسـیار زیاد خواهد شـد. با توجه به شـواهد موجود، سرفشـار[2] در انتهای شـریانی مویرگ انسـانی سـی و پنج میلی‌متر جیوه اسـت که عدد قابل توجهی است، یعنی تقریبا یک‌سوم فشار سیستولیک (فشار خون انقباضی) در آئورت. این فشار نسبتا

1. Viscous Drag

۲- Pressure head، سرفشار به ارتفاع یک ستون مایع می‌گویند و مربوط به فشار خاصی است که ستون مایع روی پایه‌ی ظرف آن اعمال می‌کند. به آن هِد فشار یا هد ایستا هم می‌گویند.

زیاد برای انتقال خون از طریق مویرگ‌ها ضروری است. اگر ویسکوزیته‌ی آب بالاتر بود، این فشار نیز به تناسب افزایش می‌یافت اما در آن‌صورت پوشش نازک آندوتلیال[۱] مویرگ‌ها (که برای انتشار بی‌وقفه و بلامانع مواد مغذی و اکسیژن به درون بافت‌ها ضروری است) تحت فشارهای بیش‌تری قرار می‌گرفت و ممکن بود پاره شود.

بررسی این ملاحظات مشخص می‌کند که عملکرد سیستم گردش خون و به‌ویژه بستر مویرگی به دو پارامتر فیزیکی گوناگون وابسته است که هر دو بسیار نزدیک به مقادیر کنونی‌اند: سرعت انتشار اکسیژن و مواد مغذی در آب و کشش ویسکوز (چسبناک) آب. سرعت انتشار بالا انتقال مقادیر کافیِ اکسیژن و مواد مغذی از مویرگ‌ها را برای تامین انرژی مورد نیاز سلول‌ها امکان‌پذیر می‌کند اما تنها به دلیل کشش ویسکوز پایین آب، پرفیوژن[۲] بستر مویرگی با سرعتی کافی برای تامین این نیازها امکان‌پذیر می‌شود.

اگر ویسکوزیته به‌طور قابل توجهی بیش‌تر بود، تلاش برای جبران آن از طریق افزایش تعداد و اندازه‌ی مویرگ‌ها حجم زیادی را اشغال می‌کرد و جان‌دار یا جنین به کیسه‌ای مایع تبدیل می‌شد و به قول استفان فوگل[۳]، جایی برای دل و روده‌ها یا غدد جنسی باقی نمی‌ماند[۱۷].

از طرف دیگر، اگر ویسکوزیته بسیار کم‌تر از مقدار کنونی بود، سرعت انتشار بیش‌تر می‌شد و کشش ویسکوز کاهش می‌یافت اما معماری و ساختار ظریف درون سلول تحت بمباران شدیدتر حرکات براونی[۴] قرار می‌گرفت؛ چون تحرک ذرات در مایع با ویسکوزیته‌ی آن رابطه‌ی معکوس دارد[۱۸]. بنابراین، اوضاع بسیار ناپایدارتر می‌شد. نیمه‌عمر بزرگ‌مولکول‌های اصلی نیز کاهش پیدا می‌کرد و بار هزینه‌ی انرژی برای حفظ هومئوستاز[۵] سلولی افزایش می‌یافت. اگر ویسکوزیته‌ی آب برای مثال نزدیک به ویسکوزیته‌ی یک گاز بود، بسیار بعید بود پیدایش چیزی

۱- endothelial، لایه‌ی نازکی از سلول‌ها است که درون رگ‌های خونی و لنفاوی را می‌پوشاند. این لایه خون یا مایع لنف را از سطح زیرین خود و مجرای درون رگ جدا می‌کند.

۲- Perfusion، ریزش: ارسال مایع از میان یک بافت یا عضو از طریق یک سرخرگ، تزریق مایع به بافت.

3. Stephen Vogel

۴- Brownian، به نوعی از حرکت تصادفی ذرات غوطه‌ور در سیال بر اثر برخورد این ذرات با اتم‌ها و مولکول‌های سیال گفته می‌شود.

۵- هم‌ایستایی، خودپایداری.

شبیه یک موجود زنده امکان‌پذیر باشد. ویسکوزیته‌ی پایین گازها دلیلی است که بیش‌تر دانشمندان استفاده از آن‌ها را به عنوان واسطه‌ی مناسبی برای ایجاد سیستم شیمیایی زنده‌ای، مانند سلول‌های مبتنی بر کربن، رد می‌کنند[۱۹]. همچنین گازها بیش از آن فرار و ناپایدارند که بتوان آن‌ها را به عنوان گزینه‌هایی برای ماتریس شیمیایی حیات جدی گرفت. همان‌طور که آرتور نیدهام می‌نویسد:

> تنها سامانه‌های مبتنی بر واسطه‌ای سیال می‌توانند ویژگی‌هایی را که ما باید به عنوان حیات بپذیریم به نمایش بگذارند. سیستم‌های گازی بیش از حد فرار هستند و نمی‌توانند خودبه‌خود سامانه‌های فرعی پدید آورند[۱] ... در گازها تمایل برای توزیع یک‌نواخت انرژی بسیار سریع و بالا است اما در مایعات این امر به اندازه‌ی کافی آهسته و کند انجام می‌شود تا تفاوت‌های نقطه‌ای حفظ... و حالت‌های پایدار[۲] ایجاد شوند. تمام گازها آزادانه با گاز دیگری مخلوط می‌شوند اما مایعات این‌طور نیستند. برخی از آن‌ها در برخورد با مایع دیگر، ناپیوستگی‌ها یا سطوح تماسی[۳] را که ویژگی‌های حالت جامد دارند تشکیل می‌دهند و به‌راحتی سامانه‌های چندفاز[۴] پیچیده‌ای را ایجاد می‌کنند که همین امر باعث افزایش بیش‌تر پتانسیل‌هایی برای ماندگاری حالت پایدار می‌شود[۲۰].

نیدهام خاطرنشان می‌کند که ابرها استثنای نادری بر این قاعده هستند که در آن‌ها پدیدآمدن سیستم‌های فرعی یک گاز به‌طور غیرعادی اتفاق می‌افتد. با این حال، بی‌ثباتی زیاد الگوهای ابر به‌وضوح تصویری از نامناسب‌بودن گازها برای این‌که آن‌ها را واسطه‌ای برای پشتیبانی از شکل‌گیری سیستم‌های فرعی پایدار در نظر بگیریم، به نمایش می‌گذارند.

نمی‌توان به‌طور دقیق دامنه‌ی ویسکوزیته‌ها، سرعت انتشاری را که با یک سیستم گردش خون فعال سازگار است و سلول‌های هوازی‌ای را که آن‌قدر بزرگ باشند که بتوانند از توانایی‌های خزیدن و تغییر شکل لوکوسیت (یا سلول جنینی قادر به حرکت) برخوردار باشند، تعیین کرد اما همه‌ی شواهد حاکی از آن‌اند که این موارد باید بسیار نزدیک به همان چیزی باشند که در حال حاضر هستند. یعنی چیزی در محدوده‌ی تقریبی ۰/۵ تا ۳ میلی‌پاسکال در ثانیه.

این‌که ویسکوزیته‌ی آب تا این حد متناسب است و باید در چنین محدوده‌ی باریکی قرار داشته باشد، نشان می‌دهد نظم طبیعی حیات چه‌قدر دقیق تنظیم شده

---

1. Sub-system
2. Steady- state
3. interface
4. polyphasic

است. ویسکوزیته‌ی مواد عادی بسیار متفاوت است[۲۱]. در اندازه‌گیری‌های مواد بر اساس میلی‌پاسکال بر ثانیه، ویسکوزیته‌ی هوا ۰/۰۱۷، آب ۱/۰، روغن زیتون ۸۴، گلیسیرین ۱۴۲۰ و عسل ۱۰۰۰۰ است[۲۲]. دامنه‌ی کل ویسکوزیته‌های مواد روی سیاره‌ی ما، از ویسکوزیته‌ی هوا گرفته تا ویسکوزیته‌ی سنگ‌های پوسته‌ای[۱]، بیش از بیست و هفت برابر است[۲۳]. بنابراین، دامنه‌ی ویسکوزیته‌های سازگار با حیات محدوده‌ی عظیم و غیرقابل تصوری از ویسکوزیته‌های موجود در طبیعت است.

به‌طور خلاصه، نهایتا این آب است که اجازه می‌دهد سلول‌های موجود زنده‌ی پر سلولی یا سلول‌های جنین در حال رشد از طریق سیستم گردش خون به اندازه‌ی کافی اکسیژن و مواد مغذی دریافت کنند. همچنین این آب است که اجازه می‌دهد سلول‌های موجودات پر سلولی به اندازه‌ی کافی بزرگ باشند تا بتوانند بخزند و تغییر شکل پیدا کنند. تنها در این‌صورت است که سلول‌های موجود در رویان می‌توانند بزرگ‌ترین معجزه، یعنی مونتاژ هدایت‌شده طی رشد و نمو تریلیون‌ها سلول جنینی و تبدیل آن‌ها به‌شکل بالغ یک موجود زنده، را تحقق بخشند.

حلال همه‌جایی (جهانی)

هر سیالی که قرار است به عنوان ماتریس سلول فعالیت کند باید حلال خوبی نیز باشد و بتواند طیف وسیعی از یون‌ها و مواد بیوشیمیایی، از جمله اکسیژن و مواد مغذی گوناگونی که برای عملکرد سلول‌ها لازم‌اند، را در محلول حمل کند. آب به‌طرز شگفت‌انگیزی برای این کار متناسب است[۲۴].

آب به عنوان یک حلال واقعا بی‌همتا است. آلوک جها[۲] در این رابطه می‌نویسد:

> آب مایع آن‌قدر حلال خوبی است که در واقع تقریبا غیرممکن است بتوان نمونه‌ی خالص طبیعی‌ای مانند آن پیدا کرد و حتی تولید آن در محیط خاص آزمایشگاهی نیز دشوار است. تقریبا می‌توان گفت تمام ترکیبات شیمیایی شناخته‌شده تا حدودی (کم اما قابل تشخیص) در آب حل می‌شوند. چون آب با همه چیز در ارتباط است، یکی از واکنش‌دهنده‌ترین و خورنده‌ترین[۳] مواد شیمیایی‌ای بوده که در بازه‌های طولانی از زمان می‌شناسیم[۲۵].

۱- Crustal rocks، سنگ‌های قشر یا پوسته‌ی زمین.

2. Alok Jha

3. Corrosive

همین دیدگاه از زبان فلیکس فرانکس[1]، که از دانشمندان برجسته در شناسایی خواص آب است، این‌طور مطرح شده است:

> عملکرد حلال تقریبا جهانی آب مایع به‌گونه‌ای است که خالص‌سازی[2] دقیق آن را بسیار دشوار می‌کند. تمام مَواد شیمیایی شناخته‌شده در آب حل می‌شوند. ممکن است این حل‌شدن ناچیز باشد اما قابل تشخیص است[۲۶].

آب در واقع همان نوش‌دارو یا مایع حیات و حلال جهانی است که کیمیاگران به دنبالش بودند. هیچ مایع دیگری به پای آن نمی‌رسد. به گفته‌ی لارنس هندرسون،

> «به عنوان یک حلال، به معنای واقعی کلمه هیچ‌چیز قابل مقایسه با آب نیست . . . در وهله‌ی نخست، انحلال‌پذیری اسیدها، بازها و نمک‌ها که از شناخته‌شده‌ترین گروه‌های مواد معدنی هستند، در آب تقریبا امری فراگیر و جامع است»[۲۷].

عملا تمام مواد آلی که بار یونی دارند یا حاوی مناطق قطبی هستند (که بیش‌تر ترکیبات آلی موجود در سلول و مایعات زیستی را شامل می‌شوند) به‌راحتی در آب حل می‌شوند. این مواد شامل پروتیین‌ها و دیگر مولکول‌های بزرگ نیز می‌شود، به شرطی که در سطح خود مناطق یونی یا قطبی داشته باشند[۲۸] (به فصل چهارم رجوع کنید).

نیروی آب‌گریز

همان‌طور که در فصل چهارم دیدیم، یک استثنا در قدرت حلالیت آب وجود دارد که ارزشش را دارد دوباره و به‌طور خلاصه آن را در این‌جا یادآوری کنیم. همه می‌دانیم که روغن و آب با هم مخلوط نمی‌شوند. اگر روغن را روی آب بریزیم در آن حل نمی‌شود و لایه‌ی جداگانه‌ای روی سطح آب تشکیل می‌دهد. دلیل این امر این است که روغن‌ها از زنجیره‌های طویل هیدروکربن تشکیل شده‌اند که پیوندهای C–H در آن‌ها غیرقطبی است (الکترون‌ها به‌طور مساوی روی اتم‌های کربن و هیدروژن موجود در زنجیره توزیع شده‌اند)، بنابراین هیچ منطقه‌ای با بار مثبت یا منفی در امتداد زنجیره وجود ندارد. همین فقدان مناطق باردار مانع تشکیل پوسته‌های آبکی (هیدراتاسیون) که در ایجاد ماده‌ی محلول در آب نقش دارند، می‌شود.

---

1. Felix Franks
2. Purification

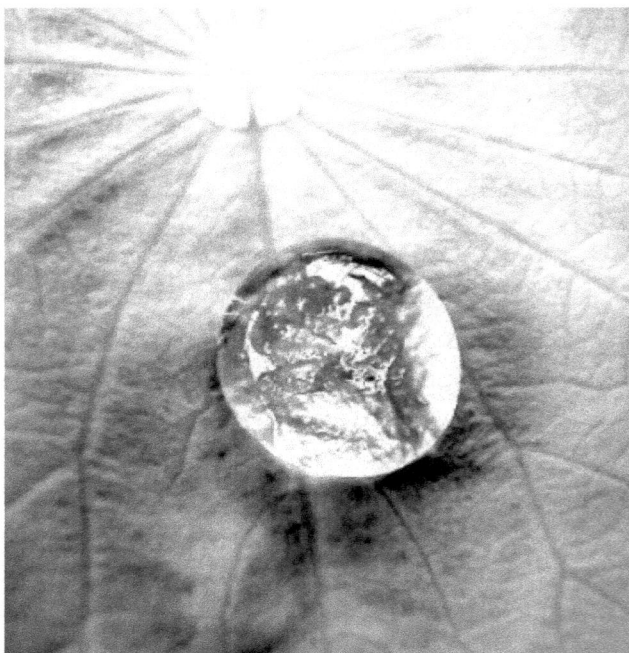

شکل ۲-۷- یک قطره آب روی برگ قدرت نیروی آب‌گریز را نشان می‌دهد.

اثر آب‌گریزی را می‌توان در دانه‌های آب روی سطوح غیرقطبی، مانند برگ‌های مومی پس از بارش باران، مشاهده کرد. مولکول‌های آب قادر به ایجاد پیوندهای هیدروژنی با سطح آب‌گریز مومی نیستند و مجبور می‌شوند در دانه‌هایی دور از سطح برگ کنار هم جمع شوند.

همان‌طور که در فصل چهارم دیدیم، مونتاژ غشاهای سلولی و همچنین تاخوردگی پروتیین‌ها به نیروهای آب‌گریز بستگی دارد. عدم توانایی آب در حل ترکیبات آب‌گریز نه تنها نقص محسوب نمی‌شود بلکه یکی از ارکان حیاتی تناسب آب برای سلول‌های مبتنی بر کربن است.

ماتریس فعال

با پیشرفت علم و درک بهتر خواص مواد زیستی، ارکان جدیدی از تناسب آب با حیات روی زمین آشکار شده است. برای مثال، پژوهش‌های اخیر نشان داده آب

در فیزیولوژی سلولی بسیار فعال‌تر از چیزی است که پیش‌تر تصور می‌شد و کاملا از ادعای مشهور آلبرت سنت گیورگی مبنی بر این‌که «حیات رقص آب با ساز جامدات است»، حمایت می کند[۲۹].

فیلیپ بال[1] در موافقت با این امر می‌گوید:

> طی دو دهه‌ی گذشته به‌طور فزاینده‌ای آشکار شده است که آب تنها «حلال حیات» نیست بلکه ماتریسی است که بیش‌تر به آن‌چه پاراسلوس[2] در ذهن مجسم می‌کرد شبیه است؛ یعنی ماده‌ای که فعالانه با مولکول‌های زیستی با روش‌های پیچیده، ظریف و اساسی درگیر و در فعل و انفعال است[۳۰].

بال برای مثال DNA را ذکر و خاطرنشان می‌کند که ساختار مارپیچ دوتایی آن به تعادل ظریفی از سهم انرژی موجود در محلول آبی تکیه دارد. اگر آب برای غربال دفع الکترواستاتیکی بین گروه‌های فسفات در آن‌جا حضور نداشت، مارپیچ دوتایی دوام نمی‌آورد. موضوعی که این امر را تایید می‌کند این است که DNA در برخی حلال‌های غیرقطبی دچار تغییر شکل‌های ساختاری می‌شود و حتی مارپیچ دوتایی خود را از دست می‌دهد[۳۱]. او در بخش نتیجه‌گیری مقاله دیدگاهش را این‌طور خلاصه می‌کند:

> آب در فرایندهای بیوشیمیایی نقش‌های بسیار متنوعی بازی می‌کند. آب ساختار بزرگ‌مولکول‌ها را حفظ می‌کند و واسطه‌ای برای شناسایی مولکولی است، پویایی پروتیین‌ها را فعال و تعدیل می‌کند و کانالی ارتباطی بین غشاها و بین داخل و خارج پروتیین‌ها فراهم می‌کند که قابلیت تغییر جهت دارد. به نظر می‌رسد بسیاری از این خصوصیات کمابیش به مشخصه‌های «خاص» مولکول H_2O، به‌ویژه به توانایی آن برای شرکت در ایجاد پیوندهای ضعیف و جهت‌دار به‌شکلی که امکان جهت‌گیری[3] و پیکربندی مجدد ساختارهای سه‌بعدی مجزا و قابل شناسایی را فراهم کند، بستگی دارد. بنابراین، گرچه کاملا محتمل به نظر می‌رسد که برخی عملکردهای آب در زیست‌شناسی بیش از آن‌که به منحصربه‌فردبودن آب به‌خودی‌خود مربوط باشد به این برمی‌گردد که آب یک حلال قطبی عام[4] است، تصور حلال دیگری که بتواند همه‌ی نقش‌های آب یا حتی همه‌ی نقش‌هایی را ایفا کند که برای تمایز قایل شدن بین زنجیره‌ی پلی‌پپتیدی کلی و پروتیین کاملا عملکردی (در حال کار) به ما کمک می‌کند، بسیار دشوار است[۳۲].

---

1. Philip Ball

۲- Paracelsus، پزشک، کیمیاگر، گیاه‌شناس و ستاره‌شناس سوییسی–آلمانی در دوران رنسانس.

3. Reorientation & reconfiguration

4. generic

شــواهد و آگاهی‌هــای فزاینده‌ای مبنی بر این‌کــه آب می‌تواند بازیگر فعالی در فیزیولوژی ســلولی باشــد در کتاب آب و سلول[1] شرح داده شده است و در مقدمه از این دیدگاه دفاع می‌کند که

> آب موجود در داخل سلول‌ها به میزان بالایی متفاوت با آب روان تنظیم شده است و نه به عنوان حلالی خنثی بلکه به عنوان بازیگری فعال عمل می‌کند . . . درک نظم آب در سامانه‌های زیستی کلید درک فرایندهای حیات است[۳۳].

برخی عناوین فصل‌های گوناگون این کتاب بر این نکته تاکید دارند که ممکن است نقش مهم و فعال آب برای فیزیولوژی سلولی نیز بااهمیت باشد. عناوینی از قبیل تبادل اطلاعاتی درون آب سلولی، تبدیل فاز بی‌همتای زیست‌شناسی عملکرد سلول را پدید می‌آورد، برخی خواص آب بینابینی[2] و اهمیت زیستی فرایندهای فعال وابسته به اکسیژن در سیستم آبی.

بــا در نظر گرفتن شــیوه‌های خارق‌العاده‌ای کــه آب از طریق آن‌ها برای حیات موجود روی زمین متناســب شــده اســت و با در نظر گرفتن پیشــرفت‌های علمی، بــه احتمــال زیــاد مــوارد دیگری نیز کشــف خواهد شــد. علی‌رغــم اهمیت آب و تلاش گســترده‌ی تحقیقاتی[۳۴] که به درک آن اختصاص داده شــده، ســاختار آب درون‌سلولی هنوز هم مرموزتر از ژئوفیزیک مریخ یا شیمی چاه‌های گرمایی[3] است.

سیم‌های پروتونی

یکــی دیگــر از ارکان خیره‌کننــده‌ی تناســب بــرای انرژی‌های زیســتی و پمپاژ پروتیین مســتقیما به شــبکه‌ی پیوند هیدروژنی آب برمی‌گردد[۳۵] که به اصطلاح «ســیم پروتونی»[4] را تشکیل می‌دهند و متشــکل از زنجیره‌های طویل مولکول‌های آب به هم متصل‌شــده برای حرکت پروتون‌های (یون‌های H) موجود در ســلول و از بین غشای میتوکندریایی داخلی است.

همان‌طور که آلوک جها اشــاره کرده اســت، در عین حال که دیگر ذرات باردار دخیل در عملکردهای ســلولی باید خودشــان آن را به‌طور فیزیکی از مکانی به مکان

---

1. *Water and the Celll*

۲- Interfacial، میانه.

۳- Hydrothermal Vents، چاه‌ها، دریچه‌ها یا مجراهای گرمایی در حقیقت شکاف‌هایی روی سطح زمین هستند که آب‌های اطراف خود را گرم می‌کنند و اغلب در مناطقی که از لحاظ آتشفشانی فعال هستند یافت می‌شوند.

4. Proton wires

دیگـر حرکـت دهنـد، پروتون‌ها می‌توانند انـرژی خود را در امتداد یک سـیم آب متشکل از پیوندهای هیدروژنی، بدون این‌که مجبور باشند خود را حرکت دهند و به‌لطف مکانیسمی که آن را اصطلاحا مکانیسم گروتوس[1] می‌نامیم، انتقال دهند. در این مکانیسم یک پروتون به انتهای سیم متصل می‌شود و در کسری از ثانیه هر یـک از پیوندهـای هیدروژنی در امتداد طول سـیم به ترتیب در اطراف می‌چرخد، به‌طوری که یک پروتون از انتهای دیگر سیم از مولکول آب خارج می‌شود. پروتون اولیه از جای خود تکان نخورده اسـت اما بار الکتریکی و انرژی آن در طول سـیم «هدایت» شده است[۳۶].

هارولد مورو ویتز[2] که بیوفیزیک‌دان اسـت، در مورد تناسـب منحصربه‌فرد این سیم‌های آب برای انرژی‌شناسی زیستی (بیوانرژتیک) این‌طور بحث می‌کند:

> طـی چند سـال گذشـته شـاهد پژوهش‌هـای رو به رشـدی در مورد خاصیـت تازه درک‌شده‌ی آب، یعنی رسانایی پروتون، بوده‌ایم که به نظر می‌رسد تقریبا منحصر به این ماده و یکی از ارکان اصلی در انتقال انرژی زیستی است و قطعا در پیدایش حیات از اهمیت خاصی برخوردار است. برخی از ما هرچه بیش‌تر یاد می‌گیریم، به معنای کامل کلمه بیش‌تر تحت تاثیر تناسب طبیعت قرار می‌گیریم[۳۷].

نیک لین، نویسـنده‌ی کتاب پرسـش حیاتی، نیز رسـانایی پروتون را به خاطر ایجاد ترکیبات آلی دارای نقشـی ضروری در پیدایش حیات می‌داند[۳۸]. اگر لین درسـت بگوید و جریان‌های پروتون انرژی اساسـی برای سنتز ترکیبات آلی را در ابتدایی‌ترین سلول‌های اولیه فراهم کرده باشند[۳۹]، آب قطعا گهواره و مادر حیات خواهد بود. همان‌طور که سنت گیورگی بیش از پنجاه سال پیش ادعا کرده است.

هم‌زمانی اولیه

یکـی دیگـر از مواردی کـه باید از ارکان بسـیار مهم تناسـب آب برای حیات سلولی در نظر گرفت و در فصل قبلی نیز به آن اشاره‌ای شد، دامنه‌ی دمایی است که موجودات زنده در آن رشد و نمو می‌کنند و برای شیمی حیات مناسب است، یعنی تقریبا همان محدوده‌ی دمایی که آب در آن به حالت مایع است.

در حال حاضر حد بالای دما برای موجودات پر سلولی در حدود ۵۰ درجه‌ی

۲- انتقال الکتریسیته از میان مولکول‌های آب که نخستین‌بار سال ۱۸۰۶ تئودور گروتوس آن را بیان کرد.

2. Harold Morowitz

سانتیگراد است[۴۰]. این حد از دما حتی برای جانورانی که با آب‌های داغ چاه‌های گرمایی (هیدروترمال) سازگار شده‌اند و تنها در دوره‌های کوتاهی در دمای بالای ۴۵ درجه‌ی سانتیگراد زنده می‌مانند نیز صدق می‌کند[۴۱]. یک مورد استثنایی گونه‌ای از مورچه‌های مناطق کویری است (desert ant) که می‌تواند برای دوره‌های کوتاهی در دمای ۵۵ درجه‌ی سانتیگراد نیز زنده بماند[۴۲]. رکورد‌داران کنونی بین میکروارگانیسم‌هایی که بیش‌ترین طاقت را برای تحمل دما دارند، گونه‌هایی از باکتری‌های بیش از حد گرمادوست[۱] هستند که می‌توانند در دماهای بالایی مانند ۱۲۰ درجه‌ی سانتیگراد نیز زنده بمانند و در چشمه‌های آب داغ در سراسر دنیا یافت می‌شوند. برای مثال، آن‌هایی که در پارک یلو استون[۲] ایالات متحده و در آب‌های نزدیک به چاه‌های هیدروترمال اقیانوسی یافت می‌شوند (در اعماق اقیانوس دمای آب می‌تواند بیش از ۱۰۰ درجه‌ی سانتیگراد شود زیرا فشار بسیار بالاتر از فشار اتمسفر در سطح دریا است). رکورددار کنونی یک متانوژن[۳] کشف‌شده در اقیانوس هند است که در مایع دودی سیاه حوضه‌ی هیدروترمال کایرئی[۴] کشف شد و می‌تواند در دمای ۱۲۲ درجه‌ی سانتیگراد زنده بماند و تولید مثل کند[۴۳].

همان‌طور که پیش‌تر ذکر شد، تعیین دقیق حد پایین دما برای حیات کار دشواری است چون آب در صفر درجه‌ی سانتیگراد یخ می‌زند. با این حال، بسیاری از موجودات با ضد یخ‌ها[۵] از خودشان در برابر یخ‌زدن محافظت می‌کنند و متابولیسم میکروبی تا ۲۰- درجه‌ی سانتیگراد هم گزارش شده است[۴۴]. یک مگس ریزه (Midge) در منطقه‌ی هیمالیا می‌تواند در دماهایی تا ۱۸- درجه‌ی سانتیگراد زنده بماند[۴۵]. با این حال، در دماهای بسیار کم‌تر از ۲۰- درجه‌ی سانتیگراد هر جان‌داری صرف نظر از این‌که از چه ضد یخی استفاده کرده باشد به‌ناچار یخ می‌زند. حتی اگر از تشکیل کریستال یخ جلوگیری شود، آب درون‌سلولی نهایتا

1. Hyper- Thermophilic
2. Yellow stone park
۳- Methanogen، میکروب‌هایی از شاخه‌ی باستانیان که در شرایط بی‌هوازی گاز متان را به عنوان محصول حتمی متابولیسم تولید می‌کنند.
4. Black smoker fluid of Kairei
5. Cryoprotectents

دچار آبگینه‌سازی[1] (مومی‌شدن) می‌شود و همین امر به‌طور موثری تمام فرایندهای متابولیک را متوقف می‌کند[۴۶]. در نتیجه، دمای حدود ۲۰- درجه‌ی سانتیگراد حد پایین ثبت‌شده برای حیات یا دست‌کم برای متابولیسم فعال روی زمین است. این محدودیت را خواص واسطه‌ای که تمام فرایندهای حیات در آن اتفاق می‌افتد، یعنی آب، اعمال می‌کند[۴۷] و بنابراین ممکن است همین امر نقصی در تناسب آب برای حیات به نظر برسد. در حالی که اگر قرار بود متابولیسم (سوخت‌وساز) در دمایی سردتر از این و در مایعی غیر از آب حفظ شود، برای مثال در ماتریسی که در دماهای سردتر نیز مایع باقی بماند (فرضا می‌توان به آمونیاک فکر کرد که در دمای بین ۳۳- درجه‌ی سانتیگراد تا ۷۸- درجه‌ی سانتیگراد نیز مایع است)، متابولیسم بسیار کند می‌شد[۴۸]. در واقع، حیات در ۴۰- درجه‌ی سانتیگراد شصت و چهار برابر کندتر از حیات در ۲۰- درجه‌ی سانتیگراد است و به عبارت بهتر می‌توان گفت سرعت واکنش شیمیایی شصت و چهار برابر کندتر می‌شد.

این بدان معنا است که هر محدودیتی که سرعت فرایندهای بیوشیمیایی بر تکامل زیستی در دنیای واقعی ما تحمیل کند، این سرعت تقریبا در یک دنیای سرد فرضی، شصت و چهار برابر کندتر خواهد بود. بیش از سیصدمیلیون سال طول کشیده تا عروس دریایی پر سلولی[2] به نخستین پستان‌دار تبدیل شود. در این شرایط باید این عدد را در شصت و چهار ضرب کنیم و حدودا به عدد بیست‌میلیارد سال برسیم تا آن مسیر تکاملی طی شود. تا آن زمان، خورشید می‌سوخت و زمین غیرقابل سکونت می‌شد. بنابراین، به نظر می‌رسد دنیا برای این‌که قادر به تکامل‌دادن موجوداتی شبیه خود ما باشد، به ماتریسی با دامنه‌ی مایع شبیه آب یا دست‌کم به مکانی که در آن حیات اساسا در دمای بسیار سردتر وجود نداشته باشد نیاز دارد.

در مورد احتمال وجود حیات مبتنی بر کربن در دماهای بسیار بالاتر از ۱۰۰ درجه‌ی سانتیگراد چه‌طور؟ این احتمال وجود دارد که بالاترین دمای شناخته‌شده‌ی کنونی که یک باکتری می‌تواند در آن زنده بماند، یعنی دمای ۱۲۲ درجه‌ی سانتیگراد، نزدیک به حداکثر دمایی باشد که برای حیات مبتنی بر کربن روی زمین امکان‌پذیر

---

1. Vitrification
2. Haootia

است و باید فرض را بر این بگذاریم که این حد بالای دمایی است که می‌توان تصور کرد؛ چون همان‌طور که پیش‌تر بحث شد، ترکیبات آلی مورد استفاده در سلول در دماهای بالای ۱۰۰ درجه‌ی سانتیگراد به طور فزاینده‌ای ناپایدار می‌شوند. در واقع، هر دلیل نظری دیگری که بتوان برای دامنه‌ی دماهای بالاتر برای حیات اقامه کرد (برای مثال، ناپایداری پیوندهای کووالانسی و مخصوصا پیوندهای ضعیف) فرقی نمی‌کند؛ چون طبیعت عملا حد بالای دما را با عدم وجود هر موجودی که بتواند دماهای بالاتر از ۱۰۰ درجه‌ی سانتیگراد را تحمل کند تعیین کرده است. طبیعت طی چهارمیلیارد سال آزمون و خطا شواهد و قراین تجربی را مبنی بر این‌که شیمی پر بار کربن در دماهایی فراتر از این محدوده در ساخت سامانه‌های زیستی کاربرد چندانی ندارد به دست داده است[۴۹].

پیوندهای ضعیف که ده تا بیست برابر ضعیف‌تر از پیوندهای کووالانسی‌اند، با بالاتررفتن دما از این محدوده بیش‌تر در معرض شکسته‌شدن حرارتی[1] هستند. همان‌طور که در کتاب سرنوشت طبیعت اشاره کرده‌ام، ضعف نسبی پیوندهای ضعیف در مقایسه با پیوندهای قوی کووالانسی در آشپزی کاملا مشهود است. شکسته‌شدن پیوندهای ضعیف در دو فرایند بسیار آشنا در آشپزخانه رخ می‌دهد؛ یکی حرارت‌دادن یا هم‌زدن سفیده‌ی تخم‌مرغ که باعث سفیدشدن و دلمه‌بستن آن می‌شود[۵۰] و دیگری پخت آهسته‌ی گوشت در دمای بین ۸۵ تا ۹۰ درجه‌ی سانتیگراد است که باعث می‌شود گوشت پخته و نرم شود. زدن سفیده‌ی تخم‌مرغ و پخت آرام گوشت در دمای زیر ۹۰ درجه‌ی سانتیگراد نمی‌تواند پیوندهای کووالانسی موجود در سفیده یا گوشت را بشکنند. نرم‌شدن گوشت و دلمه‌بستن سفیده‌ی تخم‌مرغ به دلیل شکسته‌شدن پیوندهای ضعیفی است که پروتیین‌ها را در شکل‌های سه‌بعدی اصلی‌شان نگه داشته‌اند و باعث از هم باز شدن و تقلیب (تغییر ماهیت) آن‌ها می‌شود و این اتفاق در دماهایی بسیار پایین‌تر از آن‌چه برای شکستن پیوندهای کووالانسی لازم است اتفاق می‌افتد (برای شکستن اغلب پیوندهای کووالانسی دماهای بالای ۱۰۰ درجه‌ی سانتیگراد لازم است). چون پیوندهای کووالانسی بسیار محکم‌تر هستند، هم‌زدن و حرارت‌دادن آرام تاثیر قابل توجهی بر آن‌ها ندارد و بیش‌تر آن‌ها دست‌نخورده باقی می‌مانند. حساسیت شدید پیوندهای

1. Thermal Disruption

ضعیف به دماهای بالا دلیل دیگری است که باعث می‌شود تنها موجودات کمی در دماهای بالاتر از ۱۰۰ درجه‌ی سانتیگراد زنده بمانند[۵۱].

گرچه ممکن است دامنه‌ی دمای ۲۰- تا ۱۲۲ درجه‌ی سانتیگراد (دامنه‌ی ۱۴۲ درجه‌ی سانتیگراد) از نظر ما عدد قابل توجهی به نظر برسد، همان‌طور که در فصل دوم به آن اشاره شد، چنین دامنه‌ای به‌طرز غیرقابل تصوری تنها کسر بسیار کوچکی از کل دامنه‌ی دماهای موجود در کیهان است. دماهای موجود در طیف کیهانی از عدد 10^{23} درجه‌ی سانتیگراد (ده به اضافه‌ی سی و یک صفر پس از آن!) که دمای جهان هستی به فاصله‌ی کوتاهی پس از مه‌بانگ بوده، تا عدد بسیار نزدیک به صفر مطلق یا ۲۷۳/۱۵- درجه‌ی سانتیگراد متغیر است. دمای داخلی برخی از داغ‌ترین ستاره‌ها چندین هزار میلیون درجه است[۵۲]. حتی دمای درونی خورشید ما که ستاره‌ی چندان داغی هم نیست حدود پانزده‌میلیون درجه[۵۳] و دمای سطح آن کمی زیر شش‌هزار درجه‌ی سانتیگراد است[۵۴]. بنابراین، در محدوده و طیف وسیع دماهای موجود در کیهان، تنها باند بسیار کوچکی از دما، یعنی حدود یک روی ده به توان بیست و نه $\left(\frac{1}{10^{29}}\right)$ از دامنه‌ی کل دماها مختص دامنه‌ای است که در آن آب به حالت مایع است. مابین این باند بسیار کوچک دمایی، می‌توان سطوح انرژی پیوندهای کووالانسی حوزه‌ی آلی را با سامانه‌های زنده مدیریت کرد. از پیوندهای ضعیف می‌توان برای ایجاد ثبات در شکل‌های سه‌بعدی مولکول‌های پیچیده استفاده کرد و در همین محدوده است که آب، یعنی تنها ترکیب شناخته‌شده‌ای که حاوی بسیاری از دیگر خواص ضروری برای خدمت‌کردن به عنوان ماتریس حیات است، در آن به حالت مایع است.

این امر چیزی کم‌تر از معجزه نیست. اگر این حالت اتفاق نمی‌افتاد، آب برای این‌که ماتریس سلول را تشکیل دهد مناسب نبود و تمام دیگر ارکان تناسب این مایع بی‌نظیر کاملا بی‌فایده می‌شد و قریب به یقین می‌توان گفت هیچ حیات مبتنی بر کربنی در کیهان به وجود نمی‌آمد. اگر بخواهیم هم‌زمانی این دو امر را به‌طور مثبت نگاه کنیم، باید بگوییم قطعا هم‌زمانی خارق‌العاده‌ای است و نشانگر تناسب عمیق آب و در نتیجه تناسب طبیعت برای حیات بر پایه‌ی کربن است که در آن همین دامنه‌ی دمای بهینه برای اداره و مدیریت‌های اتم و مولکول‌های پیچیده‌ای که برای حیات ضروری‌اند، مناسب است و دقیقا محدوده‌ی دمایی است که در آن

آب، یعنی ماتریسی که از بسیاری جهات ایده‌آل است، به حالت مایع روی زمین وجود دارد.

بی‌رقیب

شواهد و قراین موجود بسیار شگفت‌انگیز و قدرتمندند. آب مجموعه‌ای از خواصی منحصربه‌فرد دارد که به‌شکل بی‌نظیری آن را برای این‌که ماتریس سلول‌های مبتنی بر کربن باشد متناسب کرده است. به‌سختی می‌توان به حقایقی دست یافت که به ادعای هندرسون مبنی بر این‌که هیچ ماده‌ای نمی‌تواند با آب در متناسب‌بودن برای محیط مایع خارج سلولی حیات مبتنی بر کربن رقابت کند، انتقاد کند[۵۵]. کشفیات انجام‌شده از زمان هندرسون به بعد نیز صرفا باعث تایید و بسط این ادعا شده است. کوین پلاکسکو و مایکل گروس به‌تازگی تناسب آب را در فصلی از کتاب اخترزیست‌شناسی بررسی کرده و به این نتیجه رسیده‌اند که «توانایی آب در ایجاد پایه‌ای برای بیوشیمی می‌تواند بی‌نظیر باشد. . . هیچ مایع دیگری حتی درصد ناچیزی از ویژگی‌های مطلوب آب را ندارد»[۵۶].

نهایتا این‌که آب ویژگی‌های منحصربه‌فرد بسیاری نیز دارد که برای موجوداتی با طراحی فیزیولوژیکی شبیه ما ضروری است. سرعت انتشار زیاد املاح در آب باعث می‌شود سیستم گردش خون ما بتواند سلول‌های بدن‌مان را با اکسیژن و مواد مغذی تامین کند. همچنین باعث می‌شود سلول‌ها به اندازه‌ی کافی بزرگ شوند تا بتوانند از ماشین‌های سیتوپلاسمیِ لازم برای تحرک و تغییر شکلی برخوردار شوند که برای بسیاری از عملکردهای سلولی، از جمله مونتاژ جنین، ضروری‌اند و در ضمن، خون‌گرم‌بودن ما اساسا به خواص حرارتی آب بستگی دارد (ظرفیت گرمای بالای آن و گرمای بالای نهان تبخیر). آب در انتقال دی‌اکسیدکربن از بافت‌ها برای دفع در ریه‌ها نیز نقش حیاتی دارد. خلاصه این‌که، به نظر می‌رسد طبیعت در تعیین خواص آب نه تنها به حیات بلکه به موجوداتی همچون ما نیز توجه داشته است.

فصل هشتم

طرح اصلی آغازین

انسان صادقی که به همه‌ی دانش‌های کنونی‌ای که در دسترس ما است مجهز باشد، به نوعی تنها می‌تواند بگوید پیدایش حیات ظاهرا چیزی شبیه معجزه است؛ زیرا شرایط بسیاری باید به‌خوبی فراهم شده باشد تا حیات آغاز شود.

فرانسیس کریک، خود حیات[1] (۱۹۸۱)[۱]

این‌که پیامی از طریق تمدن پیشرفته‌ی فرازمینی‌ای از فضا به زمین ارسال شود و اطلاعاتی را درباره‌ی منشا هستی و جایگاه ما در طبیعت افشا کند، ایده‌ی بی‌نهایت خیال‌انگیز و مهیجی است که زمینه‌ی خلق بسیاری از آثار محبوب شده است؛ از جمله فیلم تماس[2]، اثر کارل ساگان[3] یا ۲۰۰۱: ادیسه‌ی فضایی[4]، اثر استنلی کوبریک[5] و کتاب ارابه‌ی خدایان[6]، اثر اریک فون دنیکن[7].

چنین پیامی در شب ۲۸ سپتامبر ۱۹۶۹ به زمین رسید. گرچه این پیام از طرف بیگانگان فضایی نبود، پیام شیمیایی بسیار خاصی در مورد جایگاه حیات مبتنی بر کربن در جهان هستی بود[۲]. در آن شب، شهاب‌سنگ در حال انفجاری که قطعات سنگی‌اش را در همان اطراف پخش کرده بود، آسمان شهر کوچک مورچیسون[8]

---

1. *Life Itself*
2. *Contact*
3. Carl Sagan
4. 2001: *A space Odyssey*
5. Stanley Kubrick
6. *Chariots of the Gods*
7. Erich Von Daniken
8. Murchison

در جنوب شـرقی اسـترالیا را روشن کرد. تجزیه و تحلیل‌های شیمیایی‌ای که بعدا روی قطعات به جا مانده از شهاب‌سنگ انجام گرفت، ثابت کرد دسـت‌کم برخی عناصر سـازنده‌ی آلی مربوط به حیات دایما در فضا سـنتز می‌شوند و در مقادیر بسیار زیادی در سراسر کیهان وجود دارند[۳]. به علاوه، تجزیه و تحلیل‌های اخیر نشان داده است ترکیبات کربنی گوناگون موجود در شهاب‌سنگ بالغ بر ده‌ها هزار و شاید حتی میلیون‌ها مورد است[۴].

شهاب‌سنـگ مورچیسـون نشان داد کیهان با فهرست بالابندی از مواد شیمیایی آلی، از جمله اسیدهای آمینه[۵] و بازهای نوکلئوتیدی، که نقطه‌ی آغازین در مونتاژ دو پلیمر اصلی، یعنی پروتیین‌ها و اسیدهای نوکلئیک در جانداران مبتنی بر کربن هستند[۶]، بذرپاشی شده است. فقط این‌که چه تعداد از عناصر اصلی سازنده‌ی آلی موجود در حیات می‌توانند به‌صورت غیرزنده در فضا تولید شده و با شهاب‌سنگ‌ها به زمین آمده باشند (یا در اقیانوس‌های اولیه سنتز شده باشند) مشخص نیست. اما شهاب‌سنگ‌ها به‌طور فزاینده‌ای در حال شناسایی‌شدن هستند و در آزمایشگاه‌ها در شرایط شبیه‌سازی‌شده‌ی پربیوتیک[1](پیش از حیات) سنتز می‌شوند[۷].

تجزیه و تحلیل‌های طیف‌سنجی اخیر از گازهای بین ستاره‌ای نشان داده است نـه تنهـا کیهـان با برخـی مونومرهای اصلی حیـات بلکه با ترکیبات کربنی بسیار پیچیده‌تری نیز بذرپاشی شده اسـت. یک گروه از ترکیبات پیچیده‌ی کربن، یعنی هیدروکربن‌هـای آروماتیـک (معطـر) چندحلقـه‌ای (PAHs)، به‌وفور در سرتاسـر کیهان یافت می‌شـوند و ممکن اسـت برخی از آن‌ها تا حـدود یک‌صد اتم کربن داشـته باشـند[۸]. برخـی از آن‌هـا حـاوی نیتـروژن (PANHs) هسـتند و ترکیبات هتروسـیکلیک (ناجور حلقه) را تشـکیل می‌دهند که سـاختار شـیمیایی‌ای مشابه ترکیبات هتروسیلیک مورد استفاده در موجودات زند دارند، ترکیباتی مانند بازهای نوکلئوتیدی[۹].

مشـاهده‌ی تشابه کار مهم سـنتز اوره که فردریش وهلر سال ۱۸۲۸ انجام داد و پیامی که از شهاب‌سنگ مورچیسون ارسال شده کار دشواری نیست. وهلر نیروی وابسته بـه عناصر غیرمادی[2] در سـلول‌ها بـرای تولید مواد تشکیل‌دهنده‌ی آلی و

---

1. prebiotic

۲- Vital force، وابسته به زندگی یا همان مکتب حیات‌گرایی یا اصالت حیات.

اساسی حیات را حذف کرد، هرچند باز هم سنتز آن‌ها نیاز به یک سلول یا شیمی‌دان دارد. شهاب‌سنگ مورچیسون و بررسی‌های بعدی در مورد شهاب‌سنگ‌ها و تجزیه و تحلیل‌های طیفی فضای بین ستاره‌ای نشان داد جهان هستی مملو از مواد آلی است و هنگامی که موجودی آن به‌طور کامل شناخته شود، کاملا ممکن است نشان دهد که حاوی تعداد بسیار بیش‌تری از عناصر اصلی و سازنده‌ی حیات است. به گفته‌ی وهلر، اوره را می‌توان نه تنها بدون کمک کلیه بلکه بدون کمک یک سلول یا شیمی‌دان نیز تولید کرد. این تجزیه و تحلیل‌ها نیز تا حد زیادی باور گسترده‌ی پژوهشگران منشا حیات در قرن بیستم، از زمان آزمایش مشهور استنلی میلر[۱] در سال ۱۹۵۳، را تایید کرده است که می‌توان ترکیبات اساسی حیات را به‌صورت غیر زنده در طبیعت سنتز کرد.

آزمایش میلر-یوری شامل ارسال جرقه‌ای (مثلا صاعقه) از طریق جوی بود که تقلیدی از جو اولیه‌ی زمین (بخار آب، متان، آمونیاک و هیدروژن) محسوب می‌شد. نتیجه‌ی این آزمایش ترکیب شیمیایی پیچیده‌ای بود حاوی گلیسین، آلانین، اسید آسپارتیک[۲] و سه اسید آمینه که برای ساخت پروتیین در موجودات امروزی مورد استفاده قرار می‌گیرند[۱۰]. مطالعات اخیر روی مواد بایگانی‌شده از آزمایش اصلی او که با تکنیک‌های پیشرفته‌تری تحت تجزیه و تحلیل قرار گرفته‌اند نشان داد که ده مورد از بیست اسید آمینه‌ی مهم زیستی، از جمله لیزین[۳]، آلانین، سرین[۴]، ترئونین[۵]، اسید آسپارتیک، والین[۶]، اسید گلوتامیک[۷]، متیونین[۸]، ایزولوسین[۹] و لوسین[۱۰]، نیز در بالن‌های آزمایشگاهی میلر وجود داشته‌اند[۱۱].

البته سه اسید آمینه‌ای که میلر گزارش کرده و حتی ده موردی که بعدا به حساب

۱- Stanley Miller، او در آزمایش مشهور میلر-یوری نشان داد که فرایندهای نسبتا ساده‌ی فیزیکی می‌توانند ترکیبات آلی پیچیده را از مواد معدنی ایجاد کنند؛ البته در شرایط و محیطی شبیه شرایط اولیه‌ی جو زمین.

2. Aspartic Acid
3. Lysine
4. Serine
5. Threonine
6. Valine
7. Glutamic Acid
8. Methionine
9. Isoleucine
10. Leucine

آمدند، فاصله‌ی بسیاری با مونومرهای مورد نیاز برای مونتاژ سلول‌های زنده دارند و این آزمایش در مورد چه‌گونگی گرد هم آمدن مونومرها به منظور تشکیل نخستین سلول حرف چندانی برای گفتن ندارد. با وجود این، آزمایشات میلر و شواهد حاصل از تجزیه و تحلیل شهاب‌سنگ‌هایی مانند شهاب‌سنگ مورچیسون نشان می‌دهد دست‌کم می‌توان گفت برخی عناصر سازنده و اصلی حیات می‌توانند به‌صورت غیر زنده تولید شوند و ممکن است این امر در سرتاسر فضای بین ستاره‌ای امر رایجی باشد.

بنابراین، می‌بینیم که پیامی که در آن شب سرنوشت‌ساز ماه سپتامبر به زمین ارسال شد و در شیمیِ آن ستاره‌ی در حال سقوط نگاشته شده بود، پیام بسیار قابل توجهی است. این پیام افزون بر حمایت از این ادعا که ممکن است پیدایش حیات حاصل مکانیسم‌های کاملا طبیعی باشد، از ایده‌ی اصلی این کتاب و سیر کتاب‌های مجموعه‌ی گونه‌های ممتاز نیز حمایت می‌کند و بیانگر آن است که حیات مبتنی بر کربن، به‌گونه‌ای که روی زمین وجود دارد، نه شانسی است که بعدا در طبیعت به آن فکر شده باشد و نه ساختگی بلکه بخشی ذاتی از نظم طبیعی است. بخشی ذاتی از طراحی باشکوه طبیعت از همان لحظه‌ی خلقت.

وفور کیهانی

شواهد دیگری وجود دارد که نشان می‌دهد حیات تصادفی کیهانی نیست که بعدا در طبیعت به آن فکر شده باشد بلکه برنامه‌ای است که از همان ابتدا بر اساس نظم اشیا تنظیم و تکمیل شده است.

اتم کربن، اکسیژن و نیتروژن بین نخستین اتم‌های سنتزشده در ستاره‌ها وجود داشته‌اند. آن‌ها به هیدروژنی که از پیش وجود داشته پیوسته‌اند تا دنیایی از مواد شیمیایی آلی را تشکیل دهند. موادی که کل زیست‌کره‌ی مبتنی بر کربن از آن‌ها ساخته شده است (هنگامی که لارنس کتاب تناسب را نوشت، منبع کربن، اکسیژن، نیتروژن و دیگر عناصر گوناگون سنگین‌تر از هیدروژن و هلیوم ناشناخته و مرموز بود؛ چون سنتز هسته‌ای اتم‌های جدول تناوبی در فضای داخلی ستاره‌ها را فرد هویل و دیگران در اواسط قرن بیستم مشخص کردند). این چهار اتم نیز به همراه هلیوم از رایج‌ترین اتم‌های موجود در جهان هستی‌اند[۱۲].

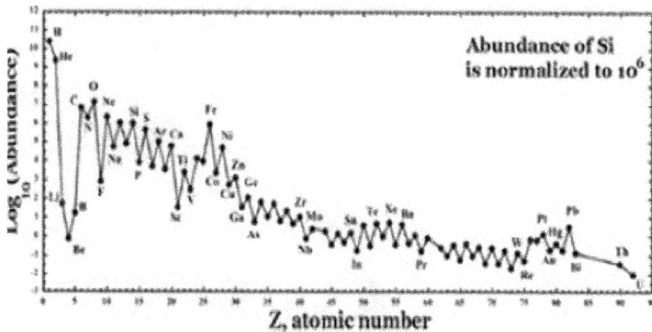

شکل ۱-۸- فراوانی عناصر کیهانی

حتـی مشـاهده‌ی گـذرای فراوانی عناصـر کیهانی مطابقت آشـکار بین الگوی کیهانی ایجادشـده در قلب سـتارگان و حیات روی زمین، بین نظم کیهانی و نظم حیـات و بین انسـان و کیهان را نشـان می‌دهد. عناصر هیـدروژن (H)، کربن (C)، اکسـیژن (O) و نیتروژن (N) اتم‌هایی هسـتند که ترکیب می‌شـوند تا مولکول‌های شیمی آلی را شکل دهند که نود و شش درصد بدن انسان را نیز تشکیل می‌دهند. این عناصر به ترتیب نخستین، سومین، چهارمین و پنجمین عنصر فراوان در کیهان هستند و ترتیب فراوانی آن‌ها به‌طرز عجیبی با فراوانی آن‌ها در بدن انسان مطابقت دارد[۱۳]. دوتا از سـه عنصری که از فراوان‌ترین عناصر محسـوب می‌شوند، یعنی هیـدروژن و اکسـیژن، بـا هـم آب را تشـکیل می‌دهند که ماتریس حیات اسـت و بیش از شـصت درصد از جرم بدن انسـان را شـامل می‌شود. مولکول اصلی بعدی دی‌اکسیدکربن (CO_2) است که حامل ایده‌آل اتم کربن در کل حیات موجود روی زمین اسـت. این مولکول نیز از ترکیب سـومین و چهارمین اتم‌های فراوان تشکیل شده است، یعنی از اکسیژن و کربن.

دیگر عناصر تشکیل‌دهنده‌ی حیات نیز جزو فراوان‌ترین عناصر هستند: منیزیم، سـدیم، کلسـیم، آهن، فسـفر، پتاسـیم و گوگرد. تصویـر کلی آن‌چـه می‌بینیم این برداشت نیرومند را به ذهن متبادر می‌کند که سنتز هسته‌ای ستاره‌ای (روند ساخت اتم در ستاره‌ها)، از همان آغاز برای خدمت به هدفی تنظیم و طراحی شده است و آن هدف پیدایش حیات روی زمین بوده است.

تاکید بر این نکته مهم است که انتخاب اتم‌هایی که بیوشیمی حیات را امکان‌پذیر می‌کنند به دلیل فراوانی کیهانی این اتم‌ها نیست بلکه به این دلیل است که آن‌ها برای خدمت به تعداد زیادی از عملکردهای فیزیولوژیکی و بیوشیمیایی بسیار خاص در سلول از خواص شیمیایی و فیزیکی کاملا مناسبی برخوردارند[۱۴]. برای مثال، کربن از خواص مناسبی برای ایجاد فهرست بالابلندی از ترکیبات شیمیایی برخوردار است و حتی اگر کربن چهارمین عنصر فراوان در جهان هستی نبود، باز هم این امر در موردش صدق می‌کرد چون هیچ اتم دیگری از چنین تناسبی برخوردار نیست. به عبارت دیگر، قوانینی که فراوانی کیهانی کربن و دیگر اتم‌های حیات را تعیین می‌کنند کاملا از قوانینی که تناسب این اتم‌ها برای حیات را تعیین می‌کنند مجزا هستند. بنابراین، ما این‌جا با دو رویداد که به‌طور واقعی بر هم منطبق شده‌اند روبه‌رو هستیم. تطابق این دو رویداد نشانگر زیست‌محوری[۱] عمیقی در نظم کیهانی است: فراوان‌ترین اتم‌ها متناسب‌ترین اتم‌ها برای حیات هستند.

مسیر دست‌نیافتنی

علی‌رغم پیام شهاب‌سنگ مورچیسون مبنی بر این‌که کیهان با اتم‌های حیات و حتی با بسیاری از مولکول‌های آلی اصلی، از جمله اسیدهای آمینه و بازهای نوکلئوتیدی، بذرپاشی شده است، باز هم این‌که آن‌ها چه‌گونه یا از کجا از این سوپ به سلول منتقل شده‌اند یکی از معماهای همیشگی بشر و از بزرگ‌ترین مشکلات حل‌نشدنی علم است.

ما قطعا می‌دانیم که استروماتولیت‌های[۲] لایه‌لایه را لایه‌هایی از سلول‌های باکتریایی تولید کرده‌اند که بسیار شبیه جلبک‌های سبز-آبی امروزی‌اند و سوابق فسیلی‌شان به ۳/۵ میلیارد سال قبل برمی‌گردد[۱۵] و برخی شواهد فسیلی و ایزوتوپی نشان‌دهنده‌ی آن است که ممکن است پیدایش حیات به ۳/۷ میلیارد سال پیش بازگردد[۱۶]. بنابراین، ما می‌دانیم میلیاردها سال است که حیات زینت‌بخش سیاره‌ی ما شده اما در مورد چه‌گونگی پیدایش حیات واقعا چیزی نمی‌دانیم.

عمق این راز با این واقعیت آمیخته است که، همان‌طور که در فصول قبلی

۱- Biocentric، شیوه‌ی نگرشی با محوریت حیات یا موجودات زنده.

۲- Stromatolite، سنگ‌های رسوبی لایه‌لایه.

این کتاب گفته شد، ما درباره‌ی مبانی و پایه‌های شیمیایی حیات چیزهای زیادی می‌دانیم. از ابتدای قرن نوزدهم به این آگاهی رسیده‌ایم که عناصر سازنده‌ی سلول‌ها اشکال کاملا طبیعی شیمیایی هستند که قوانین طبیعی آن‌ها را تعیین می‌کنند.

پس از کشف مورچیسون و مطالعات اخترفیزیکی اخیر، اکنون می‌دانیم که دست‌کم برخی از این عناصر سازنده در مقادیر عظیمی در سرتاسر کیهان وجود دارند. همچنین از جزییات شگفت‌انگیز ساختارهای اتمی و رفتارهای مولکولی اجزای سازنده و اصلی بزرگ‌مولکول‌هایی از قبیل DNA و RNA، پروتیین‌ها و غشاهای لیپیدی آگاهی داریم. افزون بر این‌ها، از دهه‌ی ۱۹۶۰ به بعد از طرح کلی سلول، معنای رمز ژنتیکی و چه‌گونگی جریان‌یافتن اطلاعات از DNA به پروتیین‌ها اطلاع داریم. همچنین، همین اواخر به عمق پیچیدگی موجود در ژنوم که حتی خوابش را هم نمی‌دیدیم دست پیدا کردیم، از جمله به RNAهای تنظیم‌گر بسیار ریزی که به‌فراوانی وجود دارند[۱۷].

دیگر کتاب‌های مرجع استاندارد، مانند زیست‌شناسی مولکولی سلول[۱۸]، شاهدی بر دانش گسترده‌ای است که از زمان کشف مارپیچ دوتایی در سال ۱۹۵۳ (همان سالی که میلر نتایج آزمایش معروف خود را منتشر کرد) به بعد درباره‌ی حیات کسب کرده‌ایم و در عین حال در حوزه‌های مرتبط خارج از زیست‌شناسی نیز به پیشرفت‌های عمده‌ای دست پیدا کرده‌ایم. برای مثال، در شیمی فراذره‌ای که دانش ما را تا حد بسیاری در مورد رفتار ماده‌ی نرم[1] در قلمرو مزوسکوپی[2] گسترش داده است.

با این حال، علی‌رغم دانش گسترده‌مان از زیست‌شناسی مولکولی سلول، در مورد این‌که مراحل اصلی و بنیادین چه مراحلی بوده‌اند که از مونومرهای مورچیسون به سیستم سلولی منطبق با قوانین شناخته‌شده‌ی شیمی و فیزیک منتهی شده‌اند، هیچ نمی‌دانیم.

به جای آن‌که این پیشرفت‌های چشم‌گیر در حوزه‌ی زیست‌شناسی سلولی و شیمی آلی مسیر غیرقابل درک و دست‌نیافتنی طی‌شده از سوپ شیمیایی تا قدیمی‌ترین جد مشترک تمام حیات کنونی را آشکار کنند، نشان دادند که چه شکاف و پرتگاه وسیعی بین سوپ ترکیبات شیمیایی و سلول با آن غشا و

1. soft matter

۲- mesoscopic domain، بین میکرو و ماکرو.

مکمل‌های ضروری کاتالیزوری و آنزیمی‌اش و دستگاه سنتز[1] پروتیین و اطلاعات ژنتیکـی رمزگذاری‌شـده در مارپیـچ دوتایی و غیـره‌ی موجـود در آن وجود دارد. علی‌رغم دیگر تلاش‌های قهرمانانه[۱۹] هیچ‌کس نتوانسته توضیح قانع‌کننده‌ای در مورد چه‌گونگی غلبه‌ی طبیعت بر این شـکاف ژرف ارایه کند. شـکاف ژرفی که وسـعتش را به‌تازگی اسـتفان میر[2] در کتاب امضا در سـلول[3] شـرح داده است[۲۰] (من هم در فصل یازدهم کتاب تکامل: نظریه‌ای در بحران[4][۲۱] به آن پرداخته‌ام و همچنین برایان میلر[5] در نسخه‌ی تازه تجدیدشده‌ای از کتاب معمای منشا حیات[6] آن را توضیح داده اسـت)[۲۲]. انجمن پژوهشـگران منشا حیات مراحل گوناگونی برای رسـیدن به سـلول را مشخص کرده است. تقریبا همگان پذیرفته‌اند که چهار مورد از این مراحل شـامل تشـکیل عناصر اصلی و سـازنده‌ای از قبیل اسـیدهای آمینه و نوکلئوتیدها، پلیمریزاسیون آن‌ها به پروتیین و DNA، شکل‌گیری نخستین سیسـتم ابتدایی هماننـدسـاز و تکامل DNA امروزی و سیستم سلولی پروتیین‌ها با رمز ژنتیکی عملکردی و دسـتگاهی برای سنتز پروتیین است. کار در مراحل اولیه پیشرفت چشم‌گیری داشته اما چه‌گونگی انجام مراحل دیگری که منطبق با قوانین شناخته‌شـده‌ی طبیعـت صورت می‌گیرد همچون معمای کاملی باقی مانده اسـت. واقعیتـی کـه غالبـا مورد تایید و تصدیق قرار گرفته این اسـت کـه در کل پیکره‌ی دانش قرن بیست و یکم هیچ توضیحی یافت نمی‌شود. به نظر می‌رسد علم در این رابطه به بن‌بست رسیده است و توضیح منشا حیات قطعا از بزرگ‌ترین مشکلات حل‌نشدنی علم است.

یوجین کنین[7] و آرتم نووزیلوف[8] در مقاله‌ای که این وضعیت بغرنج را خلاصه کرده اسـت و با توجه به این مشـکل که چه‌گونه رمز ژنتیکی و سیسـتم ترجمه[9] می‌توانند پدید آمده باشند، چنین اظهار کرده‌اند:

۱- Synthetic Apparatus، دستگاه‌های ترکیبی، تلفیقی.

2. Stephen Meyer
3. *Signature in the Cell*
4. *Evolution: A Theory in Crisis*
5. Brian Miller
6. *The mystery of life's origin*
7. Eugene Koonin
8. Artem Novozhilov

۹- ترجمه فرایندی درون‌سلولی است که طی آن پروتیین‌ها ساخته می‌شوند.

> در دل این مشکل دور تسلسل خسته‌کننده‌ای وجود دارد: پیش از آن‌که پروتیین‌های عملکردی وجود داشته باشند، چه نیروی انتخابی پشت تکامل تدریجی این سیستم واقعا پیچیده‌ی ترجمه قرار داشته است؟ و مطمئنا بدون یک سیستم ترجمه که به‌قدر کافی موثر و کارآمد باشد هیچ پروتیینی هم وجود نداشت. فرضیه‌های بسیاری ارایه شده‌اند که در تلاش برای شکستن این دور باطل هستند اما به نظر می‌رسد تاکنون هیچ‌یک از آن‌ها به‌قدر کافی منسجم نبوده یا از شواهد کافی برای این‌که ادعای‌شان وضعیت یک نظریه‌ی واقعی را داشته باشد بهره‌مند نبوده‌اند[۲۳].

آن‌ها درباره‌ی سیستم‌های سنتز پیش-پروتیین[1] که در واقع در نیمه‌ی راه تبدیل‌شدن به سلول مدرن هستند این‌طور گفته‌اند:

> این رویکردها و دیگر رویکردهای نظری فاقد توانایی بازسازی پیشینه‌ی تکاملی، فراتر از آستانه‌ی پیچیدگی‌هایی هستند که برای تولید پروتیین‌های عملکردی لازم‌اند و ما باید بپذیریم در حال حاضر برای عبور از این افق روش‌های قطعی شناخته نشده است[۲۴].

کنین و نووزیلوف درباره‌ی گذار از دنیای RNA و رسیدن به پروتیین/DNA امروزی و مدل‌های مرتبط با آن این‌طور نوشته‌اند: «ما از هر گونه آزمایشی که پتانسیل و امکان بازسازی واقعی منشا رمزگذاری را به نمایش بگذارد یا حتی آزمایشی که به مرحله‌ی برنامه‌ریزی جدی رسیده باشد هیچ شناختی نداریم»[۲۵].

آن‌ها در جمع‌بندی این وضعیت به «شکی عظیم»[2] اعتراف می‌کنند و این‌طور توضیح می‌دهند:

> به نظر می‌رسد پرسش بنیادین دو وجهی‌ای در این بین وجود دارد: چرا کد ژنتیکی به این شکل است و چه‌گونه به وجود آمده؟ این پرسشی است که بیش از پنجاه سال پیش در طلوع زیست‌شناسی مولکولی پرسیده شد و ممکن است پنجاه سال دیگر هم بی‌پاسخ باقی بماند. آن‌چه خاطر ما را تسلی می‌دهد این است که این مسئله بنیادی‌ترین مسئله‌ی زیست‌شناسی است[۲۶].

خروج از وضعیت بغرنج

خوب! گذار از مرحله‌ی سوپ و رسیدن به سلول چه‌گونه اتفاق افتاده است؟ یک توضیح واضح این است که عامل هوشمندی نخستین سلول را مونتاژ کرده است. این توضیحی است که بین برخی طرف‌داران نظریه‌ی طراحی هوشمند محبوبیت دارد و گرچه بیش‌تر زیست‌شناسان مجامع علمی و دانشگاهی آن را رد

---

1. proto- protein
2. Considerable Skepticism

می‌کنند، بر اساس شواهد و مدارکی که وجود دارد، شاید این توضیح نیز مانند هر توضیح قابل قبولی متقاعدکننده باشد. از طرفی، احتمال جای‌گزینی که من نیز آن را ترجیح می‌دهم این است که ممکن است قوانین جدید یا خواص تازه‌ای از ماده که هنوز کشف نشده است وجود داشته باشد که بتواند مسیر طی‌شده از شیمی به سلول را توضیح دهد.

برای مثال، مشکلی که باید در هر توضیحی که چهارچوب طبیعت‌گرایانه دارد حل شود، همان چیزی است که به عنوان مشکل درهم‌ریختگی[1] شناخته می‌شود. در تمام سنتزهای پیش‌زیستی[2] شناخته‌شده، افزون بر مونومرهای مطلوب، دنیای گسترده‌ای از دیگر ارگانیک‌های کوچک و واکنش‌پذیر وجود دارد که شامل انبوهی از اسیدهای آمینه‌ی رنوکلئوتیدهایی است که بسیار به هم مرتبط هستند و با اقوام‌شان که از نظر زیستی اهمیت دارند، تفاوت جزیی دارند و به همان اندازه ممکن است به مونومرهای مطلوب ملحق شوند. همین‌ها ایجاد هرج و مرج پلیمری می‌کنند[۲۷]. ایجاد پلیمرهای خطی زیستی[3] از چند مونومر اصلی در محیط پیش‌زیستی تشکیل‌شده و پرهیز از چندین واکنش جانبی ناخواسته با مواد واکنش‌پذیر گوناگونی که در محیط وجود دارد معمایی واقعی است. چه‌گونگی دستیابی به این امر از لحاظ پیش‌زیستی، پیش از آن‌که آنزیم‌ها وجود داشته باشند، مشکل عمده‌ای است.

همان‌طور که جرالد جویس[4] اظهار کرده است: «اصلی‌ترین مانع برای درک منشا حیات مبتنی بر RNA، شناسایی مکانیسم قابل قبولی برای غلبه بر هرج و مرج ناشی از شیمی پیش‌زیستی است»[۲۸]. هر چهار جزء تشکیل‌دهنده‌ی RNA «با چندین جزء متشابهی که ارتباط نزدیکی با هم دارند (آنالوگ‌ها) همراه هستند که می‌توانند تقریبا در هر ترکیبی وارد شوند»[۲۹]. جویس این امر را این‌طور توضیح می‌دهد:

> حتی ممکن است نوکلئوتیدها و (آنالوگ‌های‌شان) به هم ملحق شوند تا پلیمرهایی را تشکیل دهند با مخلوط مبتنی بر ترکیباتی از پیوندهای فسفودی استری

---

1. Clutter Problem

۲- پیشاحیات.

3. Linear bio-polymers
4. Gerald Joyce

– '2 ,'5 , – '3 ,'5 , – '5 ,'5، تعداد متغیری از فسفات بین قندها، استریو ایزومرهای -L و -D قندها، آنومرهای - α و - β پیوند گلیکوزیدی و تغییرات گوناگون قندها، فسفات‌ها و بازها. در ذهن مجسم کردن مکانیسمی برای خود همانندسازی که یا نسبت به این تفاوت‌های مربوط به اجزای سازنده بی‌طرف باشد یا با آن‌ها به عنوان اطلاعات توالی در معنایی وسیع‌تر رفتار کند و آن‌ها را به عنوان ویژگی‌های وراثتی حفظ کند، کار دشواری است[۳۰].

جویس در ادامه‌ی بحث درباره‌ی این‌که چه‌گونه می‌توان بر مشکل به‌هم‌ریختگی غلبه کرد می‌گوید: «شاید شرایط خاصی وجود دارد که منجر به سنتز ترجیحی نوکلئوتیدهای β–D- فعال یا یکی‌شدن ترجیحی این مونومرها در پلیمرها می‌شود». او سپس این‌طور شرح می‌دهد:

برای مثال، سنتز پیش‌زیستی قندها به جای فرمالدئید می‌تواند از فسفات گلیکوآلدئید شروع شود و منجر به تولید ریبوز – '2 ,'4 دی‌فسفات به عنوان قند پنتوز غالب شود. . . پلیمریزه‌شدن آدنیلات، که به عنوان فسفریمیدازولید – '5 فعال می‌شود، منجر به تولیدات پیوندی – '2'5 در محلول می‌شود اما بیش‌تر تولیدات پیوندی – '3'5 در حضور کانی رسی مونتموریلونیت[1] تولید می‌شود. بنابراین، ممکن است از طریق یک‌سری سنتزها، جداسازی‌ها و دیگر فرایندهای غنی‌سازی انحرافی مسیر خاصی به حوضچه‌ی گرم کوچک RNA وجود داشته باشد[۳۱].

اگر پیدایش حیات به‌طور طبیعی و به‌روش‌هایی که هنوز مشخص نشده‌اند رخ داده باشد، برای غلبه بر مشکل درهم‌ریختگی باید قابلیت خاص زیربنایی‌ای در طبیعت وجود داشته باشد.

رابرت شاپیرو[2] نیز کشف مکانیسم‌ها و اصول جدید را پیش‌بینی کرده است. او در این باره این‌طور نوشته است:

به نظر می‌رسد سیستم‌های خودهمانندسازی که قادر به تکامل دارووینی باشند بسیار پیچیده‌تر از آن هستند که به‌طور ناگهانی از یک سوپ پیش‌زیستی به وجود آمده باشند. این نتیجه‌گیری هم در سیستم‌های اسید نوکلئیک و هم در سیستم‌های فرضی ژنتیکی مبتنی بر پروتیین صدق می‌کند. بنابراین، اصل تکاملی دیگری لازم است تا ما را از شکافی که بین مخلوطی از مواد شیمیایی و طبیعی ساده از یک طرف و نخستین همانندساز کارآمد از طرف دیگر وجود دارد، عبور دهد. جزییات این اصل شرح و نشان داده نشده است اما این اصل پیش‌بینی شده و آن را با نام‌هایی مانند تکامل شیمیایی[3] و خودسازمان‌دهی ماده[4] می‌شناسیم[۳۲].

---

1. montmorillonite clay
2. Robert Shapiro
3. Chemical Evolution
4. Self- Organization of Matter

جک ژوستاک[1]، برنده‌ی جایزه‌ی نوبل پزشکی سال ۲۰۰۹، نیز این ایده را بیان می‌کند که برای توضیح چه‌گونگی پیدایش حیات باید پدیده‌های جدیدی وجود داشته باشند که هنوز کشف نشده‌اند. همان‌طور که او و ایتای بودین[2] اظهار کرده‌اند: «کشف مکانیسم‌های جدید برای درک بهتر چه‌گونگی پیدایش حیات ضروری است»[۳۳].

پل دیویس[3] در کتاب معجزه‌ی پنجم[4] نیز به مطلب مشابهی اشاره کرده است، گرچه او تاکید ویژه‌ای بر این دارد که راه حل نهایی راه حلی بنیادین و ریشه‌ای خواهد بود. او در این رابطه این‌طور نوشته است: «به باور من، پیشرفت واقعی در رسیدن به توضیحی برای راز و رمز زیست‌زایی[5] نه از طریق شیمی نامتعارف بلکه از طریق چیزی که از نظر مفهومی کاملا جدید باشد حاصل می‌شود»[۳۴].

او در ادامه حتی حدس می‌زند که شاید رفتار عجیب ماده در سطح زیراتمی[6] در این بین نقشی داشته باشد و می‌گوید:

در این‌جا یک نظریه‌ی فیزیکی پذیرفته‌شده وجود دارد، اطلاعاتی را در قلب خود جای داده و کاملا با ماده گره خورده است ... آیا نوعی فرایند سازمان‌دهی کوانتومی می‌تواند همان چیزی باشد که برای توضیح منشا بزرگ‌مولکول‌های اطلاعاتی لازم است؟[۳۵]

او از این هم فراتر می‌رود تا به یک ایده برسد:

تفکر جبرگرایانه حتی در اشکال ضعیف‌تر آن، مانند کریستیان دو دوو[7] و استوارت کافمن[8]، چالش بنیادینی برای پارادایم علمی موجود است ... گرچه جبرگرایان زیستی وجود هر گونه طراحی یا هدف از پیش تعیین‌شده‌ی واقعی را در باورهای پیشنهادی‌شان انکار می‌کنند، این باور که ممکن است قوانین طبیعت نگاهی به حیات داشته و به سمت آن کج شده باشند، اگر با ادبیات داروینیسم مغایر نباشد، دست‌کم می‌توان گفت قطعا روح آن را می‌آزارد. این باور موضوع غایت‌شناسی را یک قرن و نیم پس از رد آن از سوی داروین، دوباره احیا می‌کند[۳۶].

---

1. Jack Szostak
2. Itay Budin
3. Paul Davis
4. *The fifth Miracle*
5. biogenesis
6. subatomic
7. Christian De Duve
8. Stuart Kauffman

مقاله‌ای که توماسو بلینی[1] و همکارانش منتشـر کرده‌اند نیز ظاهرا به موضوع مشـابهی اشاره دارد. آن‌ها هم سـناریوهای داروینی را، که «نظریه‌های شانسی خیالـی» می‌نامنـد، بـا نظریه‌هـای مربوط به تناسب و تنظیمات دقیـق در مغایرت می‌بینند و در این باره این‌طور نوشته‌اند:

گرچه سـناریوهای شانسـی خیالی از لحاظ قوانین طبیعی ممنوعیتـی ندارند، ظاهرا به‌طور فزاینده‌ای بعید و غیرمحتمل به نظر می‌رسـند و از این رو برای ذهن حسـاس دانشمندان غیرقابل قبول است. آن‌طور که ما می‌بینیم، سمت و سویی که پژوهش‌های منشا حیات در پیش گرفته است، پیشنهاد سناریوهایی است که این شانس خیالی در آن‌هـا کاهـش یافتـه و درجات قوی‌تری از الزام جای آن را گرفته اسـت. این‌که این موضوع تـا کجا می‌توانـد پیش برود و تا چه حد می‌توان موجودیت و هستی ما را که در سـاختار عمیق طبیعت نهادینه شـده است ضروری دانست، پرسشی است که همواره مورد توجه و علاقه‌ی دانشمندان بوده است[۳۷].

با این حال، در حال حاضر هیچ‌یک از اندیشـمندانه‌ترین سـناریوها نیز چیزی بیش از مقدماتی‌ترین توضیحات برای پرهیز از این بن‌بست نیست. اما این بدان معنا نیست که هرگز توضیح طبیعت‌گرایانه‌ای وجود ندارد. سال ۱۸۹۰ هیچ فیزیک‌دانی نمی‌توانسـت مفاهیـم فیزیک کوانتـوم قرن بیسـتم را درک کند. کـدام فیزیک‌دان می‌توانسـت سال ۱۸۹۰ دوگانگی موج-ذره، برهم‌نهی موج-ذره یا ارتباط دو ذره‌ای که فواصل کیهانی آن‌ها را از هم جدا کرده است در ذهن مجسم کند؟ هیچ‌کس نمی‌توانست مفاهیم بنیادین فیزیک جدید را تصور کند. با توجه به ماهیت انقلابی فیزیک در قرن بیستم، امکان کشفیات جدیدی که در حال حاضر غیرقابل تصورند اما ممکن است پرتویی بر مشکل منشا حیات بیفکنند و بر این بن‌بست غلبه کنند، دور از ذهن نیست.

طرح اصلی آغازین

صـرف نظر از این‌که چـه دلایل بلافصلی منجر به پیدایش سـلول شـده‌اند و صـرف نظر از این‌که چه مراحل مبهم و معماگونه‌ای از مونومرهای مورچیسـون تا قدیمی‌ترین جد مشـترک کل حیات موجود روی زمین طی شـده اسـت، پیدایش نخستین سلول مبتنی بر کربن در این‌جا یا در واقع در هر کجای جهان هستی، تنها به دلیل وجود مجموعه‌ای از تناسب‌های موجود در طبیعت، که در این کتاب توصیف

1. Tommaso Bellini

شـدند و من آن‌ها را طرح اصلی آغازین می‌نامم، امکان‌پذیر اسـت. همان‌طور که دیدیم، در واقع این مجموعه طرح اولیه‌ای دقیق و بخش جدایی‌ناپذیری از پیدایش سـلول مبتنی بر کربن اسـت که از همان ابتدا در قوانین طبیعت و مدت‌ها پیش از آن‌که به شکل ماده پدیدار شود، نوشته شده است.

همان‌طور که متوجه شدیم، این طرح اصلی شامل موارد زیر است:

۱- تناسـب اتـم کربـن برای ایجـاد پیوندهای کووالانسـی پایدار بـا خود و با هیدروژن، اکسیژن و نیتروژن و تولید لیست بالابلندی از ترکیبات آلی (فصل دوم).

۲- تناسب خواص جهت‌دار پیوندهای کووالانسی که مونتاژ بزرگ‌مولکول‌های بزرگ را با اشـکال سـه‌بعدی تعریف‌شـده ممکن می‌کند. مولکول‌هایی که قادر به عملکردهای زیستی خاص آنزیمی، ساختاری و ژنتیکی هستند (فصل سوم).

۳- تناسـب پیوندهای ضعیف برای تشـکیل سـطوح الکترواستاتیک مکمل که می‌توانند قسـمت‌های گوناگون بزرگ‌مولکول‌ها (برای مثال، دو رشـته‌ی DNA)، آنزیم‌ها به سوبستراهای‌شـان و موتورهای مولکولی به رشـته‌های اکتین را به‌طور برگشت‌پذیر بچسبانند (فصل سوم).

۴- تناسـب در تفاوت‌هـای موجـود در الکترونگاتیویته‌های کربـن، هیدروژن و نیتـروژن کـه منجـر بـه ایجـاد هیدروکربن‌هـای آب‌گریـز غیرقطبی می‌شـود و باعث می‌شـود آب ویژگی آب‌دوسـتی قطبی داشـته باشـد. تفاوت‌های خاص در الکترونگاتیویته‌ی بین این اتم‌ها باعث ایجاد هیدروکربن‌هایی با زنجیره‌های بلند و نامحلول می‌شـود که اساس غشای سـلول را تشکیل و به پروتیین‌های تاخورده‌ی پایدار توانایی می‌دهند (فصل چهارم).

۵- تناسـب خـواص نوپدیـد غشـای سـلول، از جملـه شـبه‌تراوایی، توانایـی خودسازمان‌دهی، قابلیت عایق‌بندی، خواصی که برای دستیابی به بسیاری از اهداف زیسـتی و ضروری سـلول مناسـب و به‌جا هسـتند. این اهداف شـامل چسبندگی و خزیـدن انتخابـی و خواص الکتریکی اسـت که سیسـتم‌های عصبی موجودات رده‌بالاتر را توانا می‌کند (فصل چهارم).

۶- توانایی‌هـای منحصربه‌فـرد فسـفات بـرای ذخیـره و اسـتفاده از انرژی در محیط‌های آبی سلول (فصل پنجم).

۷- تناسـب اتم‌هـای فلـزی گوناگـون، از جملـه آهـن و مـس، بـرای هدایت

الکترون‌ها از طریق کانال‌هایی به طرف پایین زنجیره‌های انتقال الکترون و برای اداره‌ی اکسیژن در هموگلوبین و سیتوکروم سی اکسیداز (فصل پنجم و ششم).

۸- تناسب یون‌های سدیم (Na^+) و پتاسیم (K^+) برای انتقال سریع بار الکتریکی از میان غشا و حفظ پتانسیل غشا (فصل ششم).

۹- تناسب آب برای خدمت به عنوان ماتریس سلول از جمله ویسکوزیته‌ی (چسبندگی) پایین آن که باعث شده بتواند واسطه‌ای برای گردش خون باشد، تناسب بی‌نظیر آن به عنوان یک حلال، نیروی آب‌گریز و تناسب آن برای هدایت پروتون (فصل هفتم).

افزون بر این‌ها، طرح اصلی به سلول در حالت عام محدود نمی‌شود. جنبه‌های گوناگونی از طرح اصلی وجود دارند که به‌طرز ویژه‌ای برای سلول‌های جان‌داران رده‌بالاتر مناسب هستند. برای مثال، سلول‌های هوازی جان‌داران بالاتر برای رفع نیاز متابولیسم خود که گرسنه‌ی انرژی هستند، به استفاده از اکسیداسیون‌های زیستی وابسته‌اند و این امر نیز تنها به دلیل غیرفعال‌بودن بی‌نظیر اکسیژن در دمای محیط و خواص اتم‌های واسطه، از قبیل آهن و مس، برای فعال‌سازی و مدیریت اکسیژن امکان‌پذیر است. نقل و انتقال اکسیژن به بافت‌ها را اتم آهن موجود در هموگلوبین امکان‌پذیر می‌کند و جابه‌جایی CO_2 از بافت‌ها به ریه‌ها به خواص منحصربه‌فرد اتم روی در آنزیم کربنیک آنیدراز بستگی دارد.

سلول‌های موجودات پیچیده‌ی چندسلولی به ویسکوزیته‌ی پایین آب و سرعت انتشار بالای املاح در آب نیز وابسته‌اند. این ویژگی سیستم گردش خون و سلول‌هایی را که از نظر متابولیکی فعال هستند قادر می‌سازد به اندازه‌ی کافی بزرگ باشند تا بتوانند حاوی ماشین‌آلات اسکلت سلولی شوند و بخزند یا تغییر شکل دهند؛ مهارت‌هایی که برای جنین‌زایی حیاتی‌اند. سرعت بالای انتشار املاح در آب نیز کلید تناسب یون‌های کوچک و سریع‌الانتشار سدیم (Na)، پتاسیم (K^+) و کلر (Cl^-) برای ایجاد پتانسیل غشا است که سازگاری ضروری‌ای برای انتقال تکانه‌های عصبی در موجودات بالاتر است.

تناسب دوجانبه

گرچه خواص تک‌تک اتم‌ها به‌طرز موثری برای عملکردهای خاص زیستی

مناسب است، همان‌طور که هندرسون در کتاب تناسب محیط زیست تاکید کرده، تناسب دوجانبه‌ی آن‌ها برای همکاری با یکدیگر در دستیابی به اهداف حیاتی گوناگون، این امر را موثر تر نیز کرده است. هندرسون هنگام بحث از چه‌گونگی کارکرد آب و دی‌اکسیدکربن با یکدیگر، ارتباط آن‌ها را چنان نزدیک به هم توصیف می‌کند که «از نظر منطقی به‌سختی می‌توان آن‌ها را از هم جدا دانست. آن‌ها با هم محیطی واقعی می‌سازند و هرگز دست از این مشارکت برنمی‌دارند»[۳۸]. او دوباره اشاره می‌کند که تناسب دی‌اکسیدکربن «تابع آب است . . . و متکی به انحلال‌پذیری و یونیزاسیون آن است و به فعل و انفعالات بین این دو ماده بستگی دارد»[۳۹]. هندرسون باز هم تاکید می‌کند که «بسیاری از اقدامات مستقل و متحدند که باعث می‌شوند این مجموعه‌ها به خواص جمعی برای ارتقای حیات دست پیدا کنند»[۴۰].

در این صفحات، مجموعه‌های گوناگون و قابل توجهی از تناسب متقابل و دوجانبه را بررسی کردیم. بسیاری از آن‌ها دهه‌ها پس از کارهای اساسی‌ای که هندرسون انجام داد کشف شدند. تناسب دوسویه‌ای بین هیدروکربن‌های نامحلول غیرقطبی و ماهیت آب‌دوست قطبی آب وجود دارد که حاصل آن غشای لیپیدی دولایه و تاخوردگی پروتیین‌ها است. تناسب دوسویه‌ی موجود در اتم اکسیژن برای پذیرش یک الکترون در هر بار و توانایی فلزات واسطه برای اهدای تک‌تک الکترون‌ها، کاهش (احیا) کنترل‌شده و فعال‌سازی اکسیژن را امکان‌پذیر می‌کند. تناسب متقابل پیوندهای قوی و ضعیف است که با همکاری یکدیگر منجر به شکل‌گیری شکل‌ها و عملکردهای خاص بزرگ‌مولکول‌های درشت می‌شود. این‌ها تنها سه مورد از بی‌شمار موارد موجود در تناسب متقابل است.

صرفه‌جویی

مدارک و شواهد جالب دیگری از تناسب خاص طبیعت برای سلول‌های مبتنی بر کربن حاکی از این واقعیت قابل توجه است که همین چهار اتم ‌-هیدروژن، کربن، اکسیژن و نیتروژن- که با یکدیگر ترکیب می‌شوند و مواد آلی اولیه‌ی سلول را تشکیل می‌دهند، به‌سهولت با یکدیگر ترکیب می‌شوند تا سه مولکول ساده را که برای حیات ضروری هستند نیز فراهم کنند: آب (H_2O) که عالی‌ترین ماتریس

است، دی‌اکسیدکربن (CO_2) که حامل منحصربه‌فرد اتم کربن به تمام بخش‌های زیست‌کره است و آمونیاک (NH_3) که اتم نیتروژن از طریق آن به حوزه‌ی مواد آلی راه یافته است.

موضوع تنها این نیست که ترکیب ساده‌ی این چهار اتم اصلیِ شیمی آلی می‌تواند منجر به تولید این سه مولکول حیاتی شود بلکه همان‌طور که پیش‌تر گفته شد، این‌ها بین فراوان‌ترین اتم‌های موجود در کیهان نیز هستند. آب از نخستین اتم فراوان، یعنی هیدروژن، و از سومین اتم فراوان، یعنی اکسیژن، تشکیل شده است. دی‌اکسیدکربن (CO_2) از چهارمین (C) و سومین (O) اتم فراوان در کیهان تشکیل شده و آمونیاک (NH_3) از نخستین (H) و پنجمین (N) اتم فراوان در جهان هستی تشکیل شده است.

باز هم موارد بیش‌تری برای مطرح‌کردن وجود دارد. سلول‌ها به انرژی نیاز دارند؛ کجا می‌توانیم اتمی را پیدا کنیم که با واکنش شیمیایی با مواد حیاتی و با کارایی بی‌نظیری انرژی تولید کند؟ کافی است تنها نگاهی به همین چهار اتم بیندازیم. یکی از آن‌ها، یعنی اکسیژن که سومین اتم رایج در کیهان است، به‌طور بی‌نظیری برای فراهم‌کردن مقادیر انبوهی از انرژی برای سیستم‌های زنده مناسب شده است. هیچ اتمی به پای اکسیژن نمی‌رسد. به علاوه، اکسیداسیون کربن و هیدروژن نیز مقدار بیش‌تری از انرژی را نسبت به هر اکسیداسیون دیگری آزاد می‌کند[۴۱]. بنابراین، دو اتم از این چهار اتم (کربن و هیدروژن) از حداکثر تناسب برای ذخیره‌ی انرژی متابولیکی برخوردارند. آیا هیچ‌یک از مصنوعات بشر تا به حال توانسته از لحاظ ظرافت و صرفه‌جویی اعجاب‌انگیزِ چنین مجموعه‌ای از تناسبات جاسازی‌شده در این چهار اتم، با آن رقابت کند و از آن سبقت بگیرد؟ تنها کسی که خود را متعهد کرده بدون هیچ معطلی‌ای و بی‌درنگ مدارک و شواهد غایت‌شناسی موجود در طبیعت را انکار کند از مشاهده‌ی چنین مجموعه‌ای از تناسب ناتوان است و قادر به دیدن مدارک و شواهد این طراحی باشکوه و مقرون به‌صرفه نخواهد بود.

حیات بیگانه

طرح اصلی آغازین به این معنا است که طبیعت به‌طرز منحصربه‌فردی برای

سلول، به‌شکلی که در حال حاضر روی زمین موجود است، مناسب شده و قریب به یقین می‌توان گفت این امر در مورد هر شکلی از حیات فرضی شیمیایی، طبیعی یا مصنوعی صدق می‌کند. این پیش‌بینی مهمی است و حاکی از آن است که تمام حیات شیمیایی در سرتاسر کیهان بر پایه‌ی کربن بوده و شبیه حیات موجود روی زمین است یا دست‌کم نشان می‌دهد هر حیات دیگری که در جای دیگری از کیهان یافت شود، حتی اگر به پیچیدگی حیات موجود روی زمین باشد، بر اساس همین مجموعه‌ی کربنی و همکاران شیمیایی‌اش خواهد بود.

همان‌طور که هندرسون بیش از یک قرن پیش خاطرنشان کرده است، «کربن، هیدروژن و اکسیژن هر کدام به‌تنهایی و همگی با هم از تناسب شیمیایی بی‌همتایی برای مکانیسم‌های آلی برخوردارند»[۴۲]. او همچنین افزوده است:

این تناسب حاصل ویژگی‌هایی است که روی هم مجموعه‌ای از حداکثرها را ایجاد می‌کند (همان‌طور که می‌دانیم، آب و دی‌اکسیدکربن که ترکیبی از کربن، هیدروژن و اکسیژن هستند، خواص منحصربه‌فرد یا تقریبا منحصربه‌فردی دارند). مجموعه‌ای که بسیار پر تعداد و متنوع است و میان تمام مواردی که به این مسئله مربوط می‌شوند و می‌توانند در کنار هم بهترین حالت ممکن برای تناسب را ایجاد کنند، تقریبا کامل‌ترین است . . . و به بهترین شکل ممکن می‌تواند برای تقویت پیچیدگی، ماندگاری و متابولیسم فعال در مکانیسمی آلی که ما آن را حیات می‌نامیم، به کار رود[۴۳].

هندرسون می‌پرسد «چه امکاناتی لازم است تا به مواد دیگری که همین ویژگی‌ها را داشته باشند دست پیدا کنیم؟»[۴۴] و پاسخ می‌دهد هیچ محیط دیگری نمی‌تواند از ویژگی‌های تناسبی مشابهی برای تقویت و پیش‌بردن مکانیسم‌های آلی‌ای که ما آن‌ها را حیات می‌نامیم برخوردار باشد[۴۵].

هر کس با وضعیت کنونی اخترزیست‌شناسی آشنا باشد می‌داند هیچ مجموعه‌ی دیگری از اتم‌ها هرگز کشف نشده یا حتی تصور نشده است که بتواند با تناسب دوجانبه‌ی اعضای این گروه که زمینه‌ساز پیدایش و بقای حیات مبتنی بر کربن هستند برابری کند.

«آب را دنبال کن»[1] که شعار ناسا و راهنمای اخترزیست‌شناسان برای

---

1. Follow the water

جست‌وجوی حیات فرازمینی اسـت، به معنای پذیرش ضمنی عدم وجود حلال جای‌گزین مناسبی اسـت که بتواند جای‌گزین آب باشـد. دو اخترزیست‌شـناس، فرانسیس وستال[1] و آندره براک[2]، آب مایع را «حلال بی‌نقص برای حیات مبتنی بر کربن» می‌نامند و در ادامه این‌طور می‌افزایند:

شـولز ماکـوچ[3] و لوییس ایروین[4] (۲۰۰۴) در مـورد امکان حیات بـر پایه‌ی دیگر ترکیبـات و امـلاح شـیمیایی بحث‌هـای بسـیار خوبی داشـته‌اند اما هیچ‌یـک از این ترکیبـات از خواص و مزایای کربن و آب (دسـت‌کم روی زمین) برخوردار نیسـتند. بیش‌تر آن‌ها پایدار و قابل رقابت با کربن نیستند[۴۶].

کریستوفر مکی[5] در مجله‌ی اخترزیست‌شناسی[6] موارد زیر را به عنوان حداقل نیازهای لازم برای یافتن حیات ذکر کرده است:

۱- آب مایـع بـا شـوری مناسـب در گذشـته یـا حال ۲- کربن موجود در آب ۳- نیتـروژن زیسـتی موجود در آب ۴- انـرژی مفید از نظر زیسـتی در آب ۵- مواد آلی که احتمالا منشا زیسـتی داشـته باشـند و اسـتراتژی قابل قبولی برای نمونه‌برداری از این مواد[۴۷].

یک قرن پس از هندرسون، نه تنها هیچ حقیقتی به دست نیامده است که بتواند نتیجه‌گیـری او را -مبنـی بـر این‌که قوانین طبیعت برای حیات، به‌شکلی که روی زمیـن وجـود دارد، به‌دقت تنظیم شـده‌اند- تهدید کند بلکه برعکس، بسـیاری از اکتشـافات و پیشرفت‌هایی که سـال ۱۹۱۳ غیرقابل تصور بودند، دیدگاه هندرسون را تاییـد کرده‌انـد. از جملـه اهمیـت نیروی آب‌گریـز، اسـتفاده از پیوندهای قوی کووالانسـی و پیوندهای ضعیـف برای مونتاژ بزرگ‌مولکول‌هـای پیچیده، هدایت پروتـون و تناسـب ده یـا همین حدود اتـم فلزی برای عملکردهای بسـیار خاص سلولی. نتیجه‌گیری هندرسون با پیشرفت‌هایی که خارج از حوزه‌ی علوم زیسـتی به دست آمده است نیز بیش‌تر تایید شده است. برای مثال، آشکارشدن فراوانی اتم‌ها در کیهان، رزونانس کربن ۱۲ که سـتاره‌ها را قادر به تولید کربن می‌کند و تنظیم دقیق ثابت‌های فیزیک برای حیات.

---

1. Frances Westall
2. Andre Brack
3. Schulze Makuch
4. Louis Irwin
5. Christopher Mckay
6. *Astrobiology*

تضعیف داروینیسم

یکی دیگر از پیامدهای باور به طرح اولیه چالش آشکاری است که در برابر جهان‌بینی داروینی ایجاد می‌کند. وجود طرح اولیه‌ای که طرح سلول را مدت‌ها پیش از پیدایش حیات روی زمین مشخص کرده است به‌طور ضمنی بیانگر این امر است که سلول اولیه هر طور هم که سر هم شده باشد، چه با پیدایش ناگهانی با عاملیت مستقیم ساعت‌سازی الهی، چه به‌تدریج به وسیله‌ی ساعت‌ساز نابینای داروینی (که به قوانین طبیعی و استفاده از انتخاب طبیعی رویدادهای تصادفی محدود شده است) و چه به روش‌های دیگری که هنوز تصور نشده‌اند، پیدایش آن تنها به دلیل طرح اولیه‌ای که از قبل طراحی شده امکان‌پذیر بوده است.

تناسب اتم‌ها و ترسیم طرح اصلی آغازین برای سلول مدت‌ها پیش از تولد زمین تعیین شده است. در نتیجه، حتی اگر یک ساعت‌ساز نابینای داروینی را به عنوان بازیگر اصلی در عملی‌کردن و پیاده‌سازی طرح اولیه در نظر بگیریم، باز هم باید بگوییم تحقق آن تنها به این دلیل امکان‌پذیر بوده که چنین طرحی از قبل موجود بوده است.

نتیجه‌گیری

در این کتاب دیدیم که معجزه‌ی سلول تنها به دلیل وجود مجموعه‌ی بزرگ و از پیش تعیین‌شده‌ای از تناسبات دوجانبه در خواص منحصربه‌فرد مجموعه‌ای متشکل از تقریبا یک‌پنجم اتم‌های جدول تناوبی امکان‌پذیر شده است. به باور من، شواهد موجود در هیچ حوزه‌ای از علم برای اثبات وجود طراحی در طبیعت و هدفمندی جهان هستی متقاعدکننده‌تر از شواهد مربوط به تنظیمات دقیق اتم‌ها برای پیدایش سلول‌های مبتنی بر کربن نیست. از هر دیدگاهی که به موضوع نگاه کنیم، شواهد ارایه‌شده در این کتاب چنین برداشت غیرقابل مقاومتی را ایجاد می‌کند که خواص اتم‌ها مستقیما و به‌طرز هدفمندی از قبل طراحی و تدبیر شده‌اند تا پیدایش و بقای حیات در جهان هستی را امکان‌پذیر کنند.

تا آن‌جا که به تحقق‌یافتن طرح اصلی مربوط می‌شود و همچنان به عنوان عمیق‌ترین رمز و رازها باقی مانده است، من باور دارم طی دهه‌های آینده ارکان بیش‌تری از تناسب موجود در طبیعت کشف خواهد شد که سرانجام مسیر

سرنوشت‌ساز طی‌شده از شیمی به حیات را آشکار می‌کند و نیز باور دارم پاسخ این معما پاسخی فوق‌العاده و شگفت‌انگیز خواهد بود که یکی از بزرگ‌ترین شگفتی‌های علم خواهد شد و پرده از علتی غایی برمی‌دارد که از تمام ارکان تناسبات طبیعی برای حیات که تاکنون کشف و ثبت شده عمیق‌تر است. حتی بالاتر از این، باور دارم روشن‌شدن این مسیر سرنوشت‌ساز بسیار بیش‌تر از هر کشف دیگری در علم از زمان تولد علم در قرن شانزدهم، نتیجه و دستاورد تفکر عقلانی است. در واقع، باور دارم هنگامی که این مسیر کشف شود معلوم می‌شود به‌طرز واضحی نشان‌دهنده‌ی غایت‌شناسی عمیقی در اصل وجودی است که همین امر نقطه‌ی عطفی در تاریخ تفکرات بشر خواهد بود و در مقابل، اگر سرانجام معلوم شود هیچ مسیر خالص و طبیعی‌ای بین این خلیج پهناور برای رسیدن به حیات از عدم حیات[1] وجود ندارد و تنها فعالیت و تدبیر عاملی هوشمند باعث پیدایش نخستین سلول روی زمین شده، این نیز به همان اندازه نقطه‌ی عطفی در تاریخ تفکرات بشر خواهد بود.

و سرانجام، حتی اگر استنباط‌های مربوط به طراحی رد شوند، وجود طرح اصلی آغازین برای سلول، که حاصل کشفیات علمی طی دو قرن بوده است، مدارک و شواهد قطعا انکارناپذیری برای اثبات این امر فراهم می‌کند که کیهان به‌شکلی که در حال حاضر فهمیده می‌شود، به‌طرز منحصربه‌فردی برای حیات مبتنی بر کربن مناسب شده است و همچنین حیات به‌شکلی که روی زمین وجود دارد و موجوداتی با طراحی زیستی ما از جایگاه بسیار ویژه‌ای در طبیعت برخوردارند. صرف نظر از هر استنباطی از طراحی، آنچه علم نشان داده تاییدی بر شهود عمیق پژوهشگران مسیحی قرون وسطی است که باور داشتند «بشر در شناخت طبیعت در تمام اعماق و زوایایش خود را می‌یابد»[۴۸].

---

1. non-life

یادداشت‌ها:

مقدمه

1. Carl Sagan, on *Cosmos: A Personal Voyage*, episode 12, "Encyclopaedia Galactica," directed by Adrian Malone, written by Carl Sagan, Ann Druyan, and Steven Soter, aired December 14, 1980, on PBS.

فصل نخست

1. David Rogers, "*Neutrophil Chasing Bacteria*," Embryology Education and Research, video, 0:33, accessed May 18, 2020, https://embryology.med.unsw. edu.au/embryology/index.php/Movie_ _Neutrophil_chasing_bacteria.

2. Goethe's Faustus exclaimed, Johann Wolfgang von Goethe, Faust, in *Goethe's Faust, With Some of the Minor Poems*, ed. And trans. Elizabeth Craigmyle (London: W. J. Gage, 1889), 31.–

به گفته‌ی گوته در نمایش‌نامه‌ی فاوست: «خیلی عجیب است که طبیعت حتی در روز روشن هم علی‌رغم غوغاهای ما نقاب خود را حفظ می‌کند. هر آنچه را او مایل به افشایش نیست، نمی‌توان به زور اهرم و پیچ و چکش برملا کرد».

3. Erika Check Hayden, "Human Genome at Ten: Life is Complicated," *Nature* 464 (2010): 664–667.

4. Howard C. Berg, "Bacterial Microprocessing," *Cold Spring Harbor Symposium on Quantitative Biology* 55 (1990): 539.

5. Rob Phillips, *Physical Biology of the Cell*, 2nd ed. (New York: Garland Science, 2013), chap. 3.

6. Vance Tartar, "Regeneration," *in The Biology of Stentor* (London: Pergamon Press, 1961), 105–135.

7. Herbert Spencer Jennings, *Behavior of the Lower Organisms* (New York:

The Columbia University Press, 1906), 336–337.

8. Kevin B. Clark, "Origins of Learned Reciprocity in Solitary Ciliates Searching Groups 'Courting' Assurances at Quantum Efficiencies," *Biosystems* 99 (2010): 27–41.

9. Jennings, Behavior of the *Lower Organisms*, 337.

ما معمولا سگ‌ها را هوشیار می‌دانیم چون از این کار فایده می‌بریم و می‌توانیم رفتارهای سگ را بسیار آسان‌تر ارزیابی، پیش‌بینی و کنترل کنیم. اگر آمیب هم به اندازه‌ی کافی بزرگ بود که بتواند وارد زندگی روزمره‌ی ما شود، قطعا می‌بایست آن را نیز همچون یک سگ در نظر می‌گرفتیم و حالات خاص و هوشیارانه‌ای را در پیش‌بینی و کنترل رفتارهایش مد نظر قرار می‌دادیم. شاید بتوان گفت پژوهش‌های عینی نشانگر این موضوع است که می‌توان هوشیاری کلی‌ای را در حیوانات مشاهده کرد.

10. Brian J. Ford, "The Secret Power of the Single Cell," *New Scientist* 2757 (2010): 26

۱۱- Ford, "The Secret Power," 26.

مدت‌ها است که شناخت حسی در موجودات رده‌بالاتر مورد بحث است و این پرسش را مطرح می‌کند که جایگاه شناخت حسی در درخت تکامل کجا است. اگر به کتاب پدیده‌ی حیات، اثر هانس یوناس، مراجعه کنید، می‌بینید که او با استناد به پیوستگی تکامل استدلال می‌کند هیچ دلیل قانع‌کننده‌ای برای وقفه تا رسیدن به ساده‌ترین شکل حیات وجود ندارد. پیوستگی نسب که هم‌اکنون بین انسان و دنیای حیوانات برقرار شده است، دیگر نمی‌تواند توجه او به ذهن و پدیده‌های ذهنی، مانند نفوذ ناگهانی یک اصل هستی‌شناختی خارجی، را غیرممکن کند. کجا به غیر از همان ابتدای حیات می‌توان جایی را برای آغاز باطن و ذات در نظر گرفت؟ چارلز شرینگتون، که روان‌شناس مغز و اعصاب است، نیز باور دارد آن‌چه را ذهن ما تجربه می‌کند به‌سختی می‌توان به ارگانیسمی تک‌سلولی نسبت داد اما اضافه می‌کند «نه این‌که بعید باشد ذاتی وجود داشته باشد که تا حدی به چیزی متشکل از سلول متصل شده باشد». درست است جان‌داران تک‌سلولی فاقد هر گونه سیستم عصبی قابل تشخیص هستند اما شرینگتون اصرار دارد که «ممکن است ساختار یا اسکلت سلولی به این امر خدمت کند و به توقف تخیل ما و این‌که که بگوییم دستگاهی برای این کار لازم است، نیازی نیست». او این‌طور نتیجه‌گیری می‌کند که «به نظر می‌رسد حد پایینی برای ذهن وجود ندارد». رابرت یرکس نیز باور دارد که ممکن است میکروارگانیسم‌ها احساساتی ابتدایی داشته باشند.

See Hans Jonas, The Phenomenon of Life (Evanston, IL: Northwestern University Press, 1966). *Journal of Philosophy, Psychology and Scientific Methods* 2, no. 6 (1905): 141–149.

12. Jacques Monod, *Chance and Necessity* (London: Collins, 1972), 64.

13. Lawrence Henderson, *The Fitness of the Environment* (New York: Macmillan, 1913), 312.

فصل دوم

1. Arthur E. Needham, prefatory poem to The *Uniqueness of Biological Materials* (London: Pergamon Press, 1965), v.

2. David Emmite, Moshe Sipper, and James A. Reggia, "Go Forth and Replicate," *Scientific American* 285 (2001): 35.

3. Lawrence Henderson, *The Fitness of the Environment* (New York: MacMillan,1913),,https://archive.org/details/cu31924003093659/page/n209.

4. William Prout, *Chemistry, Meteorology, and the Function of Digestion Considered with Reference to Natural Theology*, The Bridgewater Treatises 8 (London: William Pickering, 1834), 436.

5. Prout, Chemistry, 436.

6. As Peter Mark Roget said, (4–5). Peter Mark Roget, *Animal and Vegetable Physiology Considered with Reference to Natural Theology*, Bridgewater Treatises 5, vol. 2 (London: William Pickering, 1834), https://archive.org/details/pt2bridgewatertr05londuoft. Peter Ramberg commented recently, Peter J. Ramberg, "*The Death of Vitalism and the Birth of Organic Chemistry:* Wöhler's Urea Synthesis and the Disciplinary Identity of Organic Chemistry," *Ambix* 47, no. 3 (November 2000): 170.

بنابراین، درجه‌ای از حرارت‌دادن که هیچ تغییری در بیش‌تر مواد معدنی ایجاد نمی‌کند، می‌تواند بلافاصله باعث از هم گسیختگی کامل عناصر بدن حیوان یا گیاه شود. مواد آلی قادر به مقاومت در برابر عوامل کندتر اما مخرب‌تر آب و هوا (اکسیژن) نیز نیستند. همچنین ممکن است آن‌ها در معرض تغییرات خودبه‌خودی گوناگونی قرار بگیرند. مانند آن‌هایی که دچار تخمیر یا گندیدگی می‌شوند که حالت سرزندگی‌شان از بین می‌رود و در نتیجه در روند کنترل‌نشده‌ی شیمیایی و طبیعی خود رها می‌شوند. در واقع، ممکن است تمایل به تجزیه اصل ذاتی همه‌ی مواد سازمان‌یافته تلقی شود و برای مقابله با آن در سیستم حیات، نوسازی دایمی موادی که با قدرت مواد مغذی تامین می‌شوند، ضروری باشد. . . موادی که طبیعت در ساخت مواد آلی از آن‌ها استفاده کرده است از کیفیت انعطاف‌پذیری بیش‌تری برخوردارند (در مقایسه با مواد معدنی) که به تنوع مواد اولیه و تنوع بسیار زیادی در حالت ترکیبی آن‌ها منجر می‌شود.

7. William Prout was impressed by the variety and diversity of organic compounds.

ویلیام پروت تحت تاثیر تنوع و گوناگونی ترکیبات آلی قرار گرفت. او از شکل‌های گوناگون و انواع متنوع و بی‌شمار ترکیبات آلی حاوی کربن صحبت کرده است و در بخشی از اظهاراتش می‌گوید:

شاید بتوان گفت می‌توان کربن را بیش از هر اصل دیگری به عنوان عنصر بنیادی و اساسی

که در ترکیب موجودات سـازمان‌یافته دیده می‌شـود در نظر گرفت. این امر مخصوصا در
قلمرو گیاهان که اساسا ویژگی خاص خود را مدیون کربن هستند و تنوع بی‌شمار آن‌ها به
دلیل تفاوت در مقدار آن و تاثیر تعدیل‌کننده‌ی هیدروژن و اکسـیژن مرتبط با آن‌ها اسـت،
مصداق دارد. کربن در قلمرو حیوانی نیز تاثیر مشابهی دارد.

8. Roget, *Animal and Vegetable*, See John Lee Comstock, Illustrated by
Experiments (Hartford, CT: Beach and Beckwith, 1835), 239.

پیچیدگی موجود در آن‌ها آن‌قدر زیاد است که هیچ هنر انسانی‌ای قادر به انجام این امر نیست.
دانشمندان دیگری نیز تحت تاثیر پیچیدگی‌های آلی در مقایسه با غیرآلی قرار گرفته‌اند.

9. Isaac Asimov, *The World of Carbon* (New York: Collier Books, 1968),
11– 12. Francis Preston Venable explained an empirical basis for early
nineteenthcentury vitalism in his Short *History of Chemistry* (Boston: D. C.
Heath, 1907), 118.

وی خاطرنشان کرد که حیات‌گرایان اوایل قرن نوزدهم تصور می‌کردند علی‌رغم این‌که
مواد معدنی می‌توانند به‌طور مصنوعی تولید یا سنتز شوند، تقلید از مواد آلی از حد روش‌های
تجربی فراتر است؛ چون آن‌ها خودشان تولیدات حیات هستند و تنها می‌توانند در سلول‌های
گیاهی یا جانوری شکل بگیرند. درست است تهیه‌ی مواد آلی جدید با تقطیر یا کار بر روی
فرآورده‌های گیاهی ممکن شده است، منبع اصلی یا نقطه‌ی شروع باز هم همان فرآورده‌های
زیسـتی اسـت. تمام این‌ها هنوز هم اعتقاد به ضرورت عمل نیروی مرموز حیات را از بین
نبرده‌اند.

کتاب مرگ حیات‌گرایی اثر رامبرگ را ببینید که می‌گوید: «در حالی که ترکیبات غیرآلی به‌راحتی
تجزیه و تحلیل و سنتز می‌شوند، ترکیبات آلی تنها با اسـتفاده از نیروی حیاتی مرموزی که امکان
تکرار آن در آزمایشگاه وجود ندارد، تنها در گیاهان و جانوران ساخته می‌شوند».

۱۰- پروت نوشت:
دسـتیابی بـه هـدف خاص حیـات آلی نه از طریق هر دورشـدنی از طرح بـزرگ بلکه از
طریق ترکیبات جدید و متفاوت انجام‌پذیر اسـت. فرض کنید اکسـیژن و هیدروژن بتوانند
در یک جاندار ترکیب شـوند، دقیقا به همان نسـبت و روشـی که در حال حاضر ترکیب
می‌شوند، و چیزی غیر از آب تولید شود. اگر این‌طور شود، برخلاف تمام ادله خواهد بود.
مواد آلی از عناصر مشابهی تشکیل شـده‌اند که به‌وفور در سراسر جهان هستی در وضعیتی
غیرسازمان‌یافته وجود دارند. به علاوه، این عناصر در معرض تمام تاثیرات و عوامل غیرآلی
قرار دارند.

او همچنین اظهار کرده است:
با این حال، نمی‌توانیم به‌طور مصنوعی قند یا هر ترکیب آلی دیگری را با ترکیب مسـتقیم
عناصرشـان تولید کنیم؛ زیرا نمی‌توانیم عناصر آن‌ها را دقیقا در حالات و نسـبت‌های لازم
فراهـم کنیم. شـکی نیسـت که اگر عناصر بتوانند به این شـکل در کنار هم قـرار بگیرند،
ترکیب حاصل از آن‌ها همان ترکیبات طبیعی خواهد بود.

11. Friedrich Wöhler to Jöns Jacob Berzelius, February 22, 1828, *in*
Briefwechsel zwischen J. Berzelius und F. Wöhler, vol. 1, ed. O. Wallach, trans.
W. H. Brock(Leipzig: Verlag von Wilhelm Engelmann, 1901), 206, cited at

"Friedrich Wöhler," Today in Science History, accessed May 29, 2019https://todayinsci.com/W/Wohler_Friedrich/WohlerFriedrich-Quotations.htm.

12. Venable, *Short History of Chemistry*, 118.

13. Alan J. Rocke, "Hermann Kolbe," *Encyclopaedia Britannica,* accessed May 22, 2019, https://www.britannica.com/biography/Hermann-Kolbe.

14. Henderson, *Fitness*, 192.

15. See, for example, Thomas Nagel, *Mind and Cosmos: Why the Materialist Neo- Darwinian Conception of Nature Is Almost Certainly False* (New York: Oxford University Press, 2012); and J. Scott Turner, *Purpose and Desire: What Makes Something "Alive"* and *Why Modern Darwinism Has Failed to Explain It* (New York: HarperOne, 2017).

16. Henderson, *Fitness*, 193.

17. J. J. C. Mulder, *"Theoretical Organic Chemistry: Looking Back in Wonder,"in Theoretical Organic Chemistry*, ed. C. Párkányi (New York: Elsevier, 1997),1–32.

18. Isaac Asimov, *A Short History of Chemistry* (New York: Anchor Books,1965), 98–99.

19. Henderson, *Fitness*, 193.

20. Alfred Russel Wallace, *Man's Place in the Universe* (London: Chapman and Hall, 1904) https://archive.org/details/manuniverse00walluoft/page/n209.

21. N. V. Sidgwick, *The Chemical Elements and Their Compounds*, vol. 1 (Oxford: Oxford University Press, 1950), 490.

در وهله‌ی نخست، حالت متعارف ۴ کووالانسی اتم کربن حالتی است که در آن تمام عناصر پایدار ترکیب شده‌اند، که شامل یک هشت‌تایی کاملا به اشتراک گذاشته‌شده است. به علاوه، برخلاف دیگر عناصر گروه، این هشت‌تایی نمی‌تواند بیش از این افزایش یابد زیرا ۴ حداکثر کووالانس برای کربن است.

22. P. W. Atkins, *The Periodic Kingdom: A Journey into the Land of the Chemical Elements* (New York: Basic Books, 1995), 17.

23. Atkins, *The Periodic Kingdom*, 17.

24. Atkins, *The Periodic Kingdom*, 17.

25. Asimov, *The World of Carbon*, 14.

26. Primo Levi, *The Periodic Table* (London: Abacus, 1990), 226–227. "The Place of Life and Man in Nature: Defending the Anthropocentric Thesis," BIO-Complexity 2013 (1): 1–15, https://doi.org/10.5048/bioc. 2013.1.

27. Needham, *Uniqueness*, 30.

28. George Wald, "*The Origins of Life,*" *PNAS* 52 (1964): 594–611.

29. see S. E. Gould, "Shine On You Crazy Diamond: Why Humans are Carbon-Based Lifeforms," *Scientific American, November* 11, 2012, https://blogs.scientificamerican.com/lab-rat/shine-on-you-crazydiamond- why-humans-are-carbon-based-lifeforms/. Also see Kira Mitsuo, "Bonding and Structure of Disilenes and Related Unsaturated Group-14 Element Compounds," *Proceedings of the Japan Academy, Series* B 88, no. 5 (2012): 167–191, https://doi.org/10.2183/pjab.88.167.

30. Bruce Alberts et al., "*Catalysis and the Use of Energy by Cells,*" in *Molecular Biology of the Cell*, 4th ed. (New York: Garland Science, 2002), https://www.ncbi.nlm.nih.gov/books/NBK26838/; and see Alberts et al., "Protein Function," in *Molecular Biology of the Cell*, https://www.ncbi.nlm.nih.gov/books/NBK26911/:

سرعت بسیار بالای واکنش‌های شیمیایی را آنزیم‌ها ایجاد می‌کنند که بسیار بالاتر از هر کاتالیزور مصنوعی است. این کارایی به عوامل گوناگونی نسبت داده می‌شود. آنزیم‌ها به منظور افزایش غلظت محلی مولکول‌های بستر در محل کاتالیزوری و نگه‌داشتن تمام اتم‌های مناسب در جهت‌گیری صحیح برای واکنش بعدی وارد عمل می‌شوند. از همه مهم‌تر این‌که مقداری از انرژی اتصال مستقیما به کاتالیزور کمک می‌کند. مولکول‌های سوبسترا باید پیش از تشکیل محصولات نهایی واکنش متحمل یک‌سری تغییر شکل‌ها و توزیع شوند. انرژی آزاد مورد نیاز برای دستیابی به ناپایدارترین حالت گذار انرژی فعال‌سازی برای واکنش نامیده می‌شود و عامل اصلی تعیین‌کننده‌ی سرعت واکنش است. میل آنزیم‌ها به حالت گذار بسیار بسیار بیش‌تر از حالت پایدار است. از آن‌جا که این اتصال محکم انرژی حالت گذار را به‌شدت کاهش می‌دهد، آنزیم با کاهش انرژی فعال‌سازی مورد نیاز، واکنش خاصی را سرعت می‌بخشد.

31. Alberts et al., "*Catalysis and the Use of Energy by Cells.*"

32. Houk et al., "Binding Affinities of Host–Guest, Protein–Ligand, and Protein–Transition-State Complexes," *Angewandte Chemie International Edition* 42, no. 40 (October 20, 2003): 4872–4897, https://doi.org/10.1002/anie.200200565. Panagiotis L. Kastritis et al., "A Structure-Based Benchmark for Protein-Protein Binding Affinity: Protein-Protein Structure-Affinity Benchmark," *Protein Science* 20, no. 3 (March 2011): 482–491, https://doi.org/10.1002/pro.580.

33. Bond energies in kJ/mol are given as Na-Cl 787, Na–F, 923, in "Lattice Energy," College of Science: Chemical Education Division Group, Purdue University, accessed May 8, 2019, http://chemed.chem.purdue.edu/genchem/topicreview/bp/ch7/lattice.html; C-H 413 is given in Kim Song and Donald Le, "*Bond Energies,*" LibreTexts Chemistry, accessed May 30, 2019, https://chem.libretexts.org/Bookshelves/Physical_and_Theoretical_Chemistry_Textbook

34. John Gribbin, *Cosmic Coincidences: Dark Matter, Mankind and Anthropic Cosmology* (London: Black Swan, 1991), 14.

35. Needham, *Uniqueness*, 30.

36. Needham, *Uniqueness*, 30.

37. Henderson, *Fitness*, 220.

38. Sidgwick, *The Chemical Elements*, 490.

39. Robert E. D. Clark, *The Universe: Plan or Accident?*, 3rd ed. (Grand Rapids: Zondervan, 1972), 97.

40. K. W. Plaxco and M. Gross, *Astrobiology: A Brief Introduction*, 2nd ed. (Baltimore: Johns Hopkins University Press, 2011), 12.

41. Lynn J. Rothschild and Rocco L. Mancinelli, "Life in Extreme Environments," Nature 409, no. 6823 (February 22, 2001): 1092–1101, https://doi.org/10.1038/35059215.

42. Stanley L. Miller and Leslie E. Orgel, *The Origins of Life on the Earth* (Upper Saddle River, NJ: Prentice Hall, 1974). See chap. 9 on the stability of organic compounds.

43. Miller and Orgel, *The Origins of Life on the Earth*.

44. Michael Denton, *Nature's Destiny: How the Laws of Biology Reveal Purpose in the Universe* (New York: Free Press, 1998), 110. See also T. Hoyem and O. Kvale, *Physical, Chemical and Biological Changes in Food Caused by Thermal Processing* (London: Applied Science Publishers, 1977), 185–201.

45. H. R. White, "Hydrolytic Stability of Biomolecules at High Temperatures and Its Implication for Life at 250°C," *Nature* 310 (1984): 430–432. See also H. Bernhardt, D. Ludeman, and R. Jaenicke, "Biomolecules Are Unstable under Black Smoker Conditions," *Naturwissenchaften* 71 (1984): 583–586.

46. White, "Hydrolytic Stability of Biomolecules," 430–432. See also Bernhardt, Ludeman, and Jaenicke, "Biomolecules," 583–586.

47. Andrew Clarke et al., "A Low Temperature Limit for Life on Earth," *PloS One* 8, no. 6 (2013): e66207, https://doi.org/10.1371/journal.pone.0066207.

48. Figure data from Leon M. Lederman, From *Quarks to Cosmos* (New York: Scientific American Library, 1989), 152. And see F. Hoyle, "Ultra High Temperatures," *Scientific American* 191, no. 3 (1954): 145–154.

49. Water is liquid between 0C° and 100C° at an atmospheric pressure of 760 mm Hg. At higher atmospheric pressures water can exist as a liquid at temperatures considerably above 100C°.

50. Henderson, Fitness. See also Sidgwick, *The Chemical Elements*, 490; and Needham, Uniqueness. See Clark, *The Universe: Plan or Accident?*, chap. 8. Even Carl Sagan conceded he was a carbon-and-water chauvinist; see Carl Sagan, Cosmos (New York: Ballantine Books, 1985), 105.

51. Plaxco and Gross, *Astrobiology*, 6.

52. Alfred Russel Wallace, *The World of Life: A Manifestation of Creative Power, Directive Mind and Ultimate Purpose* (London: Chapman and Hall, 1911),393 .

فصل سوم

1. Horace Judson, *The Eighth* Day of *Creation: Makers of the Revolution in Biology* (New York: Simon and Schuster, 1979), 173–175.

2. James D. Watson, *Molecular Biology of the Gene*, 3rd ed. (California: W. A. Benjamin, 1976), 25–28.

3. Watson, *Molecular Biology*, 28.

4. Watson, *Molecular Biology*, 28.

5. Watson, *Molecular Biology*, 28.

6. Watson, *Molecular Biology*, 28.

7. John Cairns, Gunther S. Stent, and James D. Watson, *Phage and the Origins of Molecular Biology* (New York: Cold Spring Harbor Laboratory Press,2007 Salvador Luria, James Watson, Alfred Hershey, Gunther Stent, Frank Stahl, Seymour Benzer, and Renato Dulbecco.

8. Judson, *The Eighth Day of Creation*, 60.

9. See Joseph S. Fruton, *Proteins, Enzymes, Genes* (New Haven, CT: Yale University Press, 1999), 171. For more information, see Graeme K. Hunter, *Vital Forces* (New York: Academic Press, 2000), chap. 11.

مدت‌های مدیدی است که پروتیین‌ها در هاله‌ای عرفانی قرار دارند. حتی کلمه‌ی «پروتیین» که سال ۱۸۳۸ شیمی‌دانی سوئدی به نام برزلیوس در نامه‌ای به شاگردش، گریت جان مولدر، آن را پیشنهاد داد، از معنای یونانی «داشتن مقام اول» گرفته شده و بیانگر این مفهوم است که این مولکول‌ها نقشی بی‌نظیر و حیاتی در زیست‌شناسی دارند.

10. Maclyn McCarty, "Discovering Genes Are Made of DNA," *Nature* 421 (2003): 406.

11. M. Delbrück, "A Physicist's Renewed Look at Biology: Twenty Years Later," Science 168, no. 3937 (1970): 1312.

12. Francis Crick, "The Impact of Linus Pauling on Molecular Biology" (lecture, Pauling symposium, Oregon State University, 1995). A transcript of Crick's talk is available at "The Life and Work of Linus Pauling (1901–1994: A Discourse on the Art of Biogeography," Special Collections & Archives Research Center, Oregon State University Libraries, 1995, http://scarc.library. oregonstate.edu/events/1995paulingconference/videos1-2-crick.html. See also Judson, *The Eighth Day of Creation*, section 1, chap. 1, part c.

13. Erwin Schrödinger, *What Is Life? The Physical Aspect of the Living Cell, with Mind and Matter & Autobiographical Sketches* [1944] (Cambridge: Cambridge University Press, 1992), 68.

14. Jacques Monod, *Chance and Necessity* (New York: Vintage Books,1972), 61.

پروتیین‌ها به واسطه‌ی ظرفیت‌شان برای تشکیل کمپلکس‌های فضاویژه و غیرکووالانسی است که عملکردهای به اصطلاح «اهریمنی» خود را اعمال می‌کنند.

15. J. C. Kendrew et al. [1958], quoted in M. F. Perutz, "X-Ray Analysis, Structure and Function of Enzymes," *European Journal of Biochemistry* 8 (1969): 455, https://doi.org/10.1111/j.1432-1033.1969.tb00549.x.

16. Judson, foreword to *The Eighth Day of Creation*, 1st ed., 12.

17. Heinz Neumann et al., "Encoding Multiple Unnatural Amino Acids viaEvolution of a Quadruplet-Decoding Ribosome," *Nature* 464, no. 7287(March 18, 2010): 441–444.

18. Vitor B. Pinheiro et al., "Synthetic Genetic Polymers Capable of Heredity and Evolution," *Science* 336, no. 6079 (April 20, 2012): 341–344.

19. See Henderson, *The Fitness of the Environment* (New York: MacMillan, 1913), 32–35. Available at https://archive.org/details/cu31924003093659/page/n209. Since 20 Henderson's day, many other authors have formulated definitions of life and organisms (see David L. Abel, "*Is Life Unique?*," Life 2, no. 1 (2012): 106–134

در تناسب محیط زیست، لارنس هندرسون موجودات زنده را به عنوان مکانیسم‌های فیزوشیمیایی بادوام (خودنگه‌دارنده و خودتکثیر) تعریف کرد که درجه‌ی پیچیدگی بالایی دارند و از طریق فرایندهای متابولیکی که شامل تبادل ماده و انرژی با محیط‌شان است، قادر به تنظیم و هموستاز(خودایستایی) هستند.

20. Daniel E. Koshland, "The Mechanism of Enzymatic Action," *Encyclopaedia Britannica, accessed*May 9, 2019, https://www.britannica.com/science/protein/The-mechanism-of-nzymaticaction (page 19 of e-version):

در شرایط یکسان آنزیم‌ها بسیار کارآمدتر از کاتالیزورهایی هستند که بشر ساخته است. از آن‌جا

که بسیاری از آنزیم‌ها با مشخصات خاصی در سلول فعالیت می‌کنند و فضای کافی تنها برای چند مولکول آنزیم وجود دارد، هر آنزیم باید بسیار کارآمد باشد. دلیل کارایی آنزیم‌ها کاملا مشخص نیست. این امر تا حدی به موقعیت دقیق بسترها و گروه‌های کاتالیزوری در محل فعال مربوط است که باعث افزایش احتمال برخورد بین اتم‌های واکنش‌دهنده می‌شود. به علاوه، ممکن است محیط جایگاه فعال آنزیمی برای واکنش مطلوب باشد، یعنی ممکن است گروه‌های اسیدی و اصلی در آنجا همراه با هم به‌طور موثرتری عمل کنند یا ممکن است مقداری کشیدگی در مولکول‌های سوبسترا ایجاد شود تا پیوندهای آن‌ها به‌راحتی شکسته شوند یا جهت‌گیری بسترهای واکنش‌دهنده برای سطح آنزیم بهینه باشد. گرچه نظریه‌هایی که برای بازده بالای کاتالیزوری آنزیم‌ها ارایه شده‌اند منطقی هستند، هنوز هم اثبات نشده‌اند.

21. P. W. Atkins, *The Periodic Kingdom: A Journey into the Land of the Chemical Elements* (New York: Basic Books, 1995), 177–178.

22. See Peter Atkins and Loretta Jones, *Chemistry: Molecules, Matter and Change* (New York: W. H. Freeman, 1997), 294–295.

23. Robert E. D. Clark, *The Universe: Plan or Accident?*, 3rd ed. (Grand Rapids: Zondervan Publishing House, 1972), 94. [emphasis in original]

24. Atkins, *The Periodic Kingdom*, 178.

25. Watson, *Molecular Biology*, 90.

26. Watson, *Molecular Biology*, 86.

27. Crick, "The Impact of Linus Pauling."

28. Watson, *Molecular Biology*, 90.

29. Watson, *Molecular Biology*, 98.

30. Watson, *Molecular Biology*, 97–98.

۳۱- اتصال خاص یک بستر خاص (کلید) به جایگاه اتصالش روی پروتیین (قفل) بستگی به چندین پیوند دارد که در موقعیت‌های مکانی مکمل بسیار دقیقی در هر دو بستر و محل اتصال تنظیم شده‌اند. کاهش تعداد پیوندهای ضعیف برای جبران افزایش مقاومت فرضی آن‌ها کارایی نخواهد داشت زیرا ویژگی اتصال از بین می‌رود.

32. Watson, *Molecular Biology*, 100.

33. Rob Phillips, *Physical Biology of the Cell*, 2nd ed. (New York: Garland Science, 2013), 127. For more on non-covalent bonds, see Harvey Lodish et al., "Section 2.2: Noncovalent Bonds," in *Molecular Biology*, 4th ed. (New York: W. H. Freeman, 2000), https://www.ncbi.nlm.nih.gov/books/NBK21726/.

34. Energy of ultra-low-frequency (3,000 Hertz) radio photon (calculated by E = Planck constant × Hertz), is $6.63 \times 10{-34} \times 3,000 = 2 \times 10{-30}$ J. Energy

of 4 kJ/mol hydrogen bond, converted from kJ/mol to joules, is 4×103 J / 6.022×1023 molecules/mol $= 6.7 \times 10{-}21$ J. Energy of Big Bang given by NASA at https://web.archive.org/web/20140819120709/http://imagine.gsfc. nasa.gov/docs/ask_astro/

35. James D. Watson, preface to DNA: *The Secret of Life* (London: William Heinemann, 2003), xii–xiii.

36. Daniel Dennett, *Sweet Dreams: Philosophical Obstacles to a Science of Consciousness* (Cambridge, MA: MIT Press, 2005), 178.

فصل چهارم

1. Peter W. Atkins, *The Periodic Kingdom: A Journey into the Land of theChemical Elements* (New York: Basic Books, 1995), 149.

2. George Wald, "*The Origins of Life*," PNAS 52 (1964): 595–610.

3. See Lawrence Henderson, *The Fitness of the Environment* (New York:MacMillan, 1913), 210–211. Available online here: https://archive.org/ details/cu31924003093659/page/n209.

4. Henderson, Fitness, 219.

5. Atkins, *The Periodic Kingdom*, 20.

6. Atkins, *The Periodic Kingdom*, 20–21.

7. Atkins, *The Periodic Kingdom*, 21.

۸– همان‌طور که در کتاب‌های قبلی این مجموعه گفته شده است، ماهیت گازی اکسیژن و نیتروژن در شرایط محیطی موجودات کاملا با طراحی فیزیولوژیکی ما برای تنفس هوا متناسب است.

9.. (Atkins, *The Periodic Kingdom*, 90).

اتکینز برای انتقال مفهوم ارتباط هیدروژن با بقیه‌ی جدول تناوبی تصویری جغرافیایی ارایه می‌کند. او می‌نویسد:

> در شمال سرزمین اصلی، تقریبا جایی مانند ایسلند در مرز شمال غربی اروپا، منطقه‌ای ایزوله واقع شده که همان هیدروژن است. این عنصر ساده اما پر خاصیت مانند پایگاه نظامی یک قلمرو اسـت که علی‌رغم سـادگی‌اش از ماهیت شـیمیایی غنی و پر باری برخوردار اسـت. همچنین، فراوان‌ترین عنصر جهان هستی و در واقع سوخت ستاره‌ها است.

۱۰– ما در این باره رایج‌ترین پیوند C–H بین CSP_3 و هیدروژن را داریم. معمولا شیمی‌دان‌ها پیوندهای بین اتم‌هایی را که از نظر الکترونگانیوی کم‌تر از ۰/۴ اختلاف دارند غیرقطبی می‌دانند. گرچه، هنوز مقداری عدم تعادل الکترون‌ها در این شرایط رخ می‌دهد و ممکن است انواع دیگری از پیوندهای C–H قطبیت متوسط تا زیاد داشته باشند.

۱۱- و این تنها املاح قطبی و یون‌های باردار (مانند Na^+ و Cl^-) نیستند که به اتم‌های اکسیژن الکترونگاتیو یا به اتم‌های هیدروژن الکتروپوزیتیو جذب می‌شوند. اتم‌های مولکول‌های آب یک شبکه‌ی الکترواستاتیک (که به عنوان شبکه‌ی پیوند هیدروژن توصیف می‌شود) تشکیل می‌دهند که در آن اتم‌های یک مولکول آب به اتم‌های اکسیژن مولکول آب مجاور جذب می‌شود. به این ترتیب، تمام مولکول‌های آب در شبکه‌ی گسترده‌ای از فعل و انفعالات الکترواستاتیکی به هم متصل می‌شوند.

12. J. P. Trinkaus, *Cells into Organs* (New Jersey: Prentice–Hall, 1984), 51.

13. Charles Tanford, "How Protein Chemists Learned about the Hydrophobic Factor: Protein Chemists and the Hydrophobic Factor," *Protein Science* 6, no. 6 (1997): 1365. [emphasis in original]

14. John Keats, "Ode on a Grecian Urn," 1820, available at *Poetry Foundation*, https://www.poetryfoundation.org/poems/44477/ode-on-a-grecian-urn.

15. Trinkaus, *Cells into Organs*, 52. [emphasis in original]

16. Trinkaus, *Cells into Organs*, 53.

17. Trinkaus, *Cells into Organs*, 53.

18. Trinkaus, *Cells into Organs*, 53.

19. Stephane Romero et al., "Filopodium Retraction Is Controlled by Adhesion to Its Tip," *Journal of Cell Science* 125, no. 21 (2012): 4999–5004, https://doi.org/10.1242/jcs.104778.

۲۰- به یادداشت شماره‌ی ۱۰ نگاه کنید.
21. Alex L. Kolodkin and Marc Tessier-Lavigne, "Growth Cones and Axon Pathfinding," in *Fundamental Neuroscience*, 4th ed. (Boston: Elsevier, 2013), 384–363.

22. C. H. Waddington, *New Patterns in Genetics and Development* (New York: Columbia University Press, 1962), 105–107.

23. J. B. Edelmann and M. J. Denton, "The Uniqueness of Biological Self-Organization: Challenging the Darwinian Paradigm," *Biology & Philosophy* 22, no. 4 (2006): 589. https://doi.org/10.1007/s10539-006-9055-5. [internal references removed]

24. Wieland B. Huttner and Anne A. Schmidt, "Membrane Curvature: A Case of Endofelin," *Trends in Cell Biology* 12, no. 4 (2002): 155.

25. Harold P. Erickson, "Size and Shape of Protein Molecules at the Nanometer Level Determined by Sedimentation, Gel Filtration, and Electron Microscopy,"

Biological Procedures Online 11, no. 1 (2009): 32–51, https://doi.org/10.1007/s12575-009-9008-x.

26. Bruce Alberts et al., "Ion Channels and the Electrical Properties of Membranes," *Molecular Biology of the Cell*, 4th ed. (New York: Garland Science, 2002), https://www.ncbi.nlm.nih.gov/books/NBK26910/.

27. Bruce Alberts et al., "Cell–Cell Adhesion," *Molecular Biology of the Cell*, 4th ed. (New York: Garland Science, 2002), https://www.ncbi.nlm.nih.gov/books/NBK26937/.

28. David E. Green and Robert F. Goldberger, *Molecular Insights into the Living Process* (New York: Academic Press, 1967).

29. Arthur E. Needham, *The Uniqueness of Biological Materials* (London: Pergamon Press, 1965), 82, 90.

30. Robert R. Crichton, *Biological Inorganic Chemistry: A New Introduction to Molecular Structure and Function*, 2nd ed. (Amsterdam: Elsevier, 2012), 184.

31. Crichton, *Biological Inorganic Chemistry*, 187. See also Figure 9.12.

32. Alberts et al., "Ion Channels and the Electrical Properties of Membranes."

33. Alberts et al., "Ion Channels and the Electrical Properties of Membranes."

34. Alberts et al., "Ion Channels and the Electrical Properties of Membranes."

فصل پنجم

1. Peter Atkins, *The Periodic Kingdom* (New York: Basic Books, 1995), 27.

2. Mark Twain, *Roughing It* (New York: Harper and Brothers, 1899), 259.

3. Paul Davies, "*The 'Give Me a Job' Microbe*," *The Wall Street Journal*, December 4, 2010.

4. Felisa Wolfe-Simon et al., "A Bacterium That Can Grow by Using Arsenic Instead of Phosphorus," *Science* 332, no. 6034 (June 3, 2011): 1163.

5. Alla Katsnelson, "Arsenic-Eating Microbe May Redefine Chemistry of Life," *Nature* (December 2, 2010).

6. "Arsenic-Loving Bacteria May Help in Hunt for Alien Life," BBC News, December 2, 2010, https://www.bbc.com/news/science-environment-11886943."

7. Erika Check Hayden, "Critics Weigh in on Arsenic Life," *Nature* (May 27, 2011), https://doi.org/10.1038/news.2011.333.

8. Tobias J. Erb et al., "GFAJ-1 Is an Arsenate-Resistant, Phosphate- Dependent Organism," *Science* 337, no. 6093 (July 27, 2012): 467–470, https://doi.org/10.1126/science.1218455.

9. F. Westheimer, "Why Nature Chose Phosphates," *Science* 235, no. 4793(1987):1173–1178.

10. Mostafa I. Fekry, Peter A. Tipton, and Kent S. Gates, "Kinetic Consequences of Replacing the Internucleotide Phosphorus Atoms in DNA with Arsenic," ACS *Chemical Biology* 6, no. 2 (2011): 127–130, https://doi.org/10.1021/cb2000023.

11. From Geoffrey M. Cooper, "Metabolic Energy," in The *Cell: A Molecular Approach*, 2nd ed. (Sunderland, MA: Sinauer Associates, 2000), https://www.ncbi.nlm.nih.gov/books/NBK9903

بسیاری از کارهایی که سلول باید انجام دهد، مانند حرکت و سنتز بزرگ‌مولکول‌ها، به انرژی نیاز دارند. بنابراین، بخش عمده‌ای از فعالیت‌های سلول به دریافت انرژی از محیط و استفاده از آن برای هدایت واکنش‌های نیازمند انرژی اختصاص دارد. گرچه آنزیم‌ها تقریبا همه‌ی واکنش‌های شیمیایی درون سلول‌ها را کنترل می‌کنند، موقعیت تعادل واکنش‌های شیمیایی تحت تاثیر کاتالیز آنزیمی قرار نمی‌گیرد. قوانین ترمودینامیک بر تعادل شیمیایی حاکم است و جهت انرژی مطلوب همه‌ی واکنش‌های شیمیایی را تعیین می‌کند. بسیاری از واکنش‌هایی که باید داخل سلول‌ها اتفاق بیفتند از نظر انرژی مطلوب نیستند و بنابراین تنها با هزینه‌ی ورودی انرژی اضافی قادر به ادامه‌ی فعالیت‌اند. در نتیجه، سلول‌ها باید دایما انرژی حاصل از محیط را مصرف کنند.

12. Nick Lane, *The Vital Question: Why Is Life the Way It Is?*, 1st American ed. (New York: W. W. Norton, 2015), 64.

13. Lane, *The Vital Question*, 63.

14. R. K. Suarez, "Oxygen and the Upper Limits to Animal Design and Performance," *The Journal of Experimental Biology* 201, no. 8 (1998): 1065–1072. [internal references removed]

15. F. H. Westheimer, "Why Nature Chose Phosphates," *Science* 235 (1987): 1173. The "principal reservoirs of biochemical energy" that Westheimer speaks of are adenosine triphosphate (ATP), creatine phosphate, and phosphoenolpyruvate.

16. Westheimer, "Why Nature Chose Phosphates," 1176. [internal references removed]

17. Michael Denton, *Nature's Destiny: How the Laws of Biology Reveal*

Purpose in the Universe (New York: The Free Press, 1998), 404–405. (Westheimer, "Why Nature Chose Phosphates," 1173).
جالب است که فسفات‌ها نقش اصلی زیستی دیگری دارند که باز هم پایداری چشم‌گیر آن‌ها در یک محیط آبی را نشان می‌دهد. آن‌ها بازهای نوکلئوتیدی موجود در DNA را به هم پیوند می‌دهند. همان‌طور که وستهایمر اشاره کرده است، در ساخت ردیفی از مولکول‌های کوچک، گروه‌های اتصال باید دست‌کم دوظرفیتی باشند تا بتوانند یک اتصال به هر دو نوکلئوتید مجاور را تامین کنند. به علاوه، از آن‌جا که مارپیچ DNA در محیطی آبی عمل می‌کند و چون آب به تجزیه‌ی هیدرولیتیک پیوندهای استر تمایل دارد، داشتن یک بار منفی برای گروه‌های اتصال‌دهنده نیز مزیت یا حتی ضرورت است. گروه‌های فسفات موجود در DNA بار منفی دارند و این بار منفی سرعت هیدرولیز DNA را بسیار کند می‌کند. وستهایمر در مورد نقش فسفات در پیوند نوکلئوتیدها در DNA، اظهار داشت که چنین ترکیباتی باید دست‌کم دوظرفیتی باشند. همچنین، باید یک بار منفی داشته باشد و این بار باید از نظر فیزیکی نزدیک به دو پیوند استر باشد تا از آن‌ها در برابر هیدرولیز محافظت کند. او می‌نویسد: «همه‌ی این شرایط را اسید فسفریک تامین می‌کند و گزینه‌ی دیگری دیده نشده است» (وستهایمر، چرا طبیعت فسفات را انتخاب کرد). هیچ ترکیب دیگری مجموعه‌ی درستی از خواص مناسب برای به کار انداختن ماشین‌آلات شیمیایی سلول را ندارد یا همان‌طور که وستهایمر می‌گوید: «به نظر نمی‌رسد هیچ ماده‌ی دیگری نقش‌های متعدد فسفات را در بیوشیمی انجام دهد».

18. Arthur Needham, *The Uniqueness of Biological Materials* (London: Pergamon Press, 1965), 404. [internal references removed]

19. Atkins, *The Periodic Kingdom*, 27.

20. Rob Phillips et al., *Physical Biology of the Cell*, 2nd edition (New York:Garland Science, 2013), 192.

21. Needham, *Uniqueness*, 403, quoting Edward O'Farrell Walsh, *AnIntroduction to Biochemistry* (London: English University Press, 1961).

22. Jeremy M. Berg, John L. Tymoczko, and Lubert Stryer, "Glycolysis Is an Energy-Conversion Pathway in Many Organisms," in *Biochemistry*, 5th ed. (New York: W. H. Freeman, 2002), https://www.ncbi.nlm.nih.gov/books/NBK22593/.

23. For more on the biochemistry of cellular respiration, see "*Cellular Respiration*: Or, How One Good Meal Provides Energy for the Work of 75 Trillion Cells," IUPUI Department of Biology (website), accessed April 27, 2020,https://www.biology.iupui.edu/biocourses/N100/2k4ch7respirationnotes.html

24. George Wald, "The Origin of Life," *Scientific American* 191, no. 2 (1954): 53.

25. Peter Mitchell, "Coupling of Phosphorylation to Electron and Hydrogen Transfer by a Chemi-osmotic Type of Mechanism," *Nature* 191, no. 4784 (1961): 144–148. Also see Lane, *The Vital Question*, chap. 2.

26. Peter Mitchell won the Nobel Prize in Chemistry for his theory in 1978. See "The Nobel Prize in Chemistry 1978," The Nobel Prize (website), 2019, https://www.nobelprize.org/prizes/chemistry/1978/summary/.

27. Leslie Orgel, quoted in Lane, *The Vital Question*, 68.

28. *Molecular Biology of the Cell*, 4th ed. (New York: Garland Science, 2002), available at https://www.ncbi.nlm.nih.gov/books/NBK26904/; see also Werner Kühlbrandt, "Structure and Function of Mitochondrial Membrane Protein Complexes," *BMC Biology* 13, no. 1 (December 2015).

باکتری‌ها از منابع انرژی بسیار متنوعی استفاده می‌کنند. برخی از آن‌ها همچون سلول‌های جانوری هوازی هستند. آن‌ها ATP را با اکسیدکردن قندها به CO_2 و H_2O از طریق گلیکولیز، چرخه‌ی اسید سیتریک و یک زنجیره‌ی تنفسی در غشای پلاسمایی‌شان سنتز می‌کنند که به آن‌چه در غشای داخلی میتوکندری وجود دارد شبیه است. برخی دیگر به‌شدت بی‌هوازی هستند و انرژی خود را تنها از طریق گلیکولیز (با تخمیر) یا از یک زنجیره‌ی انتقال الکترون که مولکولی غیر از اکسیژن را به عنوان گیرنده‌ی نهایی الکترون به کار می‌گیرد به دست می‌آورند. برای مثال، گیرنده‌ی جای‌گزین الکترون می‌تواند یک ترکیب نیتروژن (نیترات یا نیتریت)، یک ترکیب گوگرد (سولفات یا سولفیت) یا یک ترکیب کربن (فومارات یا کربنات) باشد. مجموعه‌ای از حامل‌های الکترون در غشای پلاسمایی الکترون‌ها را به این گیرنده‌ها که شبیه زنجیره‌های تنفسیِ موجود در میتوکندری هستند، منتقل می‌کند. علی‌رغم این تنوع، غشای پلاسمایی اکثریب قریب به اتفاق باکتری‌ها حاوی یک آنزیم ATPساز است که به آنزیم موجود در میتوکندری شباهت زیادی دارد. در باکتری‌هایی که از زنجیره‌ی انتقال الکترون برای برداشت انرژی استفاده می‌کنند، انتقال الکترون H^+ را از سلول پمپ می‌کند و در نتیجه نیروی محرک پروتون را از طریق غشای پلاسمایی ایجاد می‌کند که آنزیم ATPساز را به سمت تولید ATP سوق می‌دهد. در دیگر باکتری‌ها، آنزیم ATPساز برعکس عمل می‌کند؛ از ATPای که گلیکولیز تولید کرده برای پمپاژ H^+ و ایجاد شیب پروتون در غشای پلاسمایی استفاده می‌کند. ATP مورد استفاده برای این فرایند با تخمیر تولید می‌شود. بنابراین، بیش‌تر باکتری‌ها، از جمله بی‌هوازی‌ها، شیب پروتون را در غشای پلاسما حفظ می‌کنند. می‌توان آن را برای راندن موتور تاژک استفاده کرد یا برای پمپاژ Na^+ از باکتری از طریق پمپ H^+k-^+ که همان کار پمپ Na^+K-^+ در سلول‌های یوکاریوتی (در موجودات عالی) را می‌کند. این گرادیان برای انتقال فعال مواد مغذی به داخل نیز استفاده می‌شود، مانند بیش‌تر اسیدهای آمینه و بسیاری از قندها. به این شکل که هر ماده‌ی مغذی همراه با یک یا چند H^+، از طریق یک هم‌رسان خاص به داخل سلول کشیده می‌شود. برعکس، در سلول‌های جانوری بیش‌ترین انتقال داخلی به درون غشای پلاسما را شیب Na^+ انجام می‌دهد که پمپ Na^+K-^+ آن را ایجاد می‌کند (بروس آلبرت، زنجیره‌های انتقال الکترون و پمپ‌های پروتون).

29. Lane, *The Vital Question*, 13.

30. Alberts et al., *Molecular Biology of the Cell*.

31. Nick Lane, John F. Allen, and William Martin, "How Did LUCA Make a Living? Chemiosmosis in the Origin of Life," *BioEssays* 32, no. 4 (January 27, 2010): 271–280, https://doi.org/10.1002/bies.200900131.

32. Lane, *The Vital Question*, 68.

33. Lane, *The Vital Question*, 68, figure 8.

34. Lane, *The Vital Question*, 68.

35. Berg, Tymoczko, and Stryer, "A Proton Gradient Powers the Synthesis ATP, "in *Biochemistry*, https://www.ncbi.nlm.nih.gov/books/NBK22388/.

36. Lane, *The Vital Question*, 69–70.

37. Lane, *The Vital Question*, 70.

38. Lane, *The Vital Question*, 70–71. [emphasis original, internal references removed]

39. From Robert R. Crichton, *Biological Inorganic Chemistry: A New Introduction to Molecular Structure and Function*, 2nd ed. (Amsterdam: Elsevier, 2012), 248.

آهن این امکان را دارد که در حالت‌های گوناگون اکسیداسیون (با تعداد متغیر الکترون) که می‌تواند با انتخاب مناسب لیگاند (ترکیباتی که از طریق پیوندهای کئوردینانس به اتم آهن متصل می‌شوند) تنظیم شود تا تقریبا کل محدوده‌ی زیستی قابل توجه ردوکس را دربربگیرد، در طبیعت وجود داشته باشد.

40. R. J. P. Williams, "The Symbiosis of Metal and Protein Function," *European Journal of Biochemistry* 150 (1985): 245.

41. Williams, "The Symbiosis of Metal and Protein Function," 245–246.

42. J. J. R. Fraústo da Silva and R. J. P. Williams, *The Biological Chemistry of the Elements: The Inorganic Chemistry of Life*, 2nd ed. (New York: Oxford University Press, 1991), 107.

43. Crichton, *Biological Inorganic Chemistry*, 248.

فصل ششم

1. A. J. Gurevich, *Categories of Medieval Culture* (London: Routledge and Kegan Paul, 1985), 57–59.

2. John W. Morgan and Edward Anders, *"Chemical Composition of Earth, Venus, and Mercury,"* PNAS 77, no. 12 (December 1, 1980): 6973–6977, https://doi.org/10.1073/pnas.77.12.6973;https://chem.libretexts.org/Bookshelves/Environmental_Chemistry/Book%3A_Geochemistry

3. Robert J. P. Williams, "The Symbiosis of Metal and Protein Functions," *European Journal of Biochemistry* 150 (1985): 232, https://febs.onlinelibrary.wiley.com/doi/pdf/10.1111/j.1432 1033.1985.tb09013.x.

4. Williams, "The Symbiosis of Metal and Protein Functions," 247

5. Earl Frieden, "The Evolution of Metals as Essential Elements," *in Protein-Metal Interactions,* ed. M. Friedman (New York: Plenum Press, 1974), 11.

6. Todor Dudev and Carmay Lim, "Principles Governing Mg, Ca and ZnBinding and Selectivity in Proteins," *Chemical Review* 103 (2003): 773.[emphasis in original]

7. Williams, "The Symbiosis of Metal and Protein Functions," 243

8. Robert R. Crichton, Biological Inorganic Chemistry: A New Introduction to Molecular Structure and Function, 2nd ed. (Amsterdam: Elsevier, 2012), 3.

9. Crichton, *Biological Inorganic Chemistry,* xi.

10. Crichton, *Biological Inorganic Chemistry,* 2.

11. Crichton, *Biological Inorganic Chemistry,* 3.

12. Crichton, *Biological Inorganic Chemistry,* 3.

13. Crichton, *Biological Inorganic Chemistry,* 3.

14. Lawrence Henderson, *The Fitness of the Environment* (New York: MacMillan, 1913), 240, https://archive.org/details/cu31924003093659/page/n209.

15. Henderson, *Fitness,* 241.

16. Henderson, *Fitness,* 191.

17. Silva and Williams, *The Biological Chemistry of the Elements*; Wolfgang Kaim, Brigitte Schwederski, and Axel Klein, *Bioinorganic Chemistry: Inorganic Elements in the Chemistry of Life: An Introduction and Guide,* 2nd ed. (Chichester, West Sussex, UK: Wiley, 2013); *Crichton, Biological Inorganic Chemistry.*

18. Crichton, *Biological Inorganic Chemistry,* chap. 1; "Essential Elements for Life," LibreTexts (website), last modified June 16, 2019,

https://chem.libretexts.org/Textbook_Maps/General_Chemistry/Map%3A
Chemistry_(

19. Crichton, *Biological Inorganic Chemistry*, 5.

20. Bruce Alberts et al., "Ion Channels and the Electrical Properties of Membranes," in *Molecular Biology of the Cell*, 4th ed. (New York: Garland Science, 2002), https://www.ncbi.nlm.nih.gov/books/NBK26910/.

21. In fact the calcium triggers muscle contraction by deactivating the proteins which inhibit the force-producing actin-myosin interaction.

22. Williams, "The Symbiosis of Metal and Protein Functions," 238.

23. J. A. Cowan, ed., *The Biological Chemistry of Magnesium* (London: J. Wiley and Sons, 1995). See Chapter 1. Calcium binds 1,000 times more strongly than magnesium. S. S. Rosenfeld and E. W. Taylor, "Kinetic Studies of Calcium and Magnesium Binding to Troponin C," *Journal of Biological Chemistry* 260 (1985): 242–251.

نخست این‌که منیزیم نسبت به کلسیم به جایگاه اتصال فضایی قاعده‌مندتری نیاز دارد و قرارگیری چنین جایگاه‌هایی در پروتیین به دلیل بی‌نظمی اساسی ساختار آن دشوار است و دوم، پروتیین‌ها با بی‌نظمی مولکولی و در اختیار داشتن اتم‌های اکسیژن که به‌راحتی قابل دسترس‌اند، ماتریس مولکولی ایده‌آلی برای طراحی جایگاه‌های اتصال کلسیم فراهم می‌کنند. کریچتون در ادامه توضیح می‌دهد:

Mg^{2+} و Na^+ به‌طور تغییرناپذیری هشت‌ظرفیتی هستند، در حالی که K^+ و Ca^{2+} می‌توانند به‌راحتی ۶، ۷ یا ۸ ظرفیتی باشند. بنابراین، Ca^{2+} می‌تواند در مقایسه با ساختار هشت‌وجهی کاتیون‌های هگزاکئوردینه ساختار انعطاف‌پذیری را جای دهد. در نتیجه، انحراف از زاویه‌ی پیوند مورد انتظار ۹۰ درجه تا ۴۰ درجه در مقایسه با کم‌تر از نصف این مقدار برای Mg^{2+} ایجاد می‌شود. به‌طور مشابه، طول پیوند برای اکسی لیگاندها می‌تواند تا ۰/۵ آنگستروم برای Ca^{2+} تغییر کند. در حالی که مقادیر مربوط به Mg^{2+} تنها تا ۰/۲ آنگستروم تغییر می‌کنند.

دلیل دیگر ضعیف‌بودن اتصال Mg^{2+} این است که به دلیل شعاع کوچک یونی که دارد، به اتصال به مولکول‌های آب که کوچک‌تر از لیگاندهای پروتیینی هستند تمایل دارد. همان‌طور که کریچتون اظهار کرده است «بسیاری از جایگاه‌های اتصال Mg^{2+} در پروتیین‌ها تنها ۳ و ۴ یا حتی اتصال مستقیم کم‌تری با پروتیین‌ها دارند که باعث می‌شود چندین جایگاه خالی بماند و با آب پر شود».

24. Williams, "The Symbiosis of Metal and Protein Functions."

25. Williams, "The Symbiosis of Metal and Protein Functions," 238.

26. Wilhelm Jahnen-Dechent and Markus Ketteler, "Magnesium Basics," *Clinical Kidney Journal* 5, Supplement 1 (2012): 13–14.

27. Crichton, *Biological Inorganic Chemistry*, chap. 10.

28. Cowan, *The Biological Chemistry of Magnesium*, chap. 1.

29. Cowan, *The Biological Chemistry of Magnesium*, chap. 1; M. Susan Cates et al., "Molecular Mechanisms of Calcium and Magnesium Binding to Parvalbumin," *Biophysical Journal* 82, no. 3 (March 2002): 1133–1146, https://doi.org/10.1016/S0006-3495(02)75472-6. And see Crichton, *Biological Inorganic Chemistry*, chap. 10.

30. See Crichton, *Biological Inorganic Chemistry*, chap. 10; J. M. Berg, J. L. Tymoczko, and L. Stryer, "Nucleoside Monophosphate Kinases: Catalyzing Phosphoryl Group Exchange between Nucleotides Without Promoting Hydrolysis," in *Biochemistry*, 5th ed. (New York: W. H. Freeman, 2002), https://www.ncbi.nlm.nih.gov/books/NBK22514/#A1242; Till Rudack et al., "The Role of Magnesium for Geometry and Charge in GTP Hydrolysis, Revealed by Quantum Mechanics/Molecular Mechanics Simulations," *Biophysical Journal* 103, no. 2 (2012): 293–302.

31. Crichton, *Biological Inorganic Chemistry*, chap. 10; Rudack et al., "The Role of Magnesium for Geometry and Charge."

32. Peter Atkins, *The Periodic Kingdom* (New York: Basic Books, 1995), 16.

33. Crichton, *Biological Inorganic Chemistry*, 111.

34. Kaim et al., *Bioinorganic Chemistry*, 59–67.

35. Melvin Calvin, "Evolutionary Possibilities for Photosynthesis and Quantum Conversion," in *Horizons in Biochemistry*, eds. Michael Kasha and Bernard Pullman (New York: Academic Press, 1962), 53. For discussion of the unique properties of Mg in chlorophyll, see also J. Katz, "Chlorophyll," in Inorganic Biochemistry, vol. 2, ed. G. L. Eichhorn (Amsterdam: Elsevier, 1973), 1022–1066, especially pages 1025–1026.

36. Williams, "The Symbiosis of Metal and Protein Functions," 241.

37. G. Feher et al., "Structure and Function of Bacterial Photosynthetic Reaction Centres," *Nature* 339 (1989): 111, https://doi.org/10.1038/339111a0.

38. Crichton, *Biological Inorganic Chemistry*, 5. See also B. Halliwell and J. M. Gutteridge, "Oxygen Toxicity, Oxygen Radicals, Transition Metals and Disease," *The Biochemical Journal* 219, no. 1 (1984): 1–14. See also Kasper P. Jensen and Ulf Ryde, "How O2 Binds to Heme: Reasons for Rapid Binding and Spin Inversion," Journal of Biological Chemistry 279, no. 15 (2004): 14561–14569. Nick Lane, *Oxygen: The Molecule That Made the World* (Oxford: Oxford University Press, 2002).

همان‌طور که اشاره شده، پیکربندی الکترونیکی مولکول‌های اکسیژن حاوی دو الکترون

جفت‌نشده است که به وسیله‌ی O_2 محدودیتی در اکسیداسیون ایجاد می‌کند که باعث می‌شود O_2 الکترون‌های خود را یک به یک قبول کند و واکنش‌های آن را با انواع غیر رادیکال کند می‌کند. فلزات انتقالی در جایگاه فعال بسیاری از اکسیدازها و اکسیژنازها یافت می‌شوند زیرا توانایی آن‌ها در پذیرش و اهدای یک تک‌الکترون می‌تواند بر این محدودیت چرخش غلبه کند. طبیعت با استفاده از فلزات انتقالی برای حمل، فعال‌سازی و کاهش O_2 این مشکل را برطرف کرده است. دلایل بسیاری برای این انتخاب وجود دارد. نخست این‌که، بیش‌تر فلزات انتقالی نیز حاوی الکترون‌های جفت‌نشده‌اند که اجازه‌ی واکنش با سه‌گانه‌ی O_2 را می‌دهد. دوم، فلزات انتقالی اتم‌های نسبتا سنگینی هستند که باعث افزایش اتصال اسپین اوربیت می‌شوند و بدین ترتیب مکانیسم مکانیکی کوانتومی برای تغییر حالت چرخش فراهم می‌شود. با این حال، (SOC (coupling spin–orbit فلزات انتقالی ردیف نخست بسیار کوچک‌اند و امکان انتقال چرخش را ندارند. سوم، فلزات انتقالی اغلب چندین وضعیت برانگیخته با الکترون‌های جفت‌نشده دارند که از لحاظ انرژی به وضعیت اولیه نزدیک‌اند. این موضوع می‌تواند برای افزایش احتمال وارونگی چرخش هم استفاده شود.

39. See Kaim et al., *Bioinorganic Chemistry*, 82–91. They write,

گروه‌های خاصی از نرم‌تنان، سخت‌پوستان، عنکبوت‌ها و کرم‌ها از یک طرف و بیش‌تر موجودات دیگر، به‌ویژه مهره‌داران، از سوی دیگر در راهبردهای خود برای هماهنگی O_2 با هم متفاوت‌اند. در حالی‌که گروه‌های اول آرایش‌های فلزی دوهسته‌ای (انتقالی) در هماهنگی با اسیدهای آمینه دارند، یعنی هموسیانین پروتیین/مس یا هماریترین پروتیین/آهن دارند، بیش‌تر موجودات تنفس‌کننده‌ی دیگر از سیستم هِم استفاده می‌کنند که کمپلکس‌های تک‌آهنی نوعی پورفیرین با نام پروتوپورفیرین IX بزرگ‌حلقه هستند.

40. Kaim et al., *Bioinorganic Chemistry*, 90.

41. J. Mitchell Salhany, “Effect of Carbon Dioxide on Human Hemoglobin: Kinetic Basis for the Reduced Oxygen Affinity,” *Journal of Biological Chemistry* 247 (June 25, 1972): 3799–3801.

42. From “Hemoglobin,” Stanford University (website), accessed May 13, 2019, https://web.stanford.edu/~kaleeg/chem32/hemo/.

O_2 لیگاند چندان خوبی برای این سیستم نیست. لیگاندهای دیگر مانند CO و —CN می‌توانند با قوت بیش‌تری به آهن متصل شوند زیرا نسبت به اکسیژن گیرنده‌های بهتری برای Pi هستند و این واقعیت که آن‌ها می‌توانند محل اتصال O_2 را به‌طور موثری مسدود کنند باعث سمی‌شدن آن‌ها می‌شود. با این حال، برای بدن بسیار مهم است که O_2 تنها به‌طور ضعیف متصل شود زیرا باید بتواند هر جا که نیاز شد به آهن متصل یا از آن جدا شود. به عبارت دیگر، برگشت‌پذیری این واکنش بسیار مهم است. در حالی که O_2 دو الکترون در اوربیتال Pi خود دارد، CO و —CN فضای Pi خالی و پذیرنده‌ی الکترون بسیاری دارند که پیوندهای آن‌ها با آهن را تقویت می‌کند. توجه داشته باشید که گرچه CO و —CN ایزوالکترونیک هستند (یعنی پیکربندی MO آن‌ها یک‌سان است)، بار منفی روی CN باعث می‌شود الکترون‌گیری آن کمی بدتر از CO باشد و

بنابراین CO نسبت به CN– با قوت بیش‌تری متصل می‌شود. جالب است که هر مول CN– از CO سمی‌تر است؛ احتمالا چون تغییرات پیکربندی دیگری را هم در زنجیره‌ی پروتیین که واحد هِم را برای همیشه غیرفعال می‌کند کاتالیز می‌کند.

43. Williams, "The Symbiosis of Metal and Protein Function."

44. Halliwell and Gutteridge, "Oxygen Toxicity, Oxygen Radicals, Transition Metals and Disease."

45. Jensen and Ryde, "How O2 Binds to Heme."

46. Crichton, *Biological Inorganic Chemistry*, 254. See also Kaim et al., Bioinorganic Chemistry, 88.

47. Crichton, *Biological Inorganic Chemistry,* 248.

48. Kaim et al., *Bioinorganic Chemistry*, 89.

49. Jensen and Ryde, "How O2 Binds to Heme," 14562.
نشان می‌دهیم که پورفیرین لیگاند آهن ایده‌آلی برای مشکل انتقال چرخش است زیرا انرژی حالت‌های چرخش را به هم نزدیک می‌کند و به این ترتیب منحنی‌های اتصال موازی، انرژی‌های فعال‌ساز اندک و احتمالات انتقال بزرگ ایجاد می‌کند. این یافته توضیح می‌دهد چرا حلقه‌ی پورفیرین طوری طراحی شده که میزان انرژی اسپین‌ها را به هم نزدیک کند و چرا وارونگی چرخش و اتصال برگشت‌پذیر در پروتیین‌های هِم امکان‌پذیر است. همچنین ما شواهدی ارایه می‌دهیم مبنی بر این‌که چنین موضوعی در مورد دیگر پروتیین‌های هِم هم مصداق دارد. برای مثال، پراکسیدازهای هِم، که نزدیک به حالت هرزشدگی، در این مورد در حالت فریک، هستند، با تقویت میدان لیگاند هیستیدین پروگزیمال به وسیله‌ی پیوند هیدروژن، به یک گروه کربوکسیلات تبدیل می‌شوند. از این رو ما نقش جدیدی را برای انتخاب لیگاند محوری در چنین سیستم‌هایی پیشنهاد می‌کنیم: یعنی انرژی حالت‌های چرخشی را به هم نزدیک کرده و در نتیجه اتصال ممنوع از چرخش لیگاندها را تسهیل کند.

50. Frieden, "Evolution of Metals," 22. [emphasis in original]

51. Robert Gennis and Shelagh Ferguson-Miller, "Structure of Cytochrome c Oxidase, Energy Generator of Aerobic Life," *Science* 269 (1995): 1063–1064, https://doi.org/10.1126/science.7652553. And see Figure 14-27 at Alberts et al., *Molecular Biology of the Cell.*

52. Antony Crofts, "Cytochrome Oxidase," University of Illinois at Urbana-Champaign (website), 1996,
https://www.life.illinois.edu/crofts/bioph354/cyt_ox.html.

53. Darryl Horn and Antoni Barrientos, "Mitochondrial Copper Metabolism and Delivery to Cytochrome C Oxidase," IUBMB Life 60, no. 7 (July 2008): 421– 429, https://doi.org/10.1002/iub.50.

54. Crichton, *Biological Inorganic Chemistry*, 312.

55. Crichton, *Biological Inorganic Chemistry*, 314.

56. Lane, Oxygen,145.

57. Crichton, *Biological Inorganic Chemistry*, 12.

58. Crichton, *Biological Inorganic Chemistry*, 12.

59. Crichton, *Biological Inorganic Chemistry*, 229–230. explains Crichton,"there is a strong preference for tetrahedral coordination." (Tetrahedral coordination involves bonds to four other atoms.)

خصوصیات الکترونیکی منحصربه‌فرد یون روی دوظرفیتی به آن اجازه می‌دهد ساختار هندسی هماهنگ و بسیار انعطاف‌پذیری به خود بگیرد.

60. For more about carbonic anhydrase, see the collection of resources at "Carbonic Anhydrase," ScienceDirect, accessed May 7, 2020, https://www.sciencedirect.com/topics/materials-science/carbonicanhydrase.

61. Haewon Park, Patrick J. McGinn, and François M. M. Morel, "Expression of Cadmium Carbonic Anhydrase of Diatoms in Seawater," *Aquatic Microbial Ecology* 51 (2008): 183–193.

62. Estimated from oxygen utilization per second given in John N. Maina, "Comparative Respiratory Morphology: Themes and Principles in the Design and Construction of the Gas Exchangers," The Anatomical Record 261, no. 1 (2000): 26.

63. Jane Higdon, "Molybdenum," Linus Pauling Institute: Micronutrient Information Center, Oregon State University, 2001, accessed July 19, 2019, https://lpi.oregonstate.edu/mic/minerals/molybdenum.

64. Crichton, *Biological Inorganic Chemistry*, 335.

65. Crichton, *Biological Inorganic Chemistry*, 337.

66. Crichton, *Biological Inorganic Chemistry*, 337.

67. L. J. Rothschild and R. L. Mancinelli, "Life in Extreme Environments,"Nature 409, no. 6823 (2001): 1092–1101.

68. Williams, "The Symbiosis of Metal and Protein Function," 247.

فصل هفتم

1. Anders Nilsson and Lars G. M. Pettersson, "The Structural Origin of

Anomalous Properties of Liquid Water," *Nature Communications* 6 (December 8, 2015): 8998, https://doi.org/10.1038/ncomms9998.

2. David Rogers, "Neutrophil Chasing Bacteria," Embryology Education and Research, video, 0:33, accessed May 18, 2020, https://embryology.med.unsw.edu.au/embryology/index.php/Movie_-Neutrophil_chasing_bacteria.

3. Albert Szent-Gyorgyi, *Bioelectronics* (New York: Academic Press, 1968), 9.

4. see Michael Denton, *The Wonder of Water: Water's Profound Fitness for Life on Earth and Mankind* (Seattle, WA: Discovery Institute Press, 2017).

آب یک‌سری خصوصیات مفید دیگر برای حیات روی کره‌ی زمین دارد، خواصی که مستقیما به عملکرد سلول ارتباطی ندارند. از جمله این‌که چگالی آن در زیر ۴ درجه کاهش می‌یابد و در اثر یخزدگی منبسط می‌شود که مانع یخ‌زدگی آن از پایین به بالا شده و باعث حفظ حیات در اقیانوس‌ها، دریاچه‌ها و رودخانه‌ها می‌شود. این ماده در سه حالت بخار، مایع و جامد در دمای محیط یافت می‌شود و چرخه‌ی آب در حیات را پدید آورده و آب لازم برای موجودات خشکی‌زی را فراهم می‌کند.

5. See "Molecule Diffusion," European Advanced Light Microscopy Network (website), February 5, 2004, https://www.embl.de/eamnet/frap/html/molecule_diffusion.html.

6. Glenn Elert, "Viscosity," The Physics Hypertextbook, accessed May 14, 2019, https://physics.info/viscosity/.

7. See, for example, Bruce Alberts et al., "The Self-Assembly and Dynamic Structure of Cytoskeletal Filaments," *Molecular Biology of the Cell*, 4th ed. (New York: Garland Science, 2002), https://www.ncbi.nlm.nih.gov/books/NBK26862/; Adam J. Kuskak,

توانایی خزیدن سلول‌های جنینی به وجود شبکه‌ای مولکولی بستگی دارد که اسکلت سلولی را می‌سازند و خود متشکل‌اند از اکتین و رشته‌های بینابینی، میکروتوبول‌ها و انواع موتورهای مولکولی مانند میوزین که می‌توانند نیروهای انقباضی را به قسمت‌های گوناگون شبکه وارد کنند. اسکلت سلولی در بسیاری از سلول‌های یوکاریوتی سه نوع رشته دارد که برای سازمان‌یابی فضایی این سلول‌ها ضروری‌اند. رشته‌های بینابینی مقاومت مکانیکی و نیز مقاومت در برابر تنش برشی ایجاد می‌کند. میکروتوبول‌ها موقعیت اندامک‌های غشادار و نقل و انتقال مستقیم درون‌سلولی را تعیین می‌کنند. رشته‌های اکتین شکل سطح سلول را تعیین می‌کنند و برای جابه‌جایی سلول‌های کامل ضروری هستند. . . اما این رشته‌های اسکلتی به‌خودی‌خود کاری نمی‌کنند. مفیدبودن آن‌ها برای سلول به شمار بسیاری پروتیین جانبی بستگی دارد که رشته‌ها را به دیگر اجزای سلول و همچنین به یک‌دیگر متصل می‌کنند. این مجموعه از پروتیین‌های جانبی برای مونتاژ کنترل‌شده‌ی رشته‌های اسکلت سلولی در مکان‌های خاص ضروری‌اند و شامل پروتیین‌های حرکتی هم هستند که اندامک‌ها را در امتداد رشته‌ها یا خود رشته‌ها را حرکت می‌دهند. در حین خزیدن، فعالیت

این اجزا، که به‌صورت مکانیکی با هم همکاری می‌کنند و به نقاط کانونی چسبندگی بین سلول و سطح تماسش مرتبط می‌شوند، سلول را به جلو پیش می‌برد. این فرایند پیچیده است و چند مدل از آن ارایه شده است اما اساسا در همه‌ی مدل‌ها پلیمریزاسیون الیاف اکتین در لبه‌ی جلو سلول است که غشای سلول را به جلو هل می‌دهد. این امر با تشکیل نقاط کانونی چسبندگی جدید در جلو و شکسته‌شدن اتصالات قبلی همراه است. حرکت سلول پدیده‌ی پیچیده‌ای است که اساسا شبکه‌ی اکتین در زیر غشای سلول آن را هدایت می‌کند و می‌توان آن را به سه بخش کلی تقسیم کرد: بیرون‌زدگی لبه‌ی جلو سلول، چسبیدن لبه‌ی جلویی به بدنه‌ی سلول و جداشدن بخش عقبی و انقباض اسکلت سلولی برای جلوراندن سلول. هر یک از این مراحل را نیروهای فیزیکی‌ای که از طریق بخش‌های منحصربه‌فرد اسکلت سلولی تولید شده‌اند، هدایت می‌کنند.

8. Rob Phillips et al., *Physical Biology of the Cell*, 2nd ed. (New York: Garland Science, 2013), 42.

9. Estimated from data at Ron Milo and Rob Phillips, "How Many Proteins are in a Cell?," Cell Biology by the Numbers (website), accessed May 13, 2019, http://book.bionumbers.org/how-many-proteins-are-in-a-cell/.

10. Estimated from data at Milo and Phillips, "What are the Concentrations of Cytoskeletal Molecules?," Cell Biology by the Numbers (website), accessed May 13, 2019, http://book.bionumbers.org/what-are-the-concentrations-ofcytoskeletal- molecules/.

11. Knut Schmidt-Nielsen, *Animal Physiology: Adaptation and Environment*, 5th ed. (Cambridge, UK: Cambridge University Press, 1997), Appendix B, Diffusion.

12. Stephane Romero et al., "Filopodium Retraction Is Controlled by Adhesion to Its Tip," *Journal of Cell Science* 125, no. 21 (November 1, 2012): 4999–5004.

13. Alex L. Kolodkin and Marc Tessier-Lavigne, "Growth Cones and Axon Pathfinding," *Fundamental Neuroscience* (Burlington, MA: Academic Press, 2013), 363–384.

14. Schmidt-Nielsen, *Animal Physiology*, chap. 2.

15. See "Distance between Capillaries in Adult Heart," BioNumbers, https://bionumbers.hms.harvard.edu/bionumber.aspx? s=n&v=3&id=113202; and Robert A. Freitas Jr., "8.2.1.2 Arteriovenous Microcirculation," *Nanomedicine, Volume I: Basic Capabilities* (Georgetown,TX: Landes Bioscience, 1999), http://www.nanomedicine.com/NMI/8.2.1.2.htm.

16. Phillips et al., *The Physical Biology of the Cell*, 497.

17. Steven Vogel, *Comparative Biomechanics: Life's Physical World*, 2nd ed. (Princeton: Princeton University Press, 2013), 187.

18. Dongdong Jia et al., "The Time, Size, Viscosity, and Temperature Dependence of the Brownian Motion of Polystyrene Microspheres," *American Journal of Physics* 75, no. 2 (February 2007): 111–115, https://doi.org/10.1119/1.2386163.

19. For the requirement for a liquid matrix (water in the case of Terran life) see N. V. Sidgwick, "Molecules," *Science* 86 (1937): 335–340; J. A. Baross et al., *The Limits of Organic Life in Planetary Systems* (Washington, DC: National Academies Press, 2007),

20. See Needham, *Uniqueness*, 9.

21. Glenn Elert, "Viscosity," The Physics Hypertextbook, accessed May 14, 2019, https://physics.info/viscosity/.

22 . Elert, "*Viscosity.*

23. Yaolin Shi and Jianling Cao, "Lithosphere Effective Viscosity of Continental China," *Earth Science Frontiers* 15, no. 3 (May 2008): 82–95, https://doi.org/10.1016/S1872-5791(08)60064-0.

24. see Michael Denton, The Wonder of Water.

قدرت آب به عنوان حلال در پدیده‌هایی فراتر از سلول نقشی حیاتی ایفا می‌کند. آب به هوازدگی و فرسایش سنگ‌ها و توزیع عناصر اصلی حیات در اکوسیستم‌های زمینی کمک کرده و امکان حیات در اقیانوس‌ها، رودخانه‌ها و دریاچه‌ها را فراهم می‌کند. این ماده از طریق روزنه‌های ریز موجود در خاک، املاح و مواد مغذی گوناگونی را به گیاهان و درختان می‌رساند. به حمل و نقل از ساقه‌ها و تنه‌های گیاهان و درختان به برگ‌هایی که در اثر فتوسنتز انرژی خورشیدی را جذب می‌کنند کمک و مواد مغذی را برای حیوانات فراهم می‌کند.

25. Alok Jha, *The Water Book* (London: Headline, 2015), 24.

26. F. Franks, "Water the Unique Chemical," in Water: *A Comprehensive Treatise*, vol. 1 (New York: Plenum Press, 1972), 20.

27. Lawrence Henderson, *The Fitness of the Environment* (New York: MacMillan, 1913), 111, https://archive.org/details/cu31924003093659/page/n209.

28. The only polar (or charged) molecules which do not dissolve are very large molecules like cotton or cellulose.

29. Albert Szent-Gyorgyi, *The Living State: With Observations on Cancer* (New York: Academic Press, 1972), 9.

30. Philip Ball, "Water as an Active Constituent in Cell Biology," *Chemical Reviews* 108, no. 1 (2008): 74.

31. Ball, "Water as an Active Constituent," 100.

32. Ball, "Water as an Active Constituent," 103. [emphasis in original]

33. Gerald H. Pollack in *Water and the Cell*, ed. Gerald H. Pollack, Ivan L. Cameron, and Denys N. Wheatley (Dordrecht: Springer, 2006), viii.

34. Just to put a number on it, the bibliography section of chemist Martin Chaplin's Water Structure and Water website lists close to 4,000 references on water as of June 24, 2020. http://www1.lsbu.ac.uk/water/ref40.html

۳۵- مولکول‌های آب با مولکول‌های آب مجاور خود پیوندهای هیدروژنی ایجاد می‌کنند. هر اتم اکسیژن که بار منفی دارد، با مولکول‌های آب مجاورش دو پیوند هیدروژنی تشکیل می‌دهد و این باعث تشکیل شبکه‌ای می‌شود که از طریق آب گسترش می‌یابد.

36. Jha, *The Water Book*, 115–116. Antony Crofts, "Lecture 12: Proton Conduction, Stoichiometry" (lecture, University of Illinois at Urbana-Champaign, 1996), http://www.life.illinois.edu/crofts/bioph354/lect12.html.

37. Harold Morowitz, *Cosmic Joy and Local Pain* (New York: Scribner, 1987), 152.

38. Nick Lane, The Vital Question: *Why Is Life the Way It Is?*, (New York: W. W. Norton & Company, 2015), 120.

39. Lane, *The Vital Question*, chap. 3.

40. L. J. Rothschild and R. L. Mancinelli, "Life in Extreme Environments," Nature 409, no. 6823 (February 22, 200۱

41. Rothschild and Mancinelli, "Life in Extreme Environments."

42. W. J. Gehring and R. Wehner, "Heat Shock Protein Synthesis and Thermotolerance in Cataglyphis, an Ant from the Sahara Desert," PNAS 92, no. 7 (March 28, 1995): 2994–2998.

43. Ken Takai et al., "Cell Proliferation at 122°C and Isotopically Heavy CH4 Production by a Hyperthermophilic Methanogen under High-Pressure Cultivation," PNAS 105, no. 31 (August 5, 2008): 10949–10954, https://doi.org/10.1073/pnas.0712334105.

44. Bruce M. Jakosky et al., "Subfreezing Activity of Microorganisms and the Potential Habitability of Mars' Polar Regions," *Astrobiology* 3, no. 2 (June 2003): 343–350, https://doi.org/10.1089/153110703769016433.

45. Rothscild and Mancinelli, "Life in Extreme Environments."

46. Andrew Clarke et al., "A Low Temperature Limit for Life on Earth," *PloS One* 8, no. 6 (2013): e66207.

47. Clarke et al., "A Low Temperature Limit."

48. From Michael Denton, Nature's Destiny (London: The Free Press, 1998), 111. [internal references removed]; and see Robert E. D. Clark, *The Universe: Plan or Accident*, 3rd ed. (Grand Rapids: Zondervan, 1972), 98.

همان‌طور که اشاره کردم، حتی تغییر دمای به‌مراتب کم‌تر از ۱۰۰ درجه باعث کندشدن بسیار چشم‌گیر زمان واکنش می‌شود. واکنش‌هایی که در بدن انسان در دمای ۳۸ درجه رخ می‌دهند، در دمای صفر درجه ۱۶ برابر کندتر و در ۲۰- درجه ۶۴ برابر کندتر می‌شوند. همان‌طور که رابرت کلارک خاطرنشان کرده است، در دمای زیر صد درجه تمام واکنش‌های شیمیایی به‌طور ناگهانی کند می‌شوند و... تنها چند واکنش اتفاق می‌افتد که مربوط به عنصر بیش از حد فعال فلوئور در حالت آزاد هستند. اگرچه برخی واکنش‌های شیمی آلی در دمای زیر ۴۰ درجه امکان‌پذیرند، به‌طرز غیرقابل باوری کند هستند.

49. See Brett French, "Temperature from Yellowstone Lake Vents Hit New High," *Billings Gazette*, October 27, 2016, https://billingsgazette.com/ lifestyles/recreation/temperatures-fromyellowstone-lake-vents-hit-new-high/ article_4d088c9c-35ff-5041-a2f7- dc75dbdf5679.html.

آب در دمای بیش از صد درجه‌ی تحت فشار در سنگ‌های زیر سطح، در کف دریاچه‌های حاصل از چشمه‌های آب گرم، همچون یلواستون، و نزدیک منافذ گرمایی زیر آب که دمای آب در آن‌ها نزدیک به ۴۰۰ درجه‌ی سانتیگراد است، وجود دارد. دمای آب کف دریاچه به ۱۷۱ درجه‌ی سانتیگراد می‌رسد.

50. Denton, *Nature's Destiny*, 114. See also J. Walker, "The Physics and Chemistry of the Lemon Meringue Pie," *Scientific American* 244, no. 6 (1981): 154–159, esp. pages 154–155.

51. G. N. Somero, "Proteins and Temperature," *Annual Review of Physiology* 57 (1995): 61.

52. Fred Hoyle, "Ultrahigh Temperatures," *Scientific American* 191, no. 3 (1954): 144–156.

53. Simon Mitton, *Cambridge Encyclopaedia of Astronomy* (London: Jonathan Cape, 1977), 128; Dedra Forbes, "Temperature at the Center of the Sun," The Physics Factbook (website), ed. Glenn Elert, accessed May 14, 2019, http:// hypertextbook.com/facts/1997/DedraForbes.shtml.

54. R. Nave, "Stellar Spectral Types," Hyperphysics, accessed May 14, 2019, http://hyperphysics.phy-astr.gsu.edu/hbase/Starlog/staspe.html/.

55. Henderson, Fitness, 132.

56. Plaxco and Gross, Astrobiology: A Brief Introduction, 14–18. See also John T. Edsall and Jeffries Wyman, *Biophysical Chemistry: Thermodynamics, Electrostatics, and the Biological Significance of the Properties of Matter* (New York: Academic Press, 1958), 14, 17.

فصل هشتم

1. Francis Crick, *Life Itself: Its Origin and Nature* (New York: Simon and Schuster, 1981), 88.

2. "Murchison," *The Meteoritical Bulletin Database*, The Meteoritical Society, May 11, 2019, accessed May 14, 2019, http://www.lpi.usra.edu/meteor/metbull.php?code=16875.

3. Keith Kvenvolden et al., "Evidence for Extraterrestrial Amino-Acids and Hydrocarbons in the Murchison Meteorite," Nature 228 (December 5, 1970): 923–926.

4. Philippe Schmitt-Kopplin et al., "High Molecular Diversity of Extraterrestrial Organic Matter in Murchison Meteorite Revealed 40 Years after Its Fall," PNAS 107, no. 7 (February 16, 2010): 2763–2768; Sandra Pizzarello et al., "Processing of Meteoritic Organic Materials as a Possible Analog of Early Molecular Evolution in Planetary Environments," PNAS 110, no. 39 (September 24, 2013): 15614–15619.

5. Glycine, alanine, and glutamic acid have been identified in the Murchison meteorite. See Kvenvolden et al., "Evidence for Extraterrestrial Amino- Acids."

6. Michael P. Callahan et al., "Carbonaceous Meteorites Contain a Wide Range of Extraterrestrial Nucleobases," PNAS 108, no. 34 (August 23, 2011

۷– اگرچه بلوک‌های ساختمانی بنیادین حیات، از جمله اسیدهای آمینه، بازهای اسید نوکلئیک و قندها، در شرایط غیر زنده تولید شده‌اند، هنوز هم چندین بلوک ساختمانی اصلی آلی وجود دارد، از جمله پورفیرین‌ها و اسیدهای آمینه‌ی لیزین و آرژنین، که هیچ روش سنتز قابل قبول پربیوتیکی برای آن‌ها وجود ندارد.

8. Sun Kwok and Yong Zhang, "Mixed Aromatic-Aliphatic Organic Nanoparticles as Carriers of Unidentified Infrared Emission Features," *Nature* 479, no. 7371 (November 3, 2011): 80–83.

9. Don McNaughton et al., "FT-MW and Millimeter Wave Spectroscopy of PANHs: Phenanthridine, Acridine, and 1,10-Phenanthroline," *The Astrophysical Journal* 678, no. 1 (May 2008): 309–315, doi:10.1086/529430.

10. Stanley L. Miller, "A Production of Amino Acids under Possible Primitive Earth Conditions," *Science* 117, no. 3046 (May 15, 1953): 528–529.

11. Eric T. Parker et al., "Primordial Synthesis of Amines and Amino Acids in a 1958 Miller H2S-Rich Spark Discharge Experiment," PNAS 108, no. 14 (April 5, 2011): 5526–5531.

12. For an interactive graph of the abundances, see "Abundance in the Universe of the Elements," https://periodictable.com/Properties/A/UniverseAbundance. html.

13. Anne Marie Helmenstine, "Chemical Composition of the Human Body," ThoughtCo., February 11, 2019, https://www.thoughtco.com/chemicalcomposition-of-the-human-body-603995.

14. Robert R. Crichton, *Biological Inorganic Chemistry: A New Introduction to Molecular Structure and Function*, 2nd ed. (Oxford: Elsevier Science, 2012), 4.

15. Abigail C. Allwood et al., "Controls on Development and Diversity of Early Archean Stromatolites," PNAS 106, no. 24 (June 16, 2009): 9548–9555.

16. Guillermo Gonzalez, "What Astrobiology Teaches about the Origin of Life," ch. 15 of *The Mystery of Life's Origin: The Continuing Controversy* (Seattle: Discovery, 2020), 377.

17. D. P. Bartel, "Micro RNAs," Cell 126 (2009): 215–233.

18. Bruce Alberts et al., *Molecular Biology of the Cell*, 4th ed. (New York: Garland Science, 2002), https://www.ncbi.nlm.nih.gov/books/NBK21054/.

19. Addy Pross and Robert Pascal, "The Origin of Life: What We Know, What We Can Know and What We Will Never Know," *Open Biology* 3, (February 11, 2013): 1–5, https://doi.org/10.1098/rsob.120190; James D. Stephenson et al., "Boron Enrichment in Martian Clay," *PloS One* 8, no. 6 (2013): e64624; Eugene V. Koonin, "The Origins of Cellular Life," *Antonie van Leeuwenhoek* 106 (April 23, 2014): 27–41; Eugene V. Koonin and Artem S. Novozhilov, "Origin and Evolution of the Genetic Code: The Universal Enigma," *IUBMB Life* 61, no. 2 (February 2009): 99–111, https://doi.org/10.1002/iub.146; Jimmy Gollihar, Matthew Levy, and Andrew D. Ellington, "Many Paths to the Origin of Life," *Science* 343, no. 6168 (January 17, 2014): 259–260; Jan Spitzer, "Emergence of Life from Multicomponent Mixtures of Chemicals: The Case for Experiments with Cycling Physicochemical Gradients," Astrobiology 13, no. 4 (April 2013): 404–413; Sara Imari Walker, P. C. W. Davies, and George F. R. Ellis, eds., *From Matter to Life: Information and Causality* (Cambridge, UK: Cambridge University Press, 2017).

20. Stephen C. Meyer, *Signature in the Cell: DNA and the Evidence for Intelligent Design*, 1st ed. (New York: HarperOne, 2009).

21. Michael Denton, Evolution: *A Theory in Crisis*, 1st US ed. (Bethesda, MD: Adler & Adler, 1986).

22. Brian Miller, "Thermodynamic Challenges to the Origin of Life," in *The

Mystery of Life's Origin: The Continuing Controversy (Seattle: Discovery, 2020), 359–374.

23. Koonin and Novozhilov, "Origin and Evolution of the Genetic Code." [internal references removed]

24. Koonin and Novozhilov, "Origin and Evolution of the Genetic Code."

25. Koonin and Novozhilov, "Origin and Evolution of the Genetic Code." [internal references removed]

26. Koonin and Novozhilov, "Origin and Evolution of the Genetic Code."

27. Gerald F. Joyce, "The Antiquity of RNA-Based Evolution," Nature 418, no. 6894 (2002): 214–221.

شیمی پربیوتیک (پیش‌زیستی) می‌تواند مقادیر زیادی مولکول زیستی از پیش‌سازهای غیر زنده تولید کند اما . . . سوپ‌های پیش‌زیستی تولیدشده پیچیدگی شیمیایی آسفالت را دارند (شاید برای آسفالت جاده‌ها مفید باشند اما نمی‌توان به آن‌ها به عنوان سرچشمه‌ی حیات امیدوار بود). شیمی پربیوتیک کلاسیک نه تنها نتوانست محتویات سوپ پربیوتیک را مشخص کند بلکه پارادوکس جدیدی را نیز ایجاد کرد و آن این است که: حیات یا هر فرایند شیمیایی سازمان‌یافته‌ای چه‌گونه از چنین آشفتگی‌هایی سر برآورده است؟

28. Joyce, "The Antiquity of RNA-Based Evolution," 215.

29. Joyce, "The Antiquity of RNA-Based Evolution," 215, Figure 2 caption.

30. Joyce, "The Antiquity of RNA-Based Evolution," 215.

31. Joyce, "The Antiquity of RNA-Based Evolution," 215. [internal references removed]

32. Shapiro, Origins: A Skeptic's Guide, 207.

33. Itay Budin and Jack W. Szostak, "Expanding Roles for Diverse Physical Phenomena During the Origin of Life," *Annual Review of Biophysics* 39 (2010): 245.

34. Paul Davies, The Fifth Miracle: *The Search for the Origin and Meaning of Life* (New York: Simon & Schuster, 1999), 260.

35. Davies, *The Fifth Miracle*, 261.

36. Davies, *The Fifth Miracle*, 263.

37. Tommaso Bellini et al., "Origin of Life Scenarios: Between Fantastic Luck and Marvelous Fine-Tuning," *Euresis* 2 (2012): 130.

38. Lawrence Henderson, *The Fitness of the Environment* (New York: MacMillan, 1913), 139. Available online at https://archive.org/details/cu31924003093659/page/n209.

39. Henderson, *Fitness*, 163.

40. Henderson, *Fitness*, 253.

41. Henderson, *Fitness*, 243–248.

42. Henderson, *Fitness*, 248.

43. Henderson, *Fitness*, 272.

44. Henderson, *Fitness*, 263.

45. Henderson, *Fitness*, 272.

46. Frances Westall and André Brack, "The Importance of Water for Life," *Space Science Reviews* 214 (2018): 7, https://doi.org/10.1007/s11214-018-0476-7.

47. Christopher P. McKay, "What is Life—And When Do We Search for It on Other Worlds," Astrobiology 20 (2020): 164, https://doi.org/10.1089/ast.2019.2136.

48. Aron Gurevich, *Categories of Medieval Culture* (London: Routledge and Kegan Paul, 1985), 59.

نمایه

آ

آبگینه‌سازی، ۳۷،۱۴۰

آب و سلول، ۱۳۷

آتش‌ساز، ۷

آسیموف، آیزاک ۲۲

آشکارساز نوری، ۶۰

آغازیان، ۱۷

آلانین، ۳۷،۱۴۶

آلبرتس، بروس ۷۶

آلدهید اکسیداز، ۱۱۹

آمفی‌فیلیک، ۶۵،۶۶

آمیب‌شکل، ۱۴

آمیدوکسیم ردوکتاز میتوکندریایی، ۱۱۹

آندوتلیال، ۱۳۱

ا

ابزارهای مولکولی، ۵۴

اتکینز، پیتر ۳۰،۴۹،۵۹،۶۲،۷۸،۸۵،۱۰۷

اتم‌های چندگانه، ۴۸

اثبات‌گرایی، ۵۷

اخترزیست‌شناسی،

۳۶،۳۹،۷۹،۱۴۳،۱۶۱،۱۶۲

اختصاصی‌بودن زیستی، ۴۷

ادیسه‌ی فضایی، ۱۴۴

ارابه‌ی خدایان، ۱۴۴

ارنشتاین، هنری ۴۶

اسانس‌ها، ۲۹

اسپنسر جنینگز، هربرت، ۱۷

استروماتولیتهای، ۱۴۹

استریکنین، ۲۹

استریکی، ۵۴

استنتور، ۱۴

اُسمِزشیمیایی، ۸۹

اسید آسپارتیک، ۱۴۶

اسید سیتریک انیدرید، ۸۴

اسید گلوتامیک، ۱۴۶

اسید لویس، ۱۱۷

اشعه‌ی ایکس، ۴۵،۴۶

اشکال هنری طبیعت، ۱۵

اشمیت، ۷۲،۷۳،۱۲۸

اشمیت نیلسن، نات ۱۲۸

اکساینده‌ی نهایی، ۸۷

اکسیداز، ۹۲،۱۱۳،۱۱۴،۱۱۵،۱۱۹،۱۵۸
الکترونگاتیوی، ۶۲،۶۳،۶۶،۶۷،۶۸
الگوی قفل و کلید، ۵۴
امضا در سلول، ۱۵۱
انتاتیک، ۹۵
انتقال‌دهنده‌ی تراغشا، ۷۵
انسان‌محور، ۸
انسان‌نگر، ۱۰۳
انقلاب روشنگری، ۵۷
انگستروم، ۴۱،۹۵
اورگل، لزلی ای ۳۶
اورگل، لسلی ۸۹
اوره‌آز، ۴۲
اوفارل والش، ادوارد ۸۶
ایروین، لوییس ۱۶۲
ایزولوسین، ۶۵،۱۴۶
اینشتین، ۹۰،۱۲۷

ب

باکتری‌های کموسینتتیک، ۹۰
بال، فیلیپ ۱۳۶
براک، آندره ۱۶۲
برخی خواص آب بینابینی، ۱۳۷
برسلیوس، ۲۲،۲۴
برگشت‌پذیر بین سطوح، ۵۴
برگشت‌پذیری، ۵۴،۱۱۰،۱۱۳،۱۱۴،۱۸۵
برگ، هوارد ۱۵
بلادونا، ۲۹
بلورنگاری، ۴۵،۴۶
بلیک، ویلیام ۱۲
بلینی، توماسو ۱۵۶
بنِر، استیون ۸۱،۸۴
بنزن، ۲۷
بوتن، ۲۷
بودین، ایتای ۱۵۵
بینهایت سوم، ۱۴
بیوانرژتیک، ۱۱،۱۳۸
بیوپلاسم، ۳۲

پ

پائولینگ، لینوس ۵۳،۶۸
پارادایم تناسب منحصربه‌فرد، ۱۸
پاراسلوس، ۱۳۶
پارامسی، ۱۴
پا-رشته‌ها، ۷۱
پارک ملی یوسمیت، ۱۶،۷۸
پارک یلو استون، ۱۳۹
پربیوتیک، ۱۴۵،۱۹۵
پر سلولی، ۹،۱۲۷،۱۳۰،۱۳۳،۱۳۸،۱۴۰
پرفیوژن، ۱۳۱
پروتس، ماکس ۴۶
پروت، ویلیام ۲۲،۱۶۷
پروتیسیته، ۸۹،۹۱،۹۲
پروسیک، ۲۹
پلاکسکو، کوین ۳۶،۱۴۳
پل گلدن گیت، ۱۱۱،۱۱۲
پلیمرهای خطی زیستی، ۱۵۳
پنتان، ۲۷
پیش-پروتیین، ۱۵۲
پیش‌زیستی، ۱۵۳،۱۵۴،۱۹۵
پیوند کئوردینانس، ۵۲

ت

تانفورد، چارلز، ۶۶

تثبیت‌گر، ۱۱۳

تراغشایی، ۷۴،۱۰۲

ترئونین، ۱۴۶

ترمودینامیکی، ۳۶،۸۴

تکامل شیمیایی، ۱۵۴

تکامل: نظریه‌ای در بحران، ۱۵۱

تکامل: نظریه‌ای همچنان در بحران، ۷

تناسب، ۸،۹،۱۰،۱۱،۱۳،۱۴،۱۵،۱۸،۱۹،۲۱،

۲۴،۲۵،۲۶،۳۲،۳۴،۳۵،۳۸،۳۹،۴۰،۴۴،۵۲،۵۷،

۵۸،۵۹،۶۰،۶۲،۶۴،۶۷،۶۸،۶۹،۷۳،۷۴،۷۶،۷۹،

۸۱،۸۴،۹۲،۹۳،۹۵،۹۷،۱۰۰،۱۰۳،۱۰۴،۱۰۶،

۱۰۸،۱۰۹،۱۱۰،۱۱۵،۱۱۹،۱۲۲،۱۲۷،۱۳۱،۱،

۳۵،۱۳۷،۱۳۸،۱۴۰،۱۴۲،۱۴۳،۱۴۷،۱۴۹،۱۵

۶،۱۵۷،۱۵۸،۱۵۹،۱۶۰،۱۶۱،۱۶۲،۱۶۳،۱۷۳

تناسب محیط زیست،

۱۳،۲۱،۱۰۰،۱۵۹،۱۷۳

تنظیم دقیق، ۱۰،۵۷،۵۸،۶۸،۱۱۲،۱۶۲،

تنفس سلولی، ۸۷،۸۸،۸۹

تواین، مارک ۷۸

تونل‌زنی کوانتومی، ۹۲

ث

ثبات جنبشی، ۸۴

ج

جادسون، هوراس ۴۱،۴۳

جایگاه بشر در جهان هستی، ۲۹

جها، آلوک، ۱۳۳،۱۳۷

جهت‌دار، ، ۲۹،۳۹،۴۹،۵۰،۵۱،۵۲،۵۳،۵۹،۶۰،

۶۲،۷۷،۱۳۶،۱۵۷

جویس، جرالد ۱۵۳

جی. ام پترسون، لارس ۱۲۴

چ

چارنوازی، ۶۷

چاه‌های گرمایی، ۱۳۷،۱۳۹

چرخ‌دنده‌ی حلزونی، ۱۰۶

چسبندگی انتخابی، ۹،۵۳،۵۵،۷۴

چک هایدن، اریکا ۸۱

ح

حالت پایدار، ۴۴،۸۲،۱۳۲،۱۷۰

حرکات براونی، ۱۳۱

حرکات فضایی، ۳۳

حرکت مارپیچ-مارپیچ، ۱۰۶

حلقوی یا چرخه‌ای، ۲۷

حیات بر پایه‌ی بور، ۳۹

حیات بیگانه، ۴۸،۸۰،۱۶۰

حیات‌گرا، ۲۰،۲۱،۲۶

حیات مصنوعی، ۴۷،۴۸

خ

خاستگاه‌های حیات بر روی زمین، ۳۷

خالص‌سازی، ۱۳۴

خزیدن، ۹،۷۱،۸۲،۱۲۷،۱۲۸،۱۲۹،۱۳۰،۱۳،

۲،۱۵۷،۱۸۸

خودتکثیرشونده، ۳۹

خود حیات، ۱۴۴

خودسازماندهی ماده، ۱۵۴

راز حیات: DNA، ۵۷
راسل والاس، آلفرد، ۲۶،۲۹،۳۹
رساله‌ی هشتم بریج واتر، ۲۲
ریزبرآمدگی‌ها، ۱۲۹
ریز زیرمیکروسکوپی، ۴۴

ز

زنجیره‌های انتقال الکترون، ۹۰،۹۱،۹۲،۹۴،
۹۵،۹۷،۱۰۰،۱۰۱،۱۰۹،۱۱۹،۱۲۲،۱۵۸،۱۸۰
زیراتمی، ۱۵۵
زیرساختی، ۵۹
زیست‌زایی، ۱۵۵
زیست‌شناسی مولکولی ژن، ۴۲،۵۲،۵۵
زیست‌شناسی مولکولی سلول، ۹۱،۱۵۰
زیست‌شناسی و فلسفه، ۷۲
زیست‌محور، ۸،۱۹

ژ

ژوستاک، جک ۱۵۵

س

سازگار زیستی، ۳۸
ساگان، کارل ۹،۱۴۴
سامانه‌های چندفاز، ۱۳۲
سامانه‌های مدل، ۱۰۹
سامنر، جیمز. بی ۴۲
سانفرانسیسکو، ۱۱۱
سایتنیفیک آمریکن، ۸۸
ساینس، ۸۴
سختی‌دوست، ۷۹،۸۶،۹۷،۱۲۲
سرفشار، ۱۳۰

د

داروین، چارلز ۲۶
داسیلوا، جی. آر. فروستو ۹۶
دانشگاه آکسفورد، ۴۷
دانشگاه اوتاگو، ۷
دانشگاه بریستول، ۷
دانشگاه فلوریدا، ۴۷
داوینچی، لئوناردو ۱۲۵
داینامین، ۷۳
دپلاریزه‌شدن، ۷۵
درشت‌مولکولی، ۱۸،۵۳،۱۲۸
درهم‌ریختگی، ۱۵۳،۱۵۴
دریاچه‌ی مونو، ۷۸،۷۹،۸۴
دستکاری شیمیایی، ۳۳،۵۱
دستگاه سنتز، ۱۵۱
دستگاه مولکولی، ۳۳
دکارت، رنه ۲۰
دلبروک، ماکس ۴۳،۴۴
دنت، دنیل ۵۸
دنیای حیات: جلوه‌ای از قدرت خلاق،
ذهن جهت‌دار و هدف غایی، ۲۹
دودف، تودور ۱۰۱
دو دوو، کریستیان ۱۵۵
دی‌اکسیژن، ۱۱۶
دیسک‌های فشرده، ۲۸
دیفلوجیا، ۱۸
دیمرها، ۱۱۲
دیویس، پل ۱۵۵

ر

راجرز، دیوید، ۱۲

سرنوشت طبیعت، ۷،۳۷،۸۴،۱۴۱

سرین، ۱۴۶

سطوح تماسی، ۱۳۲

سلول دختری، ۴۱

سلول در اندام‌ها، ۶۵،۷۰

سلول‌های در حال استراحت، ۷۵

ستاز، ۸۹

سنتز زیستی، ۱۹

ستنزی، ۸۵

سنت گیورگی، آلبرت ۱۲۷،۱۳۶

سنگ‌های پوسته‌ای، ۱۳۳

سوآرز، آر. کی ۸۳

سوخت‌وساز، ۳۰،۳۷،۹۰،۹۲،۱۴۰

سولفیت اکسیداز، ۱۱۹

سیتوکروم سی اکسیداز، ۱۱۴،۱۱۵،۱۵۸

سیستم ترجمه، ۱۵۱،۱۵۲

سیگویک، نویل ۳۵

سیم پروتونی، ۱۳۷

ش

شاپیرو، رابرت ۱۵۴

شبه‌پایدار، ۳۵،۳۶،۳۸

شرایط محیطی، ۳۱،۳۸،۱۷۵

شرودینگر، اروین ۴۴

شعاعیان، ۱۴،۱۵

شکسته‌شدن حرارتی، ۱۴۱

شگفتی آب، ۷،۹

شیشه‌ای‌شدن سلول‌ها، ۳۷

شیمی زنده، ۸۱

شیمی کئوردیناسیون، ۱۱۴

شیمی معدنی زیستی، ۱۰۱،۱۱۲

ص

صمغ‌ها، ۲۹

ض

ضد یخ‌ها، ۱۳۹

ط

طبقه‌بندی‌های فرهنگ قرون وسطی، ۹۸

طراحی فوری، ۲۵

طراحی هوشمند، ۷،۱۰،۱۵۲

طرح اصلی آغازین،
۸،۱۴۴،۱۵۶،۱۵۷،۱۶۰،۱۶۳،۱۶۴

ع

عملکردهای اهریمنی، ۴۵

عناصر شیمیایی و ترکیب‌های آن‌ها، ۳۵

عناصر غیرمادی، ۱۰،۱۴۵

غ

غایت‌نگر، ۶۶،۶۷

ف

فتوسنتزکننده‌ی اکسیژنی، ۱۱۶

فراذره‌ای، ۶۴،۱۵۰

فرانکس، فلیکس ۱۳۴

فرانکلین، روزالیند ۴۶

فرزندان نور، ۷،۹

فریدن، ارل، ۱۱۴

فضاویژه، ۱۷۳

فعال‌سازی، ۳۳،۳۴،۱۱۰،۱۱۱،۱۲۲،۱۵۸،۱۵
۹،۱۷۰،۱۸۵

فعال یکسانی، ۱۱۸

فورد، برایان ۱۷

فوگل، استفان ۱۳۱

فولرن، ۲۸

فون دنیکن، اریک ۱۴۴

فیلو، ۶۵

فیلیپ ترینکاوس، جان ۶۵

فیلیپس، راب ۵۶،۸۵

ق

قدرت‌های کاتالیزوری اهریمنی، ۱۸

قصیده‌ای برای، گلدانی یونانی، ۶۷

قلمرو تناوبی، ۳۰،۳۱،۵۹،۷۸

قلمرو مزوسکوپی، ۱۵۰

ک

کافمن، استوارت ۱۵۵

کالج کینگ، ۷،۴۶

کانی رسی مونتموریلونیت، ۱۵۴

کئوردینانسی، ۱۲۱،۱۱۳،۱۱۲

کایم، ۱۱۳

کربس، هانس ۱۰۰

کربنیک آنیدراز، ۱۵۸،۱۲۲،۱۱۸،۱۱۷

کریجتون، ۱۱۶، ۷۵،۹۵،۹۶،۱۰۱،۱۰۲،۱۱۳،
۱۲۱،۱۸۳

کریجتون، رابرت ۹۵،۱۰۱

کریستینا، ۲۰

کریک، فرانسیس ۴۴،۱۴۴

کشش ویسکوز، ۱۲۷،۱۳۰،۱۳۱

کلارک، رابرت ای. دی ۳۶

کلایدوسکوپ، ۱۲۴

کندرو، جی. سی ۴۶

کنین، یوجین ۱۵۱

کوادریلیون، ۹۴

کوبریک، استنلی ۱۴۴

کودو، ۱۲

کورارین، ۲۹

کوفاکتور، ۱۲۱،۱۲۰،۱۰۲

کولبه، هرمان ۲۴

کیتس، جان ۶۷

کینین، ۲۹

گ

گرافن، ۲۷

گردایش، ۷۱

گروتوس، ۱۳۸

گروس، مایکل ۳۶،۱۴۳

گلدی‌لاکس، ۳۴،۳۵

گلوکوم، ۱۱۸

گلیکولیتیک، ۸۶

گوتاپرچا، ۲۹

گورویچ، آرن ۹۸

ل

لژیون، ۱۵

لملیپودیوم، ۷۱

لوسین، ۶۵،۱۴۶

لِوی، پریمو ۳۱

لیمن، ۸۴

لیزین، ۱۴۶،۱۹۳

لیگاندها، ۱۸۳،۱۸۶

لیم، کارمای ۱۰۱

مورو ویتز، هارولد ۱۳۸

موضع فعال، ۴۸

مولدر، یان ۲۶

مولکول بستر، ۳۳

مونو، ژاک ۱۸،۴۵

میچل، پیتر ۸۹،۹۰

میر، استفان ۱۵۱

میلر، استنلی ۳۶،۱۴۶

میلر، برایان ۱۵۱

میلی‌وات ۸۲

میوگلوبین ۴۶،۱۰۱،۱۱۲

ن

نانو لوله‌های کربنی، ۲۷

نانومولار، ۱۰۲

نسبی، ۳۰،۳۳،۵۴،۵۵،۶۲،۶۶،۶۸،۷۷،۸۱،۱۴۱

نظریه‌پردازان طراحی هوشمند، ۷

نظریه‌ی اوربیتال مولکولی، ۴۹

نظریه‌ی سلولی، ۴۳

نظریه‌ی لوییس، ۴۹

نمک، ۲۳

نوادا، ۷۸

نوپدید، ۲۵،۷۰،۷۲،۱۲۶،۱۵۷

نوتروفیل در تعقیب باکتری، ۱۲

نورون‌های راه‌یاب، ۷۱

نووزیلوف، آرتم ۱۵۱

نیچر، ۱۳،۳۷،۸۱،۸۹،۱۰۹

نیدهام، آرتور ۲۰،۳۲،۷۴،۸۵،۱۳۲

نیروهای برهم‌زننده، ۵۶

نیروهای واندروالس، ۵۲

نیروی حیاتی، ۲۲،۲۳،۳۹،۱۶۸

لین، نیک ۸۲،۸۹،۱۳۸

م

ماتریس، ۱۹،۷۲،۱۲۴،۱۲۷،۱۲۹،۱۳۲،۱۳۳، ۱۳۵،۱۴۲،۱۴۳،۱۴۸،۱۵۸،۱۵۹،۱۸۳

ماده‌باوری، ۵۷

ماده‌ی آلی، ۲۳،۲۴

ماده‌ی نرم، ۱۵۰

مارپیچ دوتایی، ۵،۲۱،۴۱،۴۵،۴۶،۴۷،۵۳،۵۴، ۵،۵۷،۵۸،۱۳۶،۱۵۰

ماشین ابدیت، ۱۳

ماشینی‌نگر، ۱۰۷

ماکوچ، شولز، ۱۶۲

مایعی دوبعدی، ۷۰

متانوژن، ۱۳۹

متانوژن‌ها، ۸۷

متیونین، ۱۴۶

مجله‌ی بررسی‌های شیمیایی، ۱۰۱

مجموعه‌ی گونه‌های ممتاز، ۸

مجموعه‌ی مندلبرو، ۱۴

مرکز علوم و فرهنگ موسسه‌ی دیسکاوری، ۷

مژک‌داران عدسی‌ای، ۱۶

معجزه‌ی پنجم، ۱۵۵

معمای منشا حیات، ۱۵۱

مکی، کریستوفر ۱۶۲

مگس‌های قلیایی، ۷۹

منحصربه‌فردبودن مواد زیستی، ۲۰

منطقه‌ی برگزیده، ۶۲

مورچیسون، ۱۴۴،۱۴۵،۱۴۶،۱۴۷،۱۴۹،۱۵۰،۱۵۶

هومئوستاز، ۱۳۱

هویل، فرد ۱۴۷،۱۰۳

هیدرات‌شده، ۶۴

هیدن، اریکا ۱۳

ی

یک مرتبه، ۵۶،۳۴

E

E.coli، ۱۲۸،۱۵

G

GFAJ-۱ ، ۱۷۸،۸۱،۷۹

O

OEC، ۱۱۶

جایگاه فتوسیستمII، ۱۰۲

نیلسون، آندرس ۱۲۴

و

وابسته به انرژی، ۱۱۹

واتسون، جیمز ۴۲

واحدهای جبری ۴۴

والد، جورج ۸۸،۶۰

والین، ۱۴۶

وان آلن، ۹۹

ورودی‌های حسی، ۱۵

وستال، فرانسیس ۱۶۲

وستهایمر، فرانک ۸۴

ونیبل، پرستون ۲۴

وهلر، فریدریش ۲۳

وولف سیمون، فلیسا ۷۹

ویژگی چهارظرفیتی‌بودن، ۳۲

ویلیامز، رابرت ۱۰۰

ویلیامز، رابرت جی. پی ۹۵

ه

هاتنر، ۷۳،۷۲

هادی‌های پرشی، ۹۶

هایزنبرگ، ۹۰

هشتمین روز آفرینش، ۴۷،۴۳،۴۱

هِم، ۱۸۶،۱۸۵،۱۱۴،۱۱۳،۱۱۱

هِم-آهن، ۱۱۳

هم‌زیستی فلزات و عملکرد پروتیین‌ها، ۱۰۰

هموسیانین، ۱۱۰،۱۸۵

هندرسون، لارنس ۱۷۳،۱۳۴،۱۰۰،۶۱،۲۱،۱۳

کتاب پیشنهاد انتشارات برای شما

برای تهیه کتاب ها از آمازون یا وبسایت انتشارات می توانید بارکدهای زیر را اسکن کنید

kphclub.com

Amazon.com

Kidsocado Publishing House
خانه انتشارات کیدزوکادو
ونکوور، کانادا

تلفن : ۸۶۵۴ ۶۳۳ (۸۳۳) ۱+
واتس آپ: ۷۲۴۸ ۳۳۳ (۲۳۶) ۱ +
ایمیل: info@kidsocado.com
وبسایت انتشارات: https://kidsocadopublishinghouse.com
وبسایت فروشگاه: https://kphclub.com